“绿水青山就是金山银山”

理念与实践教程

金佩华　杨建初　贾行甦◎著

中共中央党校出版社

图书在版编目（CIP）数据

“绿水青山就是金山银山”理念与实践教程 / 金佩华，杨建初，贾行甦著．--北京：中共中央党校出版社，2021.4（2021.7重印）

ISBN 978-7-5035-7063-6

Ⅰ.①绿…　Ⅱ.①金…②杨…③贾…　Ⅲ.①生态环境建设-中国-教材　Ⅳ.①X321.2

中国版本图书馆 CIP 数据核字（2021）第 062225 号

“绿水青山就是金山银山”理念与实践教程

责任编辑　蔡锐华　刘金敏
责任印制　陈梦楠
责任校对　王　微
出版发行　中共中央党校出版社
地　　址　北京市海淀区长春桥路 6 号
电　　话　（010）68922815（总编室）　（010）68922233（发行部）
传　　真　（010）68922814
经　　销　全国新华书店
印　　刷　中煤（北京）印务有限公司
开　　本　170 毫米×240 毫米　1/16
字　　数　332 千字
印　　张　26
版　　次　2021 年 4 月第 1 版　2021 年 7 月第 2 次印刷
定　　价　78.00 元

微 信 ID：中共中央党校出版社　　**邮　　箱**：zydxcbs2018@163.com

序

习近平总书记一向高度重视环境保护和生态建设工作，在主政福建时非常重视全省经济社会环境协调发展，创建了我国首批生态省；主政浙江后更加强调生态建设和保护对经济社会发展的极端重要性，亲自组织编制了浙江生态省建设规划，重视经济社会发展与资源禀赋、环境承载力相适应，努力建设经济繁荣、山川秀美、社会文明的生态省，提出了“生态兴则文明兴，生态衰则文明衰”的著名论断。2005 年 8 月 15 日，习近平同志来到浙江省安吉县余村考察时，首次提出了“绿水青山就是金山银山”的中国特色的可持续发展理念。

“绿水青山就是金山银山”理念提出后，以浙江省为代表的我国发达地区正确处理生态环境保护与经济社会协同发展关系，形成了一套节约优先、保护优先、绿色发展的发展之路，将生态环境保护融入经济社会政治文化之中，坚持绿色循环低碳发展，并逐渐在全国广泛推广，有力地促进了生态文明建设的进程。党的十八大以来，以习近平同志为核心的党中央高度重视生态文明建设，总结了各地最佳实践，开展了一系列根本性、开创性、长远性的实践经验总结，加快推进生态文明顶层设计和制度体系建设，推动我国可持续发展发生历史性、转折性、全局性的变化。

在我国绿色发展的实践中，"既要绿水青山，也要金山银山。宁要绿水青山，不要金山银山，而且绿水青山就是金山银山"的理念不断深化，走向升华，作为习近平生态文明思想的核心内容和习近平治国理政思想的重要组成部分，是中国改革和发展的指导性原则。在经济社会发展中，以"绿水青山就是金山银山"理念为指导的我国区域绿色发展的实践，也取得巨大成功。

为了领会"绿水青山就是金山银山"理念的丰富内涵和实践意义，更好地推动我国生态文明建设和绿色发展的进程，作为"绿水青山就是金山银山"理念发源地的浙江省湖州市，成立了集科研、示范与推广于一体的政产学研合作平台——湖州师范学院"两山"理念研究院，旨在加强"绿水青山就是金山银山"理念的理论研究、实践总结和成果推广，推进区域生态文明建设的进程，按照"聚焦安吉、立足湖州、服务浙江、面向全国、走向世界"的路径，以建设国内一流的"两山"理念研究院新型智库为愿景，打造该领域理论创新的"思想库"、咨政服务的"智囊团"、人才培养的"新高地"和经验传播的"大舞台"，努力将其建成国内知名的集"咨政、学术、育才、启民"于一体的新型智库。

本书的三位作者是湖州师范学院"两山"理念研究院的专家，经过多年的理论思考和实践总结，在学术界对"绿水青山就是金山银山"理念充分研究的基础上，把"绿水青山就是金山银山"理念上升到哲学的高度进行诠释，提出"绿水青山就是金山银山"理念揭示了环境与发展是有机统一的，突破了传统意义上对环境与发展相对立问题的判断，把这一问题进一步延伸到生存与发展、生态与财富、揭示生态价值的更深层面。"绿水青山就是金山银山"理念的提出，是中国发展理念和发展方式的深刻转变，更是执政理念和执政方式的深刻变革，通过全国生态文明建设的考核和评价，我国在污染治理、生态保护、经济发展、技术创新、绿色产业、增加就业协同发展上取得了举世瞩目的成就。本书的编写和出版，对进一步促进全社会树立“绿水青山就是金山银山”理念将发挥积极作用。

相信在习近平生态文明思想的指导下，经过全国人民的共同努力，我国以美丽中国为目标的社会主义现代化建设进程一定会更快更好，进而实现中华民族伟大复兴的中国梦，使我国成为全球生态文明建设的贡献者和引领者。

是为序。

中国气候变化事务特使
全国政协人口资源环境委员会原副主任
国家发展和改革委员会原副主任
原国家环境保护总局局长
2021 年 3 月

目　录
CONTENTS

第一章

『绿水青山就是金山银山』理念的内涵和意义

『既要绿水青山，也要金山银山。宁要绿水青山，不要金山银山，而且绿水青山就是金山银山。』『绿水青山就是金山银山』理念是习近平生态文明思想的核心内容，也是习近平治国理政思想的重要组成部分。绿水青山指的是良好的生态环境和充沛的自然资源，金山银山指的是丰富的物质财富和经济增长。『绿水青山就是金山银山』理念深刻揭示了环境与发展是有机统一的，首次突破了传统意义上对环境与发展问题的判断，把这一问题进一步延伸到生存与发展、生态与财富的更深层面。这是中国发展理念和发展方式的深刻转变，更是执政理念和执政方式的深刻变革。

第一节
“绿水青山就是金山银山”理念的发展历程

一、“绿水青山就是金山银山”理念的萌芽

习近平高度重视环境保护工作，他在主政福州时就发文主张以地方人大立法、政府规章等形式，保护耕地资源①。主政浙江后，习近平更加强调生态建设对经济发展的重要性。2002 年 12 月 18 日，他提出通过“启动一批重大生态建设项目”“加快建设‘绿色浙江，努力实现人口、资源、环境协调发展”②。

2003 年 4 月，习近平在《建设经济繁荣、山川秀美、社会文明的生态省》一文中指出：“充分发挥浙江的区域经济特色和生态环境优势，转变经济增长方式，加强生态环境建设，经过 20 年左右的努力，基本实现人口规模、素质与生产力发展要求相适应，经济社会发展与资源、环境承载力相适应，把浙江率先建设成为具有比较发达的生态经济、优美的生态环境、和谐的生态家园、繁荣的生态文化，人与自然和谐相处

---

① 习近平：《写在第五个全国土地日到来之际》，《中国土地》1995 年第 6 期。

② 习近平：《认真贯彻落实党的十六大精神全面建设小康社会加快推进社会主义现代化事业——在省委十一届二次全体（扩大）会议上的报告》，《今日浙江》2003 年第 1 期。

的可持续发展省份。”①

2003 年 7 月 3 日，习近平在《生态兴则文明兴——推进生态建设　打造“绿色浙江”》一文中指出：“以建设‘绿色浙江’为目标，以生态省建设为载体和突破口，走生产发展、生活富裕、生态良好的文明发展道路”，“生态兴则文明兴，生态衰则文明衰”，“推进生态建设，打造‘绿色浙江’，是保护和发展生产力的客观需要，有利于加快调整经济结构和优化产业布局，减少环境污染和生态破坏，更好地为生产力的发展增添后劲”，“推进生态建设，打造‘绿色浙江’，是社会文明进步的重要标志，有利于促进人们生产方式、生活方式、消费观念的转变，增强生态保护意识，大力发展生态文化，推进生态文明建设，也有利于建设优美舒适的人居环境，生产安全可靠的绿色产品，实现自然资源的永续利用，从而有效改善人民群众的生活质量”，“推进生态建设，打造‘绿色浙江’，正是遵循生态学原理、系统工程学方法和循环经济发展理念，充分运用现代科技，转变经济增长方式，大力发展生态效益型经济，不断改善和优化生态环境，促进国民经济和社会持续健康协调发展，并为今后的发展提供良好的基础和可以永续利用的资源与环境，真正把美好家园奉献给人民群众，把青山绿水留给子孙后代”。②

2003 年 8 月 8 日，习近平在《环境保护要靠自觉自为》一文中指出：“像所有的认知过程一样，人们对环境保护和生态建设的认识，也有一个由表及里、由浅入深、由自然自发到自觉自为的过程”，“‘只要金山银山，不管绿水青山’，只要经济，只重发展，不考虑环境，不考虑长远，‘吃了祖宗饭，断了子孙路’而不自知，这是认识的第一阶段；虽然意识到环境的重要性，但只考虑自己的小环境、小家园而不顾他

---

① 习近平：《建设经济繁荣、山川秀美、社会文明的生态省》，《今日浙江》2003 年第 7 期。

② 习近平：《生态兴则文明兴——推进生态建设　打造“绿色浙江”》，《求是》2003 年第 13 期。

人，以邻为壑，有的甚至将自己的经济利益建立在对他人环境的损害上，这是认识的第二阶段；真正认识到生态问题无边界，认识到人类只有一个地球，地球是我们的共同家园，保护环境是全人类的共同责任，生态建设成为自觉行动，这是认识的第三阶段”①。

习近平提出的“绿水青山”是对“环境”之喻、“金山银山”是对“经济”之喻，“绿水青山”和“金山银山”的关系指的就是发展与环境保护之间的关系。

二、“绿水青山就是金山银山”理念的提出

2005 年 8 月 15 日，习近平来到浙江省安吉县余村考察，在听取村里关停矿山和水泥厂搞生态旅游、从“卖石头”转为“卖风景”后，习近平指出：“下决心停掉矿山，这些都是高明之举，绿水青山就是金山银山”，“我们过去讲既要绿水青山，又要金山银山，实际上绿水青山就是金山银山”。这是“绿水青山就是金山银山”理念的首次提出。

2005 年 8 月 24 日，习近平在《绿水青山也是金山银山》一文中指出：“我们追求的人与自然和谐，经济与社会的和谐，通俗地讲，就是既要绿水青山，又要金山银山”，“如果能够把这些生态环境优势转化为生态农业、生态工业、生态旅游等生态经济的优势，那么绿水青山也就变成了金山银山。绿水青山可带来金山银山，但金山银山却买不到绿水青山。绿水青山与金山银山既会产生矛盾，又可辩证统一。在鱼和熊掌不可兼得的情况下，我们必须懂得机会成本，善于选择，学会扬弃”，“建设人与自然和谐相处的资源节约型、环境友好型社会”，“让绿水青

① 习近平：《之江新语》，浙江人民出版社 2007 年版，第 13 页。

山源源不断带来金山银山”。[①]

2006 年 3 月 8 日，习近平在中国人民大学演讲时论述了人们在实践中对“绿水青山”和“金山银山”这“两座山”之间关系的认识过程。2006 年 3 月 23 日，习近平在《从“两座山”看生态环境》一文中指出：“我们追求人与自然的和谐、经济与社会的和谐，通俗地讲就是要‘两座山’：既要金山银山，又要绿水青山。这‘两座山’之间是有矛盾的，但又可以辩证统一。可以说，在实践中对这‘两座山’之间关系的认识经过了三个阶段：第一个阶段是用绿水青山去换金山银山，不考虑或者很少考虑环境的承载能力，一味索取资源。第二个阶段是既要金山银山，但是也要保住绿水青山，这时候经济发展和资源匮乏、环境恶化之间的矛盾开始凸显出来，人们意识到环境是我们生存发展的根本，要留得青山在，才能有柴烧。第三个阶段是认识到绿水青山可以源源不断地带来金山银山，绿水青山本身就是金山银山，我们种的常青树就是摇钱树，生态优势变成经济优势，形成了一种浑然一体、和谐统一的关系，这一阶段是一种更高的境界，体现了科学发展观的要求，体现了发展循环经济、建设资源节约型和环境友好型社会的理念。以上这三个阶段，是经济增长方式转变的过程，是发展观念不断进步的过程，也是人和自然关系不断调整、趋向和谐的过程。把这‘两座山’的道理延伸到统筹城乡和区域的协调发展上，还启示我们，工业化不是到处都办工业，应当是宜工则工，宜农则农，宜开发则开发，宜保护则保护。这‘两座山’要作为一种发展理念、一种生态文化，体现到城乡、区域的协调发展中，体现出不同地方发展导向的不同、生产力布局的不同、政绩考核的不同、财政政策的不同。”[②]

---

① 哲欣：《绿水青山也是金山银山》，《浙江日报》2005 年 8 月 24 日。

② 哲欣：《从“两座山”看生态环境》，《浙江日报》2006 年 3 月 23 日。

2006年9月15日，习近平在《破解经济发展和环境保护的“两难”悖论》一文中指出：“经济发展和环境保护是传统发展模式中的一对‘两难’矛盾，是相互依存、对立统一的关系”，“走科技先导型、资源节约型、环境友好型的发展之路，才能实现由‘环境换取增长’向‘环境优化增长’的转变，由经济发展与环境保护的‘两难’向两者协调发展的‘双赢’的转变；才能真正做到经济建设与生态建设同步推进，产业竞争力与环境竞争力一起提升，物质文明与生态文明共同发展；才能既培育好‘金山银山’……又保护好‘绿水青山’。”①

“绿水青山就是金山银山”理念提出后，浙江省以“绿水青山就是金山银山”理念为指导，形成了一套环境保护与绿色发展并举的发展之路，走在了全国生态文明建设的前列。

三、“绿水青山就是金山银山”理念的深化

2013年4月10日，习近平在海南考察工作结束时的讲话中指出：“纵观世界发展史，保护生态环境就是保护生产力，改善生态环境就是发展生产力。良好生态环境是最公平的公共产品，是最普惠的民生福祉。对人的生存来说，金山银山固然重要，但绿水青山是人民幸福生活的重要内容，是金钱不能代替的。你挣到了钱，但空气、饮用水都不合格，哪有什么幸福可言。”②

2013年4月25日，习近平在十八届中央政治局常委会会议上指出：“我们不能把加强生态文明建设、加强生态环境保护、提倡绿色低

① 习近平：《之江新语》，浙江人民出版社2007年版，第223—224页。

② 中共中央文献研究室：《习近平关于全面建成小康社会论述摘编》，中央文献出版社2017年版。

碳生活方式等仅仅作为经济问题。这里面有很大的政治。”①

2013 年 5 月，习近平在中央政治局第六次集体学习时指出：“要正确处理好经济发展同生态环境保护的关系，牢固树立保护生态环境就是保护生产力、改善生态环境就是发展生产力的理念。”②

2013 年 9 月 7 日，习近平在哈萨克斯坦纳扎尔巴耶夫大学发表《弘扬人民友谊　共创美好未来》演讲并回答学生提问时全面阐述了“绿水青山就是金山银山”理念：“我们既要绿水青山，也要金山银山。宁要绿水青山，不要金山银山，而且绿水青山就是金山银山。”③

2014 年 3 月 7 日，习近平在参加十二届全国人大二次会议贵州代表团审议时指出：“绿水青山和金山银山决不是对立的，关键在人，关键在思路。”④

2015 年 3 月 6 日，习近平在参加十二届全国人大三次会议江西代表团审议时指出：“环境就是民生，青山就是美丽，蓝天也是幸福。要像保护眼睛一样保护生态环境，像对待生命一样对待生态环境。对破坏生态环境的行为，不能手软，不能下不为例。”⑤

“绿水青山就是金山银山”理念成为中国改革和发展的指导性原则，绿色发展在全国各地普遍开展，生态文明建设取得了巨大的成就。

---

① 中共中央文献研究室：《习近平关于社会主义生态文明建设论述摘编》，中央文献出版社 2017 年版，第 4 页。

② 习近平：《坚持节约资源和保护环境基本国策　努力走向社会主义生态文明新时代》，人民网，2013 年 5 月 25 日。http：//cpc. people. com. cn/n/2013/0525/c64094－21611332. html.

③ 习近平：《在哈萨克斯坦纳扎尔巴耶夫大学演讲时的答问》，《人民日报》2013 年 9 月 8 日。

④ 《习近平参加贵州代表团审议》，人民网，2014 年 3 月 7 日。http：//politics. people. com. cn/n/2014/0308c70731－24568542. html.

⑤ 《习近平参加江西代表团审议》，央广网，2014 年 3 月 7 日。http：//jx. cnr. cn/2011jxfw/bbjx/20150326/t20150326 _ 518136125. shtml.

四、“绿水青山就是金山银山”理念的升华

2015年4月，中共中央、国务院印发的《关于加快推进生态文明建设的意见》提出了“要充分认识加快推进生态文明建设的极端重要性和紧迫性，切实增强责任感和使命感，牢固树立尊重自然、顺应自然、保护自然的理念，坚持绿水青山就是金山银山，动员全党、全社会积极行动、深入持久地推进生态文明建设，加快形成人与自然和谐发展的现代化建设新格局，开创社会主义生态文明新时代”①。

2015年9月，中共中央、国务院印发了《生态文明体制改革总体方案》，明确了生态文明体制改革的理念是树立“尊重自然、顺应自然、保护自然”“发展和保护相统一”“绿水青山就是金山银山”“自然价值和自然资本”“空间均衡”“山水林田湖是一个生命共同体”六大理念。《生态文明体制改革总体方案》指出：“树立绿水青山就是金山银山的理念，清新空气、清洁水源、美丽山川、肥沃土地、生物多样性是人类生存必需的生态环境，坚持发展是第一要务，必须保护森林、草原、河流、湖泊、湿地、海洋等自然生态。”②

2016年1月18日，习近平在省部级主要领导干部学习贯彻党的十八届五中全会精神专题研讨班上讲话时指出：“各级领导干部对保护生态环境务必坚定信念，坚决摒弃损害甚至破坏生态环境的发展模式和做法，决不能再以牺牲生态环境为代价换取一时一地的经济增长。要坚定推进绿色发展，推动自然资本大量增值，让良好生态环境成为人民生活

---

① 《中共中央　国务院关于加快推进生态文明建设的意见》，中国政府网，2015年5月5日。http：//www.gov.cn/xinwen/2015－05/05/content_2857363.htm.

② 《中共中央　国务院印发〈生态文明体制改革总体方案〉》，中国政府网，2015年9月21日。http：//www.gov.cn/guowuyuan/2015－09/21/content_2936327.htm.

的增长点、成为展现我国良好形象的发力点，让老百姓呼吸上新鲜的空气、喝上干净的水、吃上放心的食物、生活在宜居的环境中、切实感受到经济发展带来的实实在在的环境效益，让中华大地天更蓝、山更绿、水更清、环境更优美，走向生态文明新时代。”①

2016 年 3 月 7 日，习近平在参加十二届全国人大四次会议黑龙江代表团审议时指出：“要加强生态文明建设，划定生态保护红线，为可持续发展留足空间，为子孙后代留下天蓝地绿水清的家园。绿水青山是金山银山，黑龙江的冰天雪地也是金山银山。”②

2016 年 3 月 10 日，习近平在参加十二届全国人大四次会议青海代表团审议时指出：“生态环境没有替代品，用之不觉，失之难存。在生态环境保护建设上，一定要树立大局观、长远观、整体观，坚持保护优先，坚持节约资源和保护环境的基本国策，像保护眼睛一样保护生态环境，像对待生命一样对待生态环境，推动形成绿色发展方式和生活方式。”③

2016 年 5 月 23 日，习近平在黑龙江伊春考察调研时指出，生态就是资源、生态就是生产力。要按照绿水青山就是金山银山、冰天雪地也是金山银山的思路，摸索接续产业发展路子。④

2016 年 12 月，习近平对生态文明建设作出重要指示强调，生态文明建设是“五位一体”总体布局和“四个全面”战略布局的重要内容。各地区各部门要切实贯彻新发展理念，树立“绿水青山就是金山银山”

---

① 习近平：《建设美丽中国，改善生态环境就是发展生产力》，人民网，2016 年 12 月 1 日。http://cpc.people.com.cn/xuexi/n1/2016/1201/c385476—28916113.html.

② 《习近平参加黑龙江代表团审议》，新华网，2016 年 3 月 7 日。http://www.xinhuanet.com/politics/2016—03/07/c_128780106_5.htm.

③ 习近平：《在参加十二届全国人大四次会议青海代表团审议时的讲话》，《人民日报》2016 年 3 月 10 日。

④ 《习近平总书记考察黑龙江　首站到伊春》，人民网，2020 年 5 月 23 日。http://politics.people.com.cn/n1/2016/0523/c1024—28373127—2.html.

的强烈意识，努力走向社会主义生态文明新时代。[①]

党的十九大报告强调坚持人与自然和谐共生，“必须树立和践行绿水青山就是金山银山的理念，坚持节约资源和保护环境的基本国策，像对待生命一样对待生态环境，统筹山水林田湖草系统治理，实行最严格的生态环境保护制度，形成绿色发展方式和生活方式，坚定走生产发展、生活富裕、生态良好的文明发展道路，建设美丽中国，为人民创造良好生产生活环境，为全球生态安全作出贡献”[②]。

2017 年 10 月 24 日，《中国共产党章程（修正案）》的决议通过。《中国共产党章程》明确制定了“中国共产党领导人民建设社会主义生态文明。树立尊重自然、顺应自然、保护自然的生态文明理念，增强绿水青山就是金山银山的意识，坚持节约资源和保护环境的基本国策，坚持节约优先、保护优先、自然恢复为主的方针，坚持生产发展、生活富裕、生态良好的文明发展道路。着力建设资源节约型、环境友好型社会，实行最严格的生态环境保护制度，形成节约资源和保护环境的空间格局、产业结构、生产方式、生活方式，为人民创造良好生产生活环境，实现中华民族永续发展”[③] 的条文。

2018 年 3 月，习近平在参加十三届全国人大一次会议内蒙古代表团审议时强调，要加强生态环境保护建设，统筹山水林田湖草治理，精心组织实施京津风沙源治理、“三北”防护林建设、天然林保护、退耕还林、退牧还草、水土保持等重点工程，实施好草畜平衡、禁牧休牧等

---

① 习近平：《树立“绿水青山就是金山银山”的强烈意识 努力走向社会主义生态文明新时代》，人民网，2016 年 12 月 2 日。http://politics.people.com.cn/n1/2016/1202/c1024－28921427.html.

② 习近平：《决胜全面建成小康社会 夺取新时代中国特色社会主义伟大胜利——在中国共产党第十九次全国代表大会上的报告》，人民出版社 2017 年版。

③ 《中国共产党章程》，求是网，2017 年 12 月 3 日。http://www.qstheory.cn/llqikan/2017－12/03/c_1122049483.htm.

制度，加快呼伦湖、乌梁素海、岱海等水生态综合治理，加强荒漠化治理和湿地保护，加强大气、水、土壤污染防治，在祖国北疆构筑起万里绿色长城。①

2018 年 5 月，全国生态环境保护大会召开，习近平等领导同志出席大会并发表重要讲话。习近平指出：“新时代推进生态文明建设，必须坚持好以下原则。一是坚持人与自然和谐共生，坚持节约优先、保护优先、自然恢复为主的方针，像保护眼睛一样保护生态环境，像对待生命一样对待生态环境，让自然生态美景永驻人间，还自然以宁静、和谐、美丽。二是绿水青山就是金山银山，贯彻创新、协调、绿色、开放、共享的发展理念，加快形成节约资源和保护环境的空间格局、产业结构、生产方式、生活方式，给自然生态留下休养生息的时间和空间。三是良好生态环境是最普惠的民生福祉，坚持生态惠民、生态利民、生态为民，重点解决损害群众健康的突出环境问题，不断满足人民日益增长的优美生态环境需要。四是山水林田湖草是生命共同体，要统筹兼顾、整体施策、多措并举，全方位、全地域、全过程开展生态文明建设。五是用最严格制度最严密法治保护生态环境，加快制度创新，强化制度执行，让制度成为刚性的约束和不可触碰的高压线。六是共谋全球生态文明建设，深度参与全球环境治理，形成世界环境保护和可持续发展的解决方案，引导应对气候变化国际合作。”韩正在总结讲话中指出：“要认真学习领会习近平生态文明思想，切实增强做好生态环境保护工作的责任感、使命感；深刻把握绿水青山就是金山银山的重要发展理念，坚定不移走生态优先、绿色发展新道路；深刻把握良好生态环境是最普惠民生福祉的宗旨精神，着力解决损害群众健康的突出环境问题；深刻把握山水林田湖草是生命共同体的系统思想，提高生态环境保护工

① 乔金亮：《打造更加亮丽的祖国北疆风景线》，《经济日报》2018 年 3 月 7 日。

作的科学性、有效性。”①

2018年6月，中共中央、国务院印发的《关于全面加强生态环境保护 坚决打好污染防治攻坚战的意见》提出：“坚持绿水青山就是金山银山。绿水青山既是自然财富、生态财富，又是社会财富、经济财富。保护生态环境就是保护生产力，改善生态环境就是发展生产力。必须坚持和贯彻绿色发展理念，平衡和处理好发展与保护的关系，推动形成绿色发展方式和生活方式，坚定不移走生产发展、生活富裕、生态良好的文明发展道路。”②

2019年3月，习近平在参加十三届全国人大二次会议内蒙古代表团审议时强调，党的十八大以来，我们党关于生态文明建设的思想不断丰富和完善。在“五位一体”总体布局中生态文明建设是其中一位，在新时代坚持和发展中国特色社会主义基本方略中坚持人与自然和谐共生是其中一条基本方略，在新发展理念中绿色是其中一大理念，在三大攻坚战中污染防治是其中一大攻坚战。这“四个一”体现了我们党对生态文明建设规律的把握，体现了生态文明建设在新时代党和国家事业发展中的地位，体现了党对建设生态文明的部署和要求。各地区各部门要认真贯彻落实，努力推动我国生态文明建设迈上新台阶。保持加强生态文明建设的战略定力，探索以生态优先、绿色发展为导向的高质量发展新路子，加大生态系统保护力度，打好污染防治攻坚战，守护好祖国北疆这道亮丽风景线。③

2020年3月，习近平在浙江考察时指出：“经济发展不能以破坏生

---

① 《习近平出席全国生态环境保护大会并发表重要讲话》，中国政府网，2020年5月19日。http：//www.gov.cn/xinwen/2018－05/19/content_5292116.htm.

② 《中共中央 国务院关于全面加强生态环境保护 坚决打好污染防治攻坚战的意见》，中国政府网，2018年6月24日。http：//www.gov.cn/zhengce/2018－06/24/content_5300953.htm.

③ 《习近平参加内蒙古代表团审议》，新华网，2019年3月5日。http：//www.xinhuanet.com/2019－03/05/c_1210074069.htm.

态为代价，生态本身就是经济，保护生态就是发展生产力。”①

2020 年 4 月，习近平在陕西考察秦岭生态时指出：“人不负青山，青山定不负人。”②

2020 年 5 月，习近平在参加十三届全国人大三次会议内蒙古代表团审议时强调，生态环境保护就是为民造福的百年大计。要保持加强生态文明建设的战略定力，牢固树立生态优先、绿色发展的导向，持续打好蓝天、碧水、净土保卫战，把祖国北疆这道万里绿色长城构筑得更加牢固。③

2020 年 6 月，习近平在宁夏考察时强调，要明确黄河保护红线底线，要守好改善生态环境生命线。④

2020 年 10 月，党的十九届五中全会通过的《中共中央关于制定国民经济和社会发展第十四个五年规划和二〇三五年远景目标的建议》提出，坚持绿水青山就是金山银山理念，坚持尊重自然、顺应自然、保护自然，坚持节约优先、保护优先、自然恢复为主，守住自然生态安全边界。⑤

2021 年 2 月，习近平主持召开中央全面深化改革委员会第十八次会议并发表重要讲话。会议强调，要围绕推动全面绿色转型深化改革，深入推进生态文明体制改革，健全自然资源资产产权制度和法律法规，

---

① 《习近平在浙江考察时强调：统筹推进疫情防控和经济社会发展工作　奋力实现今年经济社会发展目标任务》，人民网，2020 年 4 月 2 日。http：//cpc. people. com. cn/n1/2020/0402/c64094－31658252. html.

② 《陕西考察中，习近平这四句话引人深思》，中国新闻网，2020 年 4 月 24 日。http：//www. chinanews. com/gn/2020/04－24/9166500. shtml.

③ 《三到内蒙古代表团，习近平强调这三件事要一以贯之》，人民网，2020 年 5 月 23 日。http：//nm. people. com. cn/n2/2020/0523/c196667－34037773. html.

④ 《宁夏之行，习近平提出“三个不动摇”》，中青在线，2020 年 6 月 11 日。http：//news. cyol. com/app/2020－06/11/content _ 18655368. htm.

⑤ 《中共中央关于制定国民经济和社会发展第十四个五年规划和二○三五年远景目标的建议》，中国政府网，2020 年 11 月 3 日。http：//www. gov. cn/zhengce/2020－11/03/content _ 5556991. htm.

完善资源价格形成机制，建立健全绿色低碳循环发展的经济体系，统筹制定2030年前碳排放达峰行动方案，使发展建立在高效利用资源、严格保护生态环境、有效控制温室气体排放的基础上，推动我国绿色发展迈上新台阶。建立生态产品价值实现机制关键是要构建绿水青山转化为金山银山的政策制度体系，坚持保护优先、合理利用，彻底摒弃以牺牲生态环境换取一时一地经济增长的做法，建立生态环境保护者受益、使用者付费、破坏者赔偿的利益导向机制，探索政府主导、企业和社会各界参与、市场化运作、可持续的生态产品价值实现路径，推进生态产业化和产业生态化。

2021年3月，习近平在参加十三届全国人大四次会议内蒙古代表团审议时强调，要保护好内蒙古生态环境，筑牢祖国北方生态安全屏障。要坚持绿水青山就是金山银山的理念，坚定不移走生态优先、绿色发展之路。要继续打好污染防治攻坚战，加强大气、水、土壤污染综合治理，持续改善城乡环境。要强化源头治理，推动资源高效利用，加大重点行业、重要领域绿色化改造力度，发展清洁生产，加快实现绿色低碳发展。要统筹山水林田湖草沙系统治理，实施好生态保护修复工程，加大生态系统保护力度，提升生态系统稳定性和可持续性。①

2021年3月，习近平在参加十三届全国人大四次会议青海代表团审议时强调，要结合青海优势和资源，贯彻创新驱动发展战略，加快建设世界级盐湖产业基地，打造国家清洁能源产业高地、国际生态旅游目的地、绿色有机农畜产品输出地，构建绿色低碳循环发展经济体系，建设体现本地特色的现代化经济体系。习近平指出，青海对国家生态安

① 《习近平在参加内蒙古代表团审议时强调：完整准确全面贯彻新发展理念　铸牢中华民族共同体意识》，中国政府网，2021年3月5日。http：//www.gov.cn/xinwen/2021－03/05/content_5590762.htm.

全、民族永续发展负有重大责任，必须承担好维护生态安全、保护三江源、保护“中华水塔”的重大使命，对国家、对民族、对子孙后代负责。这些年来，青海在生态文明建设方面作了很大努力，但生态环境保护任重道远。把生态保护放在首位，体现了生态保护的政治自觉。要优化国土空间开发保护格局，严格落实主体功能区布局，加快完善生态文明制度体系，正确处理发展生态旅游和保护生态环境的关系，坚决整治生态领域突出问题，在建立以国家公园为主体的自然保护地体系上走在前头，让绿水青山永远成为青海的优势和骄傲，造福人民、泽被子孙。①

2021 年 3 月，十三届全国人大四次会议通过的《中华人民共和国国民经济和社会发展第十四个五年规划和 2035 年远景目标纲要》提出，推动绿色发展，促进人与自然和谐共生。坚持绿水青山就是金山银山理念，坚持尊重自然、顺应自然、保护自然，坚持节约优先、保护优先、自然恢复为主，实施可持续发展战略，完善生态文明领域统筹协调机制，构建生态文明体系，推动经济社会发展全面绿色转型，建设美丽中国。②

“绿水青山就是金山银山”理念诞生自湖州、形成于浙江、完善在中央，最终成为中国生态文明体制改革和绿色发展的重要理念。“绿水青山就是金山银山”理念提出的同时，将“绿水青山就是金山银山”理念应用于区域绿色发展的实践也取得巨大成功。

---

① 《习近平在参加青海代表团审议时强调：坚定不移走高质量发展之路　坚定不移增进民生福祉》，中国政府网，2021 年 3 月 7 日。http：//www.gov.cn/xinwen/2021－03/07/content_5591271.htm.

② 《中华人民共和国国民经济和社会发展第十四个五年规划和 2035 年远景目标纲要》，中国政府网，2021 年 3 月 13 日。http：//www.gov.cn/xinwen/2021－03/13/content_5592681.htm.

第二节
“绿水青山就是金山银山”理念的内涵

一、正确处理环境与发展的关系

“既要绿水青山，又要金山银山”，就是正确处理环境与发展的关系，这是“绿水青山就是金山银山”理念对环境和发展问题在新时代的科学定义。

在工业文明的语境下，人们普遍认为，高速增长的经济所带来的城市化和工业化引发了环境与发展的矛盾，无论是政府高官、知识界精英，还是普通百姓，一直以来把环境与发展当作一对不可调和的矛盾来对待。这种缺乏生态文明伦理价值取向的唯工业经济行为支配下的观念，是导致世界上出现环境灾难和生态危机的深层原因。在实际工作中，经济发展部门视生态环境保护部门为发展的绊脚石，环保部门则视经济部门为造成环境污染的元凶。地方政府为追求 GDP 的绝对增长，一直以来对国家的环境政策阳奉阴违，地方生态环境主管部门的执法效果大打折扣。2007 年党的十七大首次提出建设生态文明，2012 年党的十八大报告设专门部分论述生态文明建设，在国家意义乃至全球意义上实现了将生态文明哲学命题向社会实践的转折。这就超越了传统工业文明观，确立了人类新的生存与发展意识的生态文明观。发展还是环保是一种仍然停留在工业文明思维下的陈旧观念，中国的现代化不仅仅是工业化问题，而是在一定的工业化基础上跨越工业文明阶段而进入生态文明阶段的问题，我们的目标是把以人类为中心的发展调整到以人类与自然协调发展为中心的道路上来。

在生态文明的语境下，"绿水青山是生存之本，金山银山是发展之源"，经济发展和生态环境保护是生态文明建设不可分割的内容，两者是统一而不是对立排斥的。只有坚持人与自然共生和谐的理念，尊重自然、顺应自然、保护自然，在此基础之上生存和发展，就能使"绿水青山"和"金山银山"成为推动生态文明建设的两个巨大动力源。在实现"绿水青山"常在的同时，通过打造绿色国土空间开发格局、融通城乡、保护和开发海洋，发展低碳经济改变能源结构，推进清洁生产和节能减排降低投入减少排放，发展循环经济充分利用资源，倡导共享经济节约资源，大力推进新能源产业、生态农业、生态工业、生态服务业、互联网+、物联网、人工智能、区块链、智能农业、智能工业、智能环保、互联网金融、互联网流通等新型绿色经济产业的发展进程，建立绿色生活方式。

随着生产力水平的大幅度提高，人类对自然的开发使自然资源量迅速减少，资源短缺成了造成全球危机的主要原因。以 GDP（国内生产总值）表示的每年的生产成果不能反映生活质量和环境质量效益，当 GDP 是通过牺牲环境质量和花费很大社会代价获得的时候，GDP 概念的缺陷显得更加明显。因此，在经济管理中，迫切需要把资源指标体系和资源核算作为衡量合理利用的标准。

要建立人与自然的和谐体系，应该首先建立综合的经济与资源环境核算体系。要比较明确地衡量环境作为自然资本的来源以及作为人类活动所产生的副产品的承载体的重大作用。传统的国民经济衡量指标既不反映经济增长导致的生态破坏、环境恶化和资源代价，也未计及非商品劳务的贡献，并且没能反映投资的取向，这些不利的影响将会削弱未来经济增长的基础。为此，需要建立以绿色 GDP 为基础的综合的资源环境与经济核算体系，来监控整个国民经济的运行。

绿色 GDP 是指用以衡量各国扣除自然资产损失后新创造的真实国民财富的总量核算指标，就是在国民财富总量核算中，必须扣除由于环境污染、自然资源退化、教育低下、人口数量失控、管理不善等因素引起的经济损失成本。在联合国综合环境与经济核算体系中，绿色国内生产净值（EDP）是核心指标，在国内生产总值中扣除自然资本的消耗，得到经过环境调整的国内生产总值，就是绿色 GDP；从国内生产总值中同时扣除生产资本消耗和自然资本消耗，得到经环境调整的国内生产净值，就是 EDP。

20 世纪 70 年代开始，联合国和世界银行等国际组织就大力倡导绿色 GDP 的研究和推广。世界银行的统计数据显示，中国 GDP 中至少有 18%是依靠资源和生态环境的“透支”获得的。

2004 年 10 月，国家统计局和国家环保总局开始了绿色 GDP 核算工作试点，试点包括浙江、河北、天津、北京、辽宁等在内的共 10 个省市，2006 年《中国绿色国民经济核算研究报告 2004》正式公布。但是由于体制的原因，绿色 GDP 的研究和推广受到了很大的阻力。

2013 年 5 月，中央提出要完善经济社会发展考核评价体系，把资源消耗、环境损害、生态效益等体现生态文明建设状况的指标纳入经济社会发展评价体系。12 月，中央组织部印发《关于改进地方党政领导班子和领导干部政绩考核工作的通知》，规定不能仅仅把 GDP 作为考核政绩的主要指标，不能搞地区 GDP 排名，中央有关部门不能单纯以 GDP 衡量各省（自治区、直辖市）发展成效，地方各级党委政府不能简单以 GDP 评定下一级领导干部的政绩和考核等次。2015 年，环境保护部宣布重启绿色 GDP 研究。

二、正确处理生存与发展的关系

“宁要绿水青山，不要金山银山”，就是正确处理生存与发展的关系，这是“绿水青山就是金山银山”理念对生存和发展问题的科学判断。

良好的生态环境和充沛的自然资源是人类生存的首要条件，人类离开了清新的空气、洁净的饮水、生态的土壤以及大自然提供的资源，一刻也不能生存，发展更是无从谈起。生存是基础，发展对生存具有重大意义，人类要生存就必须用正确的方式发展，在生存的基础上发展，在发展中求生存。

人类生活在生态系统之中，依赖生态系统的能流和物流而存在。生态系统的能流决定生物数量、繁殖速度、群落结构等，生态系统的物流决定生物物质反复循环供给的数量和质量。自然生态系统是在“生产—消费—分解”过程中保持动态平衡的，人类经济的活动一旦打破这种平衡使之遭到难以恢复的破坏，将引起物种消失，如果持续下去，人类就会有消亡的危险。

人类当前所面临的资源短缺、生态失衡和环境破坏的问题，与我们的经济活动方式、结构和认识观念息息相关。随着工业文明在全球的快速推进，在生产环节最大限度地对大自然进行开发而没有必要甚至基本的环境污染控制措施，在交换环节只追求流通的速度而对潜在的资源消耗不予计算，在消费环节认为自然资源取之不尽用之不竭，环境纳污容量根本不在考虑的范围。这种理念一直深深扎根在人们的脑海中，反映到经济政策上就是对生态资源再生能力的建设性和保护性投资严重不足，只强调人是生产者，忽视人是生态环境和自然资源的消费者。发展方式的错误导致人类赖以生存的生态环境急剧恶化。

“宁要绿水青山，不要金山银山”就是彻底否定破坏生态环境的GDP，正确处理好生存和发展关系。绿色发展模式的确立，将引导人类真正走向持续生存和持续发展的光明大道。

世界自然保护联盟（IUCN）提出并倡导生态系统生产总值（GEP），推出了生态系统生产总值（GEP）核算报告，对区域内生态系统为人类提供的最终产品与服务价值的总和进行核算，旨在建立一套与GDP相对应、能够衡量生态良好的统计与核算体系。通过计算森林、荒漠、湿地等生态系统及农田、牧场、水产养殖场等人工生态系统的生产总值，来衡量和展示生态系统状况，GEP做了生态系统服务和产品“加法”。

2013年2月25日开始，内蒙古库布齐沙漠首次实施生态系统生产总值（GEP）核算。如果沿用GDP核算，当地产出远远低于投入；如果用GEP来核算，当地产出高达305.91亿元。

世界自然保护联盟、国家林业局和中国科学研究院生态环境研究中心等单位编制的《内蒙古兴安盟阿尔山市生态系统生产总值（GEP）及生态资产核算报告》显示，2014年阿尔山市GEP为544.44亿元，约为当年GDP（15.2亿元）的35.8倍；《吉林省通化市生态系统生产总值（GEP）及生态资产核算报告》显示，2000—2014年，通化市GEP从2000年的954.20亿元增加到2014年的1321.49亿元，共增加367.29亿元，人均GEP从2000年的41036.75元增加到2014年的56831.94元；《贵州省习水县生态系统生产总值（GEP）核算报告》显示，2000—2015年，习水县生态系统生产总值呈逐步增加的趋势，2000年、2010年和2015年的GEP分别为194.33亿元、221.16亿元和253.47亿元，人均GEP分别为2.71万元、3.08万元和3.53万元。

《海口市生态资产与生态系统生产总值（GEP）核算报告（2017）》显示，2017年海口市生态资产指数为142.9，生态系统生产总值（GEP）为2760.78亿元。2015—2017年海口市生态资产增加了1.6%，生态系统生产总值增加了 15.6%。

三、正确处理生态与财富的关系

“绿水青山就是金山银山”，就是正确处理生态与财富的关系，这是“绿水青山就是金山银山”理念对生态与财富、增长问题的重新定义。

人类社会的发展，离不开财富的稳步积累和经济的持续增长，在社会持续进步的今天，对财富和增长问题应该有科学的认识。

工业文明的发展使得人类把经济系统和生态环境系统割裂开来，生产力水平空前提高，人类对自然环境展开了前所未有的大规模的开发和利用。人口的激增、资源的透支，一切社会活动趋向物质利益和经济效益的最大化，人类试图征服自然，成为自然的主宰。由于人类自身需要和欲望急剧膨胀，人对自然的尊重被对自然的占有和征服所代替。当前，人类面临着由于现代工业的发展带来的一系列严重的环境和生态问题，这些问题已经从根本上影响到人类的生存，“天人”关系全面不协调，“人地”矛盾迅速激化。要扭转这种不利于人类生存的局面，必须将环境与经济作为一个大系统来分析研究，构建生态环境经济系统。

生态环境经济系统是由生态环境系统、经济系统和居于其间的生态中介系统所组成，它是一个多相、多元、多介质和多层次的复杂综合体，这些子系统间的非线性作用使生态环境经济系统成为一个复杂的开放系统。生态环境经济系统是由具有相互关系的环境要素、经济要素、生态要素和这些要素间的相互关系所组成的一个集，我们要追求的是自然系统合理、经济系统有利、社会系统有效。在生态经济学原则的指导下，人类活动的方向是致力于与自然环境建立一种较少破坏的共存关系，拟定具体社会目标，使系统的综合效益最高，导致危机风险最小，存活进化机会最大。

在生态环境经济系统内，绿水青山的首要使用价值就是维持修复生态系统和从整体上支持人类的生存，所以减少对自然资源的消耗和对生态环境的污染就是保护绿水青山。绿水青山有可再生和不可再生两类，人类对自然再生的绿水青山的利用原则是利用率必须低于增殖率，保证资源的再生能力；人类对劳动再生的绿水青山在科学技术的发展没有达到增殖率高于利用率之前，必须设定利用的上限；人类对不可再生的能重复利用的绿水青山，必须有效地重复利用，通过循环利用把资源的消耗降到最低；人类对不可再生的不能重复利用的绿水青山，要依赖于发展生态化的科学技术，发展替代品和对资源进行不间断的重复利用，在科学技术没有找到对人类生存来说取之不尽的不可再生资源之前，利用率必须低于发现替代品的增殖率，同时改变人类的生活方式，在绿水青山限定的范围内生存。从这个意义上说，绿水青山是另一层含义上的金山银山，保护绿水青山就是增值金山银山。

同时，自然资源、生态环境、生态产品作为一种经济资源，人类可以通过开发利用将其转化为金山银山，如果对绿水青山进行开发利用，绿水青山就具有一般商品的使用价值，转化为经济系统中的金山银山，这就是生态经济化的过程。生态经济化是将生态系统中的绿水青山转化为经济系统中的生态资本，进而通过经济学意义上的价值形态反映的生态价值的货币表现，是在生态环境经济系统内考察人与自然的关系。在生态环境经济系统中对自然资源、生态环境、生态产品的消费，要走经济生态化的发展之路，在生产过程中通过发展以高科技含量、高附加价值、低耗能、低污染、具有自主创新能力为特征的有机产业群为核心，以科技创新、人才培育、资本运营、信息共享甚至现代物流等高效运转的产业辅助系统为支撑，以自然生态环境优美、基础设施良好、能源与社会保障稳定、法律和社会诚信完善的产业发展环境为依托的相互协调、相互制约并具有高度开放性的生态产业。生态产业按照“管理—生产—交换—消费—分解—还原—再生”七个环节，依据资源禀赋在最少耗能和最低排放温室气体及污染物的前提下进行生产，在生产资料和产品的物质交换过程中防止二次、三次乃至 N 次污染，加强生产过程、生产环境和生活环境的有益微生物分解功能和还原能力，将分解后的有机物质投入环境并使之再生，将无机物质重复循环利用，最大可能地促进资源的再生和循环利用；在消费过程中，建立生态化价值取向的消费观念和绿色生活方式，改变传统的生活方式，养成适度消费、节俭消费、低碳消费、安全消费的良好习惯，使绿色饮食、绿色出行、绿色居住成为人们的自觉行动。

只有实现生态经济化和经济生态化的有机统一，才能维护“自然—社会—经济”生态系统的动态平衡，使“生产者（绿色植物）—消费者（草食动物、肉食动物） 分解者（微生物，主要是细菌和真菌）”三者之间的物质循环与能量转化达到动态平衡，从而提高整个生态圈的生产能力、消费能力与还原能力，这是“绿水青山就是金山银山”的深层含义。

第三节
“绿水青山就是金山银山”理念的意义

一、“绿水青山就是金山银山”理念对人类文明的贡献

全球能源危机、资源危机和生态危机是传统工业化发展的必然结

果，在盲目追求 GDP 的发展导向下，人类大量消耗资源、排放大量废弃物。20 世纪 70 年代以后，为解决人类所面临的发展同物理极限、社会极限的冲突，西方有识之士提出了可持续发展理论，一度给全球经济和社会的发展注入了新的活力。可持续发展保证了资源在特定状况下对人类经济和社会发展的支持，为人类的生存和发展提供了一个更好的环境和生态基础，促进了工业文明时代经济增长方式的转变，为公众提供了一个可持续生存的社会条件。可持续发展是建立在工业文明价值观的基础上的，没有脱离工业文明的框架。基于“人类中心主义”世界观基础上的工业文明价值观，可持续发展的提出是试图修正传统工业文明的发展模式。但在当时的历史条件下，可持续发展在实践中甚至以“部分人类中心主义”为核心，这是可持续发展理论的重大缺陷，因此人类的发展并没有像期望的那样步入可持续发展的大道。

“绿水青山就是金山银山”理念是习近平生态文明思想的核心内容，是中国生态文明体制改革和绿色发展的重要理念，它走出了工业文明思维框框，实现了人类思想观念的深刻变革。

有一种观点认为，生态文明建设就是可持续发展的另一种表达意思，中国的生态文明建设是世界可持续发展的一部分，与全球可持续发展进程一脉相承，是可持续发展在中国的具体实践和中国化、升级版，是可持续发展理论实践的拓展，这是对生态文明建设和绿色发展实践的理解的片面化和历史局限化。从全球历史发展的进程看，“绿水青山就是金山银山”理念是对可持续发展理论的历史超越，中国的生态文明建设将开创人类未来发展的崭新模式。

可持续发展的理论渊源和理论基础是代际生态公正理论，在可持续发展的进程中，种际生态公正、代内生态公正和个体间生态公正不同程度地被忽视，或在实践中由于利益集团、国家至上思维的操控人为地被无情抛弃。生态文明从中国优秀的传统文化中汲取了生态智慧，以儒释道为主体的中国传统文化蕴含的"共生和谐"思想为在新的历史时期在中国传统文化基础上建立空间和时间上的"共生和谐"相统一的生态文明观奠定了文化基础。现代可持续发展的思想，为生态文明建设和绿色发展提供了一个现代化、工业化背景下人类走向未来的发展模式的有益参考，为人类重构世界政治经济格局开创了一条全新的发展道路。

可持续发展的内容主要包括资源与环境的可持续发展、经济可持续发展、社会可持续发展，生态文明建设和绿色发展的内容包括环境持续发展、经济绿色发展、政治民主发展、文化生态发展、科技创新发展、社会和谐发展。

可持续发展产生的历史条件，是快速工业化和城市化造成的对环境的污染和生态的破坏。20 世纪 90 年代末以来，中国人经过不断地探索实践，终于首次完成了生态文明理论的创新，并在国家意义乃至全球意义上实现将生态文明的哲学命题向社会实践转折，使人类在农业文明、工业文明的基础上，迈向生态文明社会的历史征程中，有了一条全新的发展道路。

可持续发展的目标是实现经济发展与人口、资源、环境相协调，在不同国家和地区以及不同历史时期，可持续发展有相应的目标。生态文明建设和绿色发展的目标是建设一个环境优美宜人、经济稳步增长、政治民主昌明、文化繁荣昌盛、科技日新月异、社会和谐进步的"美丽地球"，在不同国家和地区以及不同的历史时期，应该有相应的阶段目标，最终要把各个国家建设成"美丽国家"，打造生态文明的地球，其发展的终极目标是如何超越下一个大冰期，避免包括人类在内的生物的集群灭绝，为最终使星球文明向星际文明过渡奠定物质和精神的基础。

2016 年 5 月 26 日，中国环境保护部与联合国环境规划署在第二届联合国环境大会上共同发布了《绿水青山就是金山银山：中国生态文明战略与行动》报告，向国际社会展示了中国建设生态文明、推动绿色发展的决心和成效，中国生态文明建设的理念和实践为包括非洲在内的其他国家提供了经验和借鉴。

“绿水青山就是金山银山”理念的提出，极大地丰富了中国文化的代际生态伦理，这是对人类文明的贡献，是对世界文化发展的贡献，为中华民族和人类的发展勾画了一条新的发展之路。

二、“绿水青山就是金山银山”理念是国家发展理念的转变

改革开放以来，中国经济高速发展，年平均经济增长率接近两位数，是同期发达国家的近 3 倍，于 2010 年成为世界第二大经济体。然而，工业化和城市化的快速推进，资源能源的大量消耗，造成了环境污染和生态破坏，严重阻碍经济和社会的发展。前几年的中国正处在历史上环境污染最严重的时期，在经济发达地区，以大气污染、水污染、土壤污染为代表的环境污染和生态破坏严重影响正常的生产和人们的日常生活；在经济落后地区，生态破坏得不到有效遏制。一方面是效仿西方已经落后的可持续发展模式试图解决环境与发展问题，另一方面高投入、高消耗、高污染的发展模式仍大行其道。要破解资源约束趋紧、环境承受力脆弱、生态系统退化的困境，必须走以“绿水青山就是金山银山”理念为核心的生态文明建设之路。

“如果仍是粗放发展，即使实现了国内生产总值翻一番的目标，那污染又会是一种什么情况？届时资源环境恐怕完全承载不了。经济上去了，老百姓的幸福感大打折扣，甚至强烈的不满情绪上来了，那是什么形势？所以，我们不能把加强生态文明建设、加强生态环境保护、提倡

绿色低碳生活方式等仅仅作为经济问题。这里面有很大的政治。”① 生态文明不仅是当代世界最大的政治命题，也是当代中国最大的政治问题。“在绿色发展方面搞上去了，在治理大气污染、解决雾霾方面作出贡献了，那就可以挂红花、当英雄。反过来，如果就是简单为了生产总值，但生态环境问题越演越烈，或者说面貌依旧，即便搞上去了，那也是另一种评价了。”②

党的十九大报告指出，我国社会主要矛盾已经转化为人民日益增长的美好生活需要和不平衡不充分的发展之间的矛盾。随着人民美好生活需要日益广泛，更要在民主、法治、公平、正义、安全、环境等方面满足人民日益增长的需要。在“绿水青山就是金山银山”理念的指导下，通过绿色发展解决发展的不平衡不充分，才能稳步推进生态文明建设进程。

《生态文明建设目标评价考核办法》《绿色发展指标体系》《生态文明建设考核目标体系》《生态文明建设标准体系发展行动指南（2018—2020年）》《美丽中国建设评估指标体系及实施方案》等的发布，意味着考核模式的根本性变化，环境因素的考核首次超过GDP。

在《绿色发展指标体系》考核的具体权重上，资源利用权重占29.3%，环境治理权重占16.5%，环境质量权重占19.3%，生态保护指标权重占16.5%，增长质量权重占9.2%，绿色生活权重占9.2%。

时刻牢记“绿水青山就是金山银山”理念，走绿色发展之路，使绿色发展成为全社会的自觉行动，才能形成节约资源能源和保护生态环境的空间格局、产业结构、生产方式和生活方式，促进绿色产业发展，把

① 2013年4月25日，习近平在中央政治局常委会会议上的讲话。

② 2013年9月23—25日，习近平参加河北省委常委班子专题民主生活会时的讲话。

绿色经济作为中国经济的未来，给自己同时也给子孙后代留下一个美丽的家园。

三、“绿水青山就是金山银山”理念引领区域绿色发展

“绿水青山就是金山银山”理念是2005年8月15日习近平在浙江省安吉县余村调研时首先提出的，这对于处于发展困惑中的区域经济走出工业文明“发展还是保护”模式带来的弊端、走向生态文明的全面发展，重构人与自然的关系，提供了一个全新的视野。15年来，以“绿水青山就是金山银山”理念为指导的中国区域经济和社会的发展，向世界展现了巨大的活力，充分显示了绿色发展对于打造绿色国土开发空间格局，促进区域经济社会发展的重大意义。

从绿色发展的县级层面看，“绿水青山就是金山银山”理念的诞生地、中国美丽乡村发源地和绿色发展先行地——浙江省安吉县，以“绿水青山就是金山银山”理念引领高质量绿色发展。2005—2019年，安吉县地区生产总值由89.28亿元增加到469.59亿元。全县森林覆盖率、林木绿化率均保持在70%以上，空气质量优良率保持在86%以上，地表水、饮用水、出境水达标率均为100%，被誉为气净、水净、土净的“三净之地”，是全国第一个生态县，获得联合国人居奖。作为“绿水青山就是金山银山”理念综合改革创新试验区，安吉初步形成了具有地方特色的“1+2+3”生态产业体系，“1”是健康休闲一大优势产业，“2”是绿色家居、高端装备制造两大主导产业，“3”是信息经济、通用航空、现代物流三大新兴产业，三次产业比为5.9∶45.1∶49。“美丽乡村、美丽乡镇、美丽县城”三美共进，美丽乡村创建实现全覆盖，建成精品示范村55个、乡村经营示范村15个、善治示范村34个、精品观光带4条，建成区面积达37.6平方千米。以安吉县为第一起草单位的

《美丽乡村建设指南》经国家标准委员会于 2015 年 6 月发布施行，成为美丽乡村建设国家标准，探索走出一条以“余村经验”为典型代表的乡村治理之路。2019 年安吉县城乡居民人均可支配收入分别为 56954 元和 33488 元。[①]

从绿色发展的市级层面看，“绿水青山就是金山银山”理念的重要萌发地和先行实践地——浙江省丽水市，科学谋划和奋力书写践行“绿水青山就是金山银山”理念的时代答卷，全面奏响“丽水之干”最强音，以“绿起来”首先带动“富起来”进而加快实现“强起来”为目标，追求“两个较快增长”（GDP 和 GEP 规模总量协同较快增长，GDP 和 GEP 之间转化效率实现较快增长），使 GEP 更多更好更快更直接地转化为 GDP，充分释放绿水青山的经济价值，努力变生态要素为生产要素、生态价值为经济价值、生态优势为发展优势，经济社会、城乡面貌、人民生活发生了深刻变化，走出了一条具有鲜明丽水特色的高质量绿色发展之路。[②] 2005—2019 年，丽水市地区生产总值由 300.31 亿元增加到 1476.61 亿元。丽水市通过聚力生态环境提标，打造集中展示“中国生态第一市”独特生态魅力和高水平生态文明建设成果与经验的旗帜性产品，使丽水真正成为长三角的生态“绿心”，全市的森林覆盖率超过 80%，生态环境状况指数连续 16 年居浙江第一，2019 年水环境质量列全国第 15、空气质量列全国第 7，创建了省级美丽乡村示范县 3 个、示范乡镇 43 个、特色精品村 122 个，有省级特色小镇 16 个；通过聚力生态产业提质，加快建设以“生态经济化、经济生态化”为基本特征的现代化生态经济体系，以质量创新牵动生态农业发展，以科技创新驱动生态工业发展，以融合创新推动全域旅游发展，大力发展基于生

① 《县情简介》，安吉县人民政府网，2020 年 3 月 9 日。http://www.anji.gov.cn/ajgk/xqjj/index.html；沈铭权：《“两山”理论的安吉实践》，《人民日报（海外版）》2020 年 8 月 10 日。

② 《丽水市“两山”发展大会召开》，《丽水日报》2019 年 2 月 14 日。

态优势的精密制造产业、半导体全链条产业、健康医药产业、时尚产业和数字经济等绿色产业，做强做优生态旅游战略支柱产业，以“生态＋”带动“旅游＋”“文化＋”“农耕＋”，以农文旅融合催生新业态、激发新活力，大力发展山地特色生态农业，启动平台“二次创业”，建设一批高能级战略平台和“万亩千亿”新兴产业平台，进而推动产业基础高级化、产业链现代化；通过聚力改革创新提效，以生态产品价值实现机制国家试点为突破口，着力构建生态制度体系，促进绿水青山价值倍增、高效转化；通过聚力幸福指数提高，围绕富民增收民生工程，撬动乡村“二次开发”，实现富民强村、群众安居乐业，不断提高民生保障水平。① 经核算，2018 年全市 GEP 为 5024.47 亿元。《浙江（丽水）生态产品价值实现机制试点方案》的印发，使丽水成为全国首个生态产品价值实现机制试点市。丽水实现了从欠发达山区到绿色发展模范生的美丽蝶变，成为全面展示浙江高水平生态文明建设和高质量绿色发展成果和经验的重要窗口。2018 年，丽水市被命名为第二批“绿水青山就是金山银山”实践创新基地，遂昌县被命名为第二批国家生态文明建设示范市县。丽水绿色发展的实践，完美印证了习近平 2006 年到丽水调研时提出的论断，“绿水青山就是金山银山，对丽水来说尤为如此”，“守住了这方净土，就守住了‘金饭碗’”。

从绿色发展的省级层面看，习近平生态文明思想的重要萌发地、“绿水青山就是金山银山”理念的发源地和率先实践地——浙江省，2005 年以来坚持一张蓝图绘到底，谱写了生态文明建设的美丽篇章。2005—2020 年，全省地区生产总值由 13365 亿元增加到 64613 亿元。近年来，“绿水青山就是金山银山”理念成为美丽浙江建设的总基调，浙江省通过坚持生态优先，狠抓生态经济、绿色发展和美丽浙江建设，实

① 《浙江省丽水市委开辟创新实践“两山”理念的新境界》，《学习时报》2020 年 8 月 17 日。

施发挥八个方面优势、推进八个方面举措的“八八战略”，推动浙江经济转型升级和万千美丽乡村建设，形成了“1+4”县域美丽乡村建设规划体系；通过大力发展特色农业和生态旅游，实施“千村示范、万村整治”“乡村康庄工程”“百亿帮扶致富”等十大工程，发布《浙江省主体功能区规划》，明确生态红线，打好了美丽经济的基础；通过实施“811”生态环保专项行动，实行“五水共治”、垃圾分类、“厕所革命”，对全省 GDP 考核实行差别化的评价指标体系，实行空间、总量、项目“三位一体”的新型环境准入制度，实施生态保护补偿机制，积极推行排污权有偿使用和交易，实行最严格的生态保护制度和最严厉执法，坚守了环境的底线。[①] 2019 年，通过统筹推进美丽浙江建设，着力构筑自然生态屏障，积极开展生态文明示范创建，完善生态环保投资和财政激励机制，积极推进生态文明建设，浙江省生态文明建设达到国内先进水平，全省有 11 个国家级自然保护区、15 个省级自然保护区，森林覆盖率达 61.15%，1 个地级市、18 个县（区、市）被命名为国家生态文明建设示范市县，3 个地级市、4 个区县被命名为“绿水青山就是金山银山”实践创新基地；通过蓝天保卫战、碧水行动、净土行动、清废行动，坚决打好污染防治攻坚战，舟山、丽水、台州、温州空气质量排名进入全国 168 个重点城市前 20 名。[②] 全面创建新时代美丽乡村浙江也走在全国前列，实施乡村全域土地综合整治与生态修复 1140 万亩，新增农村生活垃圾分类处理建制村 1775 个，农村生活垃圾分类处理建制村覆盖率 76%，农村生活垃圾回收利用率 46.6%，资源化利用率 90.8%，无害化处理率 100%，新建和改造提升农村公路 1.2 万千米，新增珍贵

① 陆发桃：《“两山”理论在浙江的生动实践》，中国文明网，2018 年 8 月 3 日。http://www.wenming.cn/ll_pd/llzx/201808/t20180803_4782756.shtml.

② 《2019 年浙江省生态环境状况公报》，浙江省生态环境厅官网，2020 年 6 月 4 日。http://sthjt.zj.gov.cn/art/2020/6/4/art_1201912_44956625.html.

树木 2400 万株，新增 522 万农村人口喝上了达标饮用水，现有农村公厕 6.4 万座，新增 A 级以上景区村庄 3018 个（其中 3A 级 429 个），新增中国历史文化名镇 7 个、名村 16 个，全国重要农业文化遗产 8 个，在建省级历史文化村落重点村、一般村 746 个，培育创建美丽乡村示范乡镇 100 个、特色精品村 300 个、高标准农村生活垃圾分类示范村 200 个、历史文化（传统）村落保护利用示范村 20 个。[①]《2016 年生态文明建设年度评价结果公报》显示，浙江省位列各省份绿色发展指数第 3 位，资源利用指数排名第 5 位，环境治理指数排名第 4 位，环境质量指数排名第 12 位，生态保护指数排名第 16 位，增长质量指数排名第 3 位，绿色生活指数排名第 5 位，公众满意程度排名第 9 位。2018 年 9 月，浙江省“千村示范、万村整治”工程被联合国授予“地球卫士奖”中的“激励与行动奖”。

---

① 《2019 年浙江省国民经济和社会发展统计公报》，浙江省政府网，2020 年 5 月 19 日。http：//www.zj.gov.cn/art/2020/5/19/art_1544773_43186542.html.

第二章 生态文明建设的战略与考核

中国在国家意义上提出全面建设生态文明，是处理人与自然关系的价值观转变，同时也是执政理念的转变。中国在生态文明建设进程中所持有的态度以及选择的发展道路，不仅对中国而且对世界和平与发展都将会起重要作用并产生深远的影响。中国通过对生态文明建设的考核和建立绿色发展指标体系，对区域生态文明建设进行总结评价，把『绿水青山就是金山银山』理念融入发展之中，使绿色发展成为中国的主旋律。

第一节
生态文明建设的国家战略

一、生态文明从理论到国家层面的升华

1. 生态文明是先进的社会文明形态

1978年，德国学者伊林·费切尔（Iring Fetscher）在《论人类的生存环境》一文中，最早使用了“生态文明”一词，他用生态文明表达对工业文明和技术进步主义的批判。

1983年，赵鑫珊在《读书》1983年第4期上发表的《生态学与文学艺术》一文中，论及人与自然之间的关系时提出：“只有当人与自然处在和平共生状态时，人类的持久幸福才有可能。没有生态文明，物质文明和精神文明就不会是完善的。”

1984年，ицкий在《莫斯科大学学报·科学共产主义》1984年第2期上发表了“Пути формирования экологической культуры личности в условиях зрелого социализма”（《在成熟社会主义条件下培养个人生态文明的途径》）一文，张捷在《光明日报》1985年2月18日的“国外研究动态”中进行了简短介绍，文中认为“生态文明是社会对个人进行一定影响的结果，是从现代生态要求的角度看社会与自然相互作用的特性。它不仅包括自然资源的利用方法及其物质基础、工艺以及社

会同自然相互作用的思想，而且包括这些问题与一般生态学、社会生态学、社会与自然相互作用的马列主义理论的科学规范和要求的一致程度”。

1987 年，叶谦吉认为生态文明是“人类既获利于自然，又还利于自然，在改造自然的同时又保护自然，人与自然之间保持和谐统一的关系”；刘思华提出“现代文明”是“物质文明、精神文明、生态文明的内在统一”的观点。

1988 年，刘宗超、刘粤生在《地球表层系统的信息增殖》一文中首次从天文地质对地球表层影响的角度提出要确立“全球生态意识和全球生态文明观”。

1995 年出版的美国学者罗伊·莫里森（Roy Morrison）的《生态民主》明确提出生态文明是工业文明之后的文明形式。

1996 年，全国哲学社会科学规划办公室将“生态文明与生态伦理的信息增殖基础”课题正式列入国家哲学社会科学“九五”规划重点项目，课题的研究首开世界系统研究生态文明理论的先河。

1997 年，中国科学技术出版社出版了“生态文明与生态伦理的信息增殖基础”课题组的研究成果——《生态文明丛书》第一册《生态文明观与中国可持续发展走向》，提出“21 世纪是生态文明时代，生态文明是继农业文明、工业文明之后的一种先进的社会文明形态”，奠定了当代生态文明理论的基础，基本完成了生态文明观作为哲学、世界观、方法论的建构；2010 年，厦门大学出版社出版的《生态文明观：理念与转折》初步建立起生态文明理论体系；2020 年，《生态文明：愿景、理念与路径》由厦门大学出版社出版，构建了比较完整的生态文明理论体系。

2. 建设山川秀美的生态文明社会

2003 年 6 月，中共中央、国务院发表的《中共中央 国务院关于加快林业发展的决定》提出了“建设山川秀美的生态文明社会”，这是首次在国家正式文件中出现“生态文明”一词。

3. 生态文明观念在全社会牢固树立

2007年10月，中国共产党第十七次全国代表大会的报告强调了建设生态文明的重要性，“坚持生产发展、生活富裕、生态良好的文明发展道路”，“建设生态文明，基本形成节约能源资源和保护生态环境的产业结构、增长方式、消费模式。循环经济形成较大规模，可再生能源比重显著上升。主要污染物排放得到有效控制，生态环境质量明显改善。生态文明观念在全社会牢固树立”。

二、走向生态文明新时代

1. 大力推进生态文明建设

2012年11月，中国共产党第十八次全国代表大会的报告提出要大力推进生态文明建设。“建设生态文明，是关系人民福祉、关乎民族未来的长远大计。面对资源约束趋紧、环境污染严重、生态系统退化的严峻形势，必须树立尊重自然、顺应自然、保护自然的生态文明理念，把生态文明建设放在突出地位，融入经济建设、政治建设、文化建设、社会建设各方面和全过程，努力建设美丽中国，实现中华民族永续发展”，“坚持节约资源和保护环境的基本国策，坚持节约优先、保护优先、自然恢复为主的方针，着力推进绿色发展、循环发展、低碳发展，形成节约资源和保护环境的空间格局、产业结构、生产方式、生活方式，从源头上扭转生态环境恶化趋势，为人民创造良好生产生活环境，为全球生态安全作出贡献”，“加强生态文明宣传教育，增强全民节约意识、环保意识、生态意识，形成合理消费的社会风尚，营造爱护生态环境的良好风气”，“要更加自觉地珍爱自然，更加积极地保护生态，努力走向社会主义生态文明新时代”。

2. 明确生态文明建设的战略地位

2012年11月，中国共产党第十八次全国代表大会通过了《中国共产党章程（修正案）》。

党章修正案总纲增写了党领导人民建设社会主义生态文明的自然段，表述为：“树立尊重自然、顺应自然、保护自然的生态文明理念，坚持节约资源和保护环境的基本国策，坚持节约优先、保护优先、自然恢复为主的方针，坚持生产发展、生活富裕、生态良好的文明发展道路。着力建设资源节约型、环境友好型社会，形成节约资源和保护环境的空间格局、产业结构、生产方式、生活方式，为人民创造良好生产生活环境，实现中华民族永续发展。”

3. 加快生态文明制度建设

2013年11月，党的十八届三中全会审议通过了《中共中央关于全面深化改革若干重大问题的决定》，首次提出“用制度保护生态环境”，从责、权、利，从源头、过程、后果确立了生态文明建设的体制机制，指明了生态文明制度建设的内容构成、改革重点和难点突破，对党的十八大提出的生态文明进行了卓有成效的实践化和具体化。

“紧紧围绕建设美丽中国深化生态文明体制改革，加快建立生态文明制度，健全国土空间开发、资源节约利用、生态环境保护的体制机制，推动形成人与自然和谐发展现代化建设新格局。”

“建设生态文明，必须建立系统完整的生态文明制度体系，实行最严格的源头保护制度、损害赔偿制度、责任追究制度，完善环境治理和生态修复制度，用制度保护生态环境。”

《中共中央关于全面深化改革若干重大问题的决定》提出，健全自然资源资产产权制度和用途管制制度，划定生态保护红线，实行资源有偿使用制度和生态补偿制度，改革生态环境保护管理体制。

4. 深入持久地推进生态文明建设

2015 年 4 月，中共中央、国务院发布了《关于加快推进生态文明建设的意见》（以下简称《意见》），《意见》包括“生态文明建设的总体要求”“强化主体功能定位，优化国土空间开发格局”“推动技术创新和结构调整，提高发展质量和效益”“全面促进资源节约循环高效使用，推动利用方式根本转变”“健全生态文明制度体系”“加强生态文明建设统计监测和执法监督”“加快形成推进生态文明建设的良好社会风尚”，专门就生态文明建设作出全面部署。

5. 增强生态文明体制改革的系统性、整体性、协同性

2015 年 9 月，中共中央、国务院印发了《生态文明体制改革总体方案》（以下简称《方案》），《方案》包括：生态文明体制改革的总体要求、健全自然资源资产产权制度、建立国土空间开发保护制度、建立空间规划体系、完善资源总量管理和全面节约制度、健全资源有偿使用和生态补偿制度、建立健全环境治理体系、健全环境治理和生态保护市场体系、完善生态文明绩效评价考核和责任追究制度、生态文明体制改革的实施保障十部分内容，以增强生态文明体制改革的系统性、整体性、协同性。

《方案》提出了生态文明体制改革的六大理念：“树立尊重自然、顺应自然、保护自然的理念”“树立发展和保护相统一的理念”“树立绿水青山就是金山银山的理念”“树立自然价值和自然资本的理念”“树立空间均衡的理念”“树立山水林田湖是一个生命共同体的理念”。

《方案》明确了生态文明体制改革必须坚持正确改革方向、自然资源资产的公有性质、城乡环境治理体系统一、激励和约束并举、主动作为和国际合作相结合、鼓励试点先行和整体协调推进相结合的六大原则。

《方案》提出生态文明体制改革的目标：到 2020 年，建立八项制度构成的产权清晰、多元参与、激励约束并重、系统完整的生态文明制度体系，以推进生态文明领域国家治理体系和治理能力现代化。一是“构建归属清晰、权责明确、监管有效的自然资源资产产权制度，着力解决自然资源所有者不到位、所有权边界模糊等问题”；二是“构建以空间规划为基础、以用途管制为主要手段的国土空间开发保护制度，着力解决因无序开发、过度开发、分散开发导致的优质耕地和生态空间占用过多、生态破坏、环境污染等问题”；三是“构建以空间治理和空间结构优化为主要内容，全国统一、相互衔接、分级管理的空间规划体系，着力解决空间性规划重叠冲突、部门职责交叉重复、地方规划朝令夕改等问题”；四是“构建覆盖全面、科学规范、管理严格的资源总量管理和全面节约制度，着力解决资源使用浪费严重、利用效率不高等问题”；五是“构建反映市场供求和资源稀缺程度、体现自然价值和代际补偿的资源有偿使用和生态补偿制度，着力解决自然资源及其产品价格偏低、生产开发成本低于社会成本、保护生态得不到合理回报等问题”；六是“构建以改善环境质量为导向，监管统一、执法严明、多方参与的环境治理体系，着力解决污染防治能力弱、监管职能交叉、权责不一致、违法成本过低等问题”；七是“构建更多运用经济杠杆进行环境治理和生态保护的市场体系，着力解决市场主体和市场体系发育滞后、社会参与度不高等问题”；八是“构建充分反映资源消耗、环境损害和生态效益的生态文明绩效评价考核和责任追究制度，着力解决发展绩效评价不全面、责任落实不到位、损害责任追究缺失等问题”。

6. 将生态文明的理念具体化、规则化、操作化

2016 年 3 月，《中华人民共和国国民经济和社会发展第十三个五年规划纲要》（以下简称《纲要》）正式发布，《纲要》分 20 篇 80 章，对未来 5 年经济社会的发展进行了全面的部署。“绿色发展”贯穿于

《纲要》的始终，《纲要》将生态文明建设的理念具体化、规则化、操作化。

“坚持发展是第一要务，牢固树立和贯彻落实创新、协调、绿色、开放、共享的发展理念，以提高发展质量和效益为中心，以供给侧结构性改革为主线，扩大有效供给，满足有效需求，加快形成引领经济发展新常态的体制机制和发展方式。”

“生产方式和生活方式绿色、低碳水平上升。能源资源开发利用效率大幅提高，能源和水资源消耗、建设用地、碳排放总量得到有效控制，主要污染物排放总量大幅减少。主体功能区布局和生态安全屏障基本形成。”

“必须牢固树立和贯彻落实创新、协调、绿色、开放、共享的新发展理念”，“绿色是永续发展的必要条件和人民对美好生活追求的重要体现。必须坚持节约资源和保护环境的基本国策，坚持可持续发展，坚定走生产发展、生活富裕、生态良好的文明发展道路，加快建设资源节约型、环境友好型社会，形成人与自然和谐发展现代化建设新格局，推进美丽中国建设，为全球生态安全作出新贡献。”

7. 建设生态文明是中华民族永续发展的千年大计

党的十九大报告提出，建设生态文明是中华民族永续发展的千年大计。

党的十九大报告强调坚持人与自然和谐共生，“必须树立和践行绿水青山就是金山银山的理念，坚持节约资源和保护环境的基本国策，像对待生命一样对待生态环境，统筹山水林田湖草系统治理，实行最严格的生态环境保护制度，形成绿色发展方式和生活方式，坚定走生产发展、生活富裕、生态良好的文明发展道路，建设美丽中国，为人民创造良好生产生活环境，为全球生态安全作出贡献”，“牢固树立社会主义生态文明观，推动形成人与自然和谐发展现代化建设新格局”。

8. 推动生态文明等五大文明协调发展

2018 年 3 月，《中华人民共和国宪法修正案》序言中，把“推动物质文明、政治文明和精神文明协调发展”修改为“推动物质文明、政治文明、精神文明、社会文明、生态文明协调发展，把我国建设成为富强民主文明和谐美丽的社会主义现代化强国，实现中华民族伟大复兴”，宪法第八十九条“国务院行使下列职权”中第六项“（六）领导和管理经济工作和城乡建设”修改为“（六）领导和管理经济工作和城乡建设、生态文明建设”。把生态文明写入宪法，是中国倡导的生态文明引领世界文明发展的一个重大举措。

2018 年 5 月召开的全国生态环境保护大会提出，生态文明建设正处于压力叠加、负重前行的关键期。要加大力度推进生态文明建设、解决生态环境问题，坚决打好污染防治攻坚战，推动中国生态文明建设迈上新台阶。

2018 年 6 月，中共中央、国务院印发的《关于全面加强生态环境保护　坚决打好污染防治攻坚战的意见》提出，到 2020 年，生态环境质量总体改善。通过加快构建生态文明体系，确保到 2035 年节约资源和保护生态环境的空间格局、产业结构、生产方式、生活方式总体形成，生态环境质量实现根本好转，美丽中国目标基本实现。到 21 世纪中叶，生态文明全面提升，实现生态环境领域国家治理体系和治理能力现代化。

9. 推动绿色发展，促进人与自然和谐共生

2021 年 3 月，十三届全国人大四次会议通过的《中华人民共和国国民经济和社会发展第十四个五年规划和 2035 年远景目标纲要》提出，推动绿色发展，促进人与自然和谐共生。到 2035 年，广泛形成绿色生产生活方式，碳排放达峰后稳中有降，生态环境根本好转，美丽中国建设目标基本实现。“十四五”时期，生态文明建设实现新进步。国土空间开发保护格局得到优化，生产生活方式绿色转型成效显著，能源资源配置更加合理、利用效率大幅提高，单位国内生产总值能源消耗和二氧化碳排放分别降低13.5%、18%，主要污染物排放总量持续减少，森林覆盖率提高到24.1%，生态环境持续改善，生态安全屏障更加牢固，城乡人居环境明显改善。通过完善生态安全屏障体系、构建自然保护地体系、健全生态保护补偿机制，提升生态系统质量和稳定性；通过深入开展污染防治行动、全面提升环境基础设施水平、严密防控环境风险、积极应对气候变化，健全现代环境治理体系，持续改善环境质量；通过全面提高资源利用效率、构建资源循环利用体系、大力发展绿色经济、构建绿色发展政策体系，加快发展方式绿色转型。

第二节
国家生态文明建设考核与绿色发展指标体系

一、生态文明建设目标评价考核办法

2016年12月，为加快绿色发展，推进生态文明建设，规范生态文明建设目标评价考核工作，中共中央办公厅、国务院办公厅印发了《生态文明建设目标评价考核办法》。规定了生态文明建设目标评价考核在资源环境生态领域有关专项考核的基础上综合开展，采取评价和考核相

结合的方式，实行年度评价、5 年考核。

年度评价按照绿色发展指标体系实施，主要评估各地区资源利用、环境治理、环境质量、生态保护、增长质量、绿色生活、公众满意程度等方面的变化趋势和动态进展，生成各地区绿色发展指数，纳入生态文明建设目标考核，由国家统计局、国家发改委、环境保护部会同有关部门组织实施。

生态文明建设目标考核的内容主要是 5 年规划期的国民经济和社会发展规划纲要中确定的资源环境约束性指标、生态文明建设重大目标任务完成情况，突出公众的获得感，考核目标体系由国家发改委、环境保护部、中央组织部会同财政部、国土资源部、水利部、农业部、国家统计局、国家林业局、国家海洋局等部门制定并组织实施。考核结果向社会公布并作为省（区、市）党政领导班子和领导干部综合考核评价、干部奖惩任免的重要依据。

2017 年 3 月，为做好生态文明建设目标评价考核工作，加强部门协调配合，国家发改委办公厅印发了《生态文明建设目标评价考核部际协作机制方案》和《生态文明建设目标评价考核部际协作机制组成单位成员名单》，制定了生态文明建设目标评价考核部际协作机制方案。

2017 年 12 月，国家统计局发布了《2016 年生态文明建设年度评价结果公报》，首次公布了各省份绿色发展指数，2016 年度北京、福建、浙江、上海、重庆排名前 5 位。福建、江苏、吉林、湖北、浙江排名资源利用指数前 5 位，北京、河北、上海、浙江、山东排名环境治理指数前 5 位，海南、西藏、福建、广西、云南排名环境质量指数前 5 位，重庆、云南、四川、西藏、福建排名生态保护指数前 5 位，北京、上海、浙江、江苏、天津排名增长质量指数前 5 位，北京、上海、江苏、山西、浙江排名绿色生活指数前 5 位，西藏、贵州、海南、福建、重庆排名公众满意程度前 5 位。

2019 年 4 月，中国工程院发布的“生态文明建设若干战略问题研究（二期）”项目研究成果暨《中国生态文明发展水平评估报告》指出，2017 年中国生态文明指数为 69.96 分，福建、浙江和重庆排名全国前 3 位，厦门、杭州、珠海、广州、长沙、三亚、惠州、海口、黄山和大连 10 个城市在地级及以上城市中排名前 10 位。

二、绿色发展指标体系

2016 年 12 月，根据中共中央办公厅、国务院办公厅印发的《生态文明建设目标评价考核办法》的要求，国家发改委、国家统计局、环境保护部、中央组织部制定了《绿色发展指标体系》（见表 2—1）。[①]

表 2—1 绿色发展指标体系

一级指标	序号	二级指标	计量单位	指标类型	权数/%	数据来源
一、资源利用（权数=29.3）	1	能源消费总量	万吨标准煤	◆	1.83	国家统计局、国家发展改革委
	2	单位 GDP 能源消耗降低	%	★	2.75	国家统计局、国家发展改革委
	3	单位 GDP 二氧化碳排放降低	%	★	2.75	国家发展改革委、国家统计局
	4	非化石能源占一次能源消费比重	%	★	2.75	国家统计局、国家能源局

① 《发展改革委印发〈绿色发展指标体系〉〈生态文明建设考核目标体系〉》，中国政府网，2016 年 12 月 22 日。http://www.gov.cn/xinwen/2016-12/22/content_5151575.htm.

续 表

一级指标	序号	二级指标	计量单位	指标类型	权数/%	数据来源
一、资源利用（权数=29.3）	5	用水总量	亿 m^3	◆	1.83	水利部
	6	万元 GDP 用水量下降	%	★	2.75	水利部、国家统计局
	7	单位工业增加值用水量降低率	%	◆	1.83	水利部、国家统计局
	8	农田灌溉水有效利用系数	—	◆	1.83	水利部
	9	耕地保有量	亿亩	★	2.75	国土资源部
	10	新增建设用地规模	万亩	★	2.75	国土资源部
	11	单位 GDP 建设用地面积降低率	%	◆	1.83	国土资源部、国家统计局
	12	资源产出率	万元/t	◆	1.83	国家统计局、国家发展改革委
	13	一般工业固体废物综合利用率	%	△	0.92	环境保护部、工业和信息化部
	14	农作物秸秆综合利用率	%	△	0.92	农业部
二、环境治理（权数=16.5）	15	化学需氧量排放总量减少	%	★	2.75	环境保护部
	16	氨氮排放总量减少	%	★	2.75	环境保护部
	17	二氧化硫排放总量减少	%	★	2.75	环境保护部
	18	氮氧化物排放总量减少	%	★	2.75	环境保护部
	19	危险废物处置利用率	%	△	0.92	环境保护部
	20	生活垃圾无害化处理率	%	◆	1.83	住房和城乡建设部
	21	污水集中处理率	%	◆	1.83	住房和城乡建设部
	22	环境污染治理投资占 GDP 比重	%	△	0.92	住房和城乡建设部、环境保护部、国家统计局

续 表

一级指标	序号	二级指标	计量单位	指标类型	权数/%	数据来源
三、环境质量（权数=19.3）	23	地级及以上城市空气质量优良天数比例	%	★	2.75	环境保护部
	24	细颗粒物（$PM_{2.5}$）未达标地级及以上城市浓度下降	%	★	2.75	环境保护部
	25	地表水达到或好于Ⅲ类水体比例	%	★	2.75	环境保护部、水利部
	26	地表水劣Ⅴ类水体比例	%	★	2.75	环境保护部、水利部
	27	重要江河湖泊水功能区水质达标率	%	◆	1.83	水利部
	28	地级及以上城市集中式饮用水水源水质达到或优于Ⅲ类比例	%	◆	1.83	环境保护部、水利部
	29	近岸海域水质优良（一、二类）比例	%	◆	1.83	国家海洋局、环境保护部
	30	受污染耕地安全利用率	%	△	0.92	农业部
	31	单位耕地面积化肥使用量	kg/hm^2	△	0.92	国家统计局
	32	单位耕地面积农药使用量	kg/hm^2	△	0.92	国家统计局
四、生态保护（权数=16.5）	33	森林覆盖率	%	★	2.75	国家林业局
	34	森林蓄积量	亿 m^3	★	2.75	国家林业局
	35	草原综合植被覆盖度	%	◆	1.83	农业部
	36	自然岸线保有率	%	◆	1.83	国家海洋局
	37	湿地保护率	%	◆	1.83	国家林业局、国家海洋局
	38	陆域自然保护区面积	万 hm^2	△	0.92	环境保护部、国家林业局
	39	海洋保护区面积	万 hm^2	△	0.92	国家海洋局

续 表

一级指标	序号	二级指标	计量单位	指标类型	权数/%	数据来源
四、生态保护（权数=16.5）	40	新增水土流失治理面积	万 hm^2	△	0.92	水利部
	41	可治理沙化土地治理率	%	◆	1.83	国家林业局
	42	新增矿山恢复治理面积	hm^2	△	0.92	国土资源部
五、增长质量（权数=9.2）	43	人均GDP增长率	%	◆	1.83	国家统计局
	44	居民人均可支配收入	元/人	◆	1.83	国家统计局
	45	第三产业增加值占GDP比重	%	◆	1.83	国家统计局
	46	战略性新兴产业增加值占GDP比重	%	◆	1.83	国家统计局
	47	研究与试验发展经费支出占GDP比重	%	◆	1.83	国家统计局
六、绿色生活（权数=9.2）	48	公共机构人均能耗降低率	%	△	0.92	国家机关事务管理局
	49	绿色产品市场占有率（高效节能产品市场占有率）	%	△	0.92	国家发展改革委、工业和信息化部、国家质检总局
	50	新能源汽车保有量增长率	%	◆	1.83	公安部
	51	绿色出行（城镇每万人口公共交通客运量）	万人次/万人	△	0.92	交通运输部、国家统计局
	52	城镇绿色建筑占新建建筑比重	%	△	0.92	住房和城乡建设部
	53	城市建成区绿地率	%	△	0.92	住房和城乡建设部
	54	农村自来水普及率	%	◆	1.83	水利部
	55	农村卫生厕所普及率	%	△	0.92	国家卫生计生委
七、公众满意程度	56	公众对生态环境质量满意程度	%	—	—	国家统计局

注：①标★的为《国民经济和社会发展第十三个五年规划纲要》确定的资源环境约束性指标；标◆的为《国民经济和社会发展第十三个五年规划纲要》和《中共中央、国务院关于加快推进生态文明建设的意见》等提出的主要监测评价指标；标△的为其他绿色发展重要监测评价指标。根据其重要程度，按总权数为100%，三类指标的权数之比为3∶2∶1计算，标★的指标权数为2.75%，标◆的指标权数为1.83%，标△的指标权数为0.92%。6个一级指标的权数分别由其所包含的二级指标权数汇总生成。②绿色发展指标体系采用综合指数法进行测算，“十三五”期间，以2015年为基期，结合“十三五”规划纲要和相关部门规划目标，测算全国及分地区绿色发展指数和资源利用指数、环境治理指数、环境质量指数、生态保护指数、增长质量指数、绿色生活指数6个分类指数。绿色发展指数由除“公众满意程度”之外的55个指标个体指数加权平均计算而成。计算公式为：$Z=\sum_{i=1}^{N}W_iY_i$（$N=1，2，\cdots，55$）。其中：Z为绿色发展指数，Y_i为指标的个体指数，N为指标个数，W_i为指标Y_i的权数。绿色发展指标按评价作用分为正向和逆向指标，按指标数据性质分为绝对数和相对数指标，需对各个指标进行无量纲化处理。具体处理方法是将绝对数指标转化成相对数指标，将逆向指标转化成正向指标，将总量控制指标转化成年度增长控制指标，然后再计算个体指数。③公众满意程度为主观调查指标，通过国家统计局组织的抽样调查来反映公众对生态环境的满意程度。调查采取分层多阶段抽样调查方法，通过采用计算机辅助电话调查系统，随机抽取城镇和乡村居民进行电话访问，根据调查结果综合计算31个省（区、市）的公众满意程度。该指标不参与总指数的计算，进行单独评价与分析，其分值纳入生态文明建设考核目标体系。④国家负责对各省、自治区、直辖市的生态文明建设进行监测评价，对有些地区没有的地域性指标，相关指标不参与总指数计算，其权数平均分摊至其他指标，体现差异化；各省、自治区、直辖市根据国家绿色发展指标体系，并结合当地实际制定本地区绿色发展指标体系，对辖区内市（县）的生态文明建设进行监测评价。各地区绿色发展指标体系的基本框架应与国家保持一致，部分具体指标的选择、权数的构成以及目标值的确定，可根据实际进行适当调整，进一步体现当地的主体功能定位和差异化评价要求。⑤绿色发展指数所需数据来自各地区、各部门的年度统计，各部门负责按时提供数据，并对数据质量负责。

绿色发展指标体系包括资源利用、环境治理、环境质量、生态保护、增长质量、绿色生活、公众满意程度7个一级指标和56个二级指标。

资源利用　资源利用权重为29.3，包括14个二级指标：能源消费总量、单位GDP能源消耗降低、单位GDP二氧化碳排放降低、非化石能源占一次能源消费比重4个能源消费指标；用水总量、万元GDP用水量下降、单位工业增加值用水量降低率、农田灌溉水有效利用系数4个用水指标；耕地保有量、新增建设用地规模、单位GDP建设用地面积降低率3个用地指标；资源产出率、一般工业固体废物综合利用率、农作物秸秆综合利用率3个资源循环利用指标。

环境治理　环境治理权重为16.5，包括8个二级指标：化学需氧量排放总量减少、氨氮排放总量减少、二氧化硫排放总量减少、氮氧化物排放总量减少4个约束性指标；危险废物处置利用率、生活垃圾无害化处理率、污水集中处理率3个污染物治理指标；环境污染治理投资占GDP比重1个环境治理投入力度指标。

环境质量 环境质量权重为19.3，包括10个二级指标：地级及以上城市空气质量优良天数比率、细颗粒物（$PM_{2.5}$）未达标地级及以上城市浓度下降2个空气质量指标；地表水达到或好于Ⅲ类水体比例、地表水劣Ⅴ类水体比例2个地表水质量指标；重要江河湖泊水功能区水质达标率、地级及以上城市集中式饮用水水源水质达到或优于Ⅲ类比例、近岸海域水质优良（一、二类）比例3个水质指标；受污染耕地安全利用率、单位耕地面积化肥使用量、单位耕地面积农药使用量3个耕地质量指标。

生态保护 生态保护权重为16.5，包括森林覆盖率、森林蓄积量、草原综合植被覆盖度、自然岸线保有率、湿地保护率、陆域自然保护区面积、海洋保护区面积、新增水土流失治理面积、可治理沙化土地治理率、新增矿山恢复治理面积10个二级指标。

增长质量 增长质量权重为9.2，包括人均GDP增长率、居民人均可支配收入、第三产业增加值占GDP比重、战略性新兴产业增加值占GDP比重、研究与试验发展经费支出占GDP比重5个二级指标。

绿色生活 绿色生活权重为9.2，包括公共机构人均能耗降低率、绿色产品市场占有率（高效节能产品市场占有率）、新能源汽车保有量增长率、绿色出行（城镇每万人口公共交通客运量）、城镇绿色建筑占新建建筑比重、城市建成区绿地率、农村自来水普及率、农村卫生厕所普及率8个二级指标。

公众满意程度 是指公众对生态环境质量满意程度1个二级指标，涉及公众对空气质量、饮用水、公园、绿化、绿色出行、污水和危险废物和垃圾处理，以及噪声、光污染、电磁辐射等环境状况的满意度。

三、生态文明建设考核目标体系

2016年12月，根据中共中央办公厅、国务院办公厅印发的《生态文明建设目标评价考核办法》的要求，国家发改委、国家统计局、环境保护部、中央组织部制定了《生态文明建设考核目标体系》(见表2—2)。[①]

生态文明建设考核目标体系包括资源利用、生态环境保护、年度评价结果、公众满意程度、生态环境事件5项目标类别和23个子目标。

表2—2　生态文明建设考核目标体系

目标类别	目标类分值	序号	子目标名称	子目标分值	目标来源	数据来源
一、资源利用	30	1	单位GDP能源消耗降低★	4	规划纲要	国家统计局、国家发展改革委
		2	单位GDP二氧化碳排放降低★	4	规划纲要	国家统计局、国家发展改革委
		3	非化石能源占一次能源消费比重★	4	规划纲要	国家统计局、国家能源局
		4	能源消费总量	3	规划纲要	国家统计局、国家发展改革委
		5	万元GDP用水量下降★	4	规划纲要	水利部、国家统计局
		6	用水总量	3	规划纲要	水利部
		7	耕地保有量★	4	规划纲要	国土资源部
		8	新增建设用地规模★	4	规划纲要	国土资源部

① 《发展改革委印发〈绿色发展指标体系〉〈生态文明建设考核目标体系〉》，中国政府网，2016年12月22日。http：//www.gov.cn/xinwen/2016—12/22/content_5151575.htm.

续　表

目标类别	目标类分值	序号	子目标名称	子目标分值	目标来源	数据来源
二、生态环境保护	40	9	地级及以上城市空气质量优良天数比率★	5	规划纲要	环境保护部
		10	细颗粒物（$PM_{2.5}$）未达标地级及以上城市浓度下降★	5	规划纲要	环境保护部
		11	地表水达到或好于Ⅲ类水体比例★	(3)[a] (5)[b]	规划纲要	环境保护部、水利部
		12	近岸海域水质优良（一、二类）比例	（2）a	水十条	国家海洋局、环境保护部
		13	地表水劣Ⅴ类水体比例★	5	规划纲要	环境保护部、水利部
		14	化学需氧量排放总量减少★	2	规划纲要	环境保护部
		15	氨氮排放总量减少★	2	规划纲要	环境保护部
		16	二氧化硫排放总量减少★	2	规划纲要	环境保护部
		17	氮氧化物排放总量减少★	2	规划纲要	环境保护部
		18	森林覆盖率★	4	规划纲要	国家林业局
		19	森林蓄积量★	5	规划纲要	国家林业局
		20	草原综合植被覆盖度	3	规划纲要	农业部
三、年度评价结果	20	21	各地区生态文明建设年度评价的综合情况	20	—	国家统计局、国家发展改革委、环境保护部等有关部门
四、公众满意程度	10	22	居民对本地区生态文明建设、生态环境改善的满意程度	10	—	国家统计局等有关部门
五、生态环境事件	扣分项	23	地区重特大突发环境事件、造成恶劣社会影响的其他环境污染事件、严重生态破坏责任事件的发生情况	扣分项	—	环境保护部、国家林业局等有关部门

注：①标★的为《国民经济和社会发展第十三个五年规划纲要》确定的资源环境约束性目标。②“资源利用”“生态环境保护”类目标采用有关部门组织开展专项考核认定的数据，完成的地区

有关目标得满分，未完成的地区有关目标不得分，超额完成的地区按照超额比例与目标得分的乘积进行加分。③“非化石能源占一次能源消费比重”子目标主要考核各地区可再生能源占能源消费总量比重；“能源消费总量”子目标主要考核各地区能源消费增量控制目标的完成情况。④“地表水达到或好于Ⅲ类水体比例”“近岸海域水质优良（一、二类）比例”子目标分值中括号外右上角标注“a”的，为天津市、河北省、辽宁省、上海市、江苏省、浙江省、福建省、山东省、广东省、广西壮族自治区、海南省等沿海省份分值；括号外右上角标注“b”的，为沿海省份之外省、自治区、直辖市分值。⑤“年度评价结果”采用“十三五”期间各地区年度绿色发展指数，每年绿色发展指数最高的地区得 4 分，其他地区的得分按照指数排名顺序依次减少 0.1 分。⑥“公众满意程度”指标采用国家统计局组织的居民对本地区生态文明建设、生态环境改善满意程度抽样调查，通过每年调查居民对本地区生态环境质量表示满意和比较满意的人数占调查人数的比例，并将 5 年的年度调查结果算术平均值乘以该目标分值，得到各省、自治区、直辖市“公众满意程度”分值。⑦“生态环境事件”为扣分项，每发生一起重特大突发环境事件、造成恶劣社会影响的其他环境污染责任事件、严重生态破坏责任事件的地区扣 5 分，该项总扣分不超过 20 分。具体由环境保护部、国家林业局等部门根据《国务院办公厅关于印发国家突发环境事件应急预案的通知》等有关文件规定进行认定。⑧根据各地区约束性目标完成情况，生态文明建设目标考核对有关地区进行扣分或降档处理：仅 1 项约束性目标未完成的地区该项考核目标不得分，考核总分不再扣分；2 项约束性目标未完成的地区在相关考核目标不得分的基础上，在考核总分中再扣除 2 项未完成约束性目标的分值；3 项（含）以上约束性目标未完成的地区考核等级直接确定为不合格。其他非约束性目标未完成的地区有关目标不得分，考核总分中不再扣分。

资源利用　目标类分值为 30 分，包括单位 GDP 能源消耗降低、单位 GDP 二氧化碳排放降低、非化石能源占一次能源消费比重、能源消费总量、万元 GDP 用水量下降、用水总量、耕地保有量、新增建设用地规模 8 个子目标。

生态环境保护　目标类分值为 40 分，包括地级及以上城市空气质量优良天数比率、细颗粒物（$PM_{2.5}$）未达标地级及以上城市浓度下降、地表水达到或好于Ⅲ类水体比例、近岸海域水质优良（一、二类）比例、地表水劣Ⅴ类水体比例、化学需氧量排放总量减少、氨氮排放总量减少、二氧化硫排放总量减少、氮氧化物排放总量减少、森林覆盖率、森林蓄积量、草原综合植被覆盖度 12 个子目标。

年度评价结果　目标类分值为 20 分，包括各地区生态文明建设年度评价的综合情况 1 个子目标。

公众满意程度　目标类分值为 10 分，包括居民对本地区生态文明建设、生态环境改善的满意程度 1 个子目标。

生态环境事件　为扣分项，包括地区重特大突发环境事件、造成恶劣社会影响的其他环境污染责任事件、严重生态破坏责任事件的发生情况。

四、生态文明建设标准体系

2018 年 6 月，国家标准委发布了《生态文明建设标准体系发展行动指南（2018—2020 年）》，提出到 2020 年，我国的生态文明建设标准体系基本建立，制修订核心标准 100 项左右，生态文明建设领域国家技术标准创新基地达到 3～5 个；生态文明建设领域重点标准实施进一步强化，开展生态文明建设领域相关标准化试点示范 80 个以上，形成一批标准化支撑生态文明建设的优良实践案例；开展生态文明建设领域标准外文版翻译 50 项以上，与"一带一路"沿线国家生态文明建设标准化交流与合作进一步深化。①

生态文明建设标准体系框架（见图 2—1）包括空间布局、生态经济、生态环境、生态文化 4 个标准子体系，标准体系框架根据发展需要进行动态调整。

生态文明建设标准研制重点包括：

陆地空间布局 制修订土地资源调查、耕地保护、土地整治、永久基本农田红线划定、土地资源节约集约利用等关键技术标准。开展自然资源统一确权登记、资源环境承载能力评价与监测、国土空间规划编制、空间用途管制等方面标准研制。制修订国家公园、自然保护区等标准。研制绿色勘查、绿色矿山建设、矿山土地复垦与恢复治理等方面的标准。

① 《国家标准委关于印发〈生态文明建设标准体系发展行动指南（2018—2020 年）〉的通知》，中国标准化管理委员会官网，2018 年 6 月 7 日。http：//www.sac.gov.cn/sgybzyb/gzdt/bmxw/201806/t20180607_342464.htm.

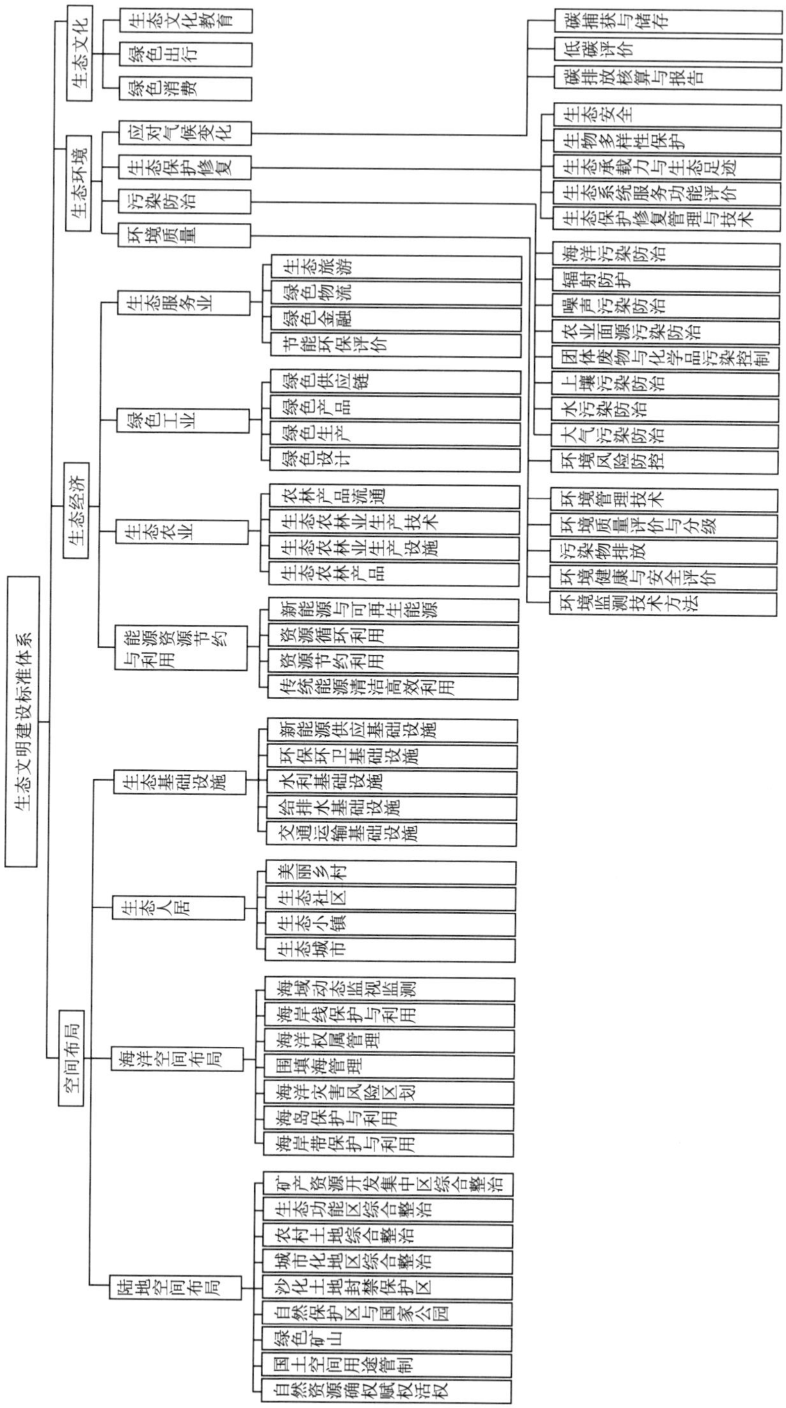

图 2—1　生态文明建设标准体系框架

海洋空间布局 制定海域海岛综合管理、海洋生态环境保护、海洋观测预报与防灾减灾、海洋经济监测与评估、海域海岛空间资源监测与评估、海洋调查研究、资源保护与开发等领域标准。

生态人居 开展城市和小城镇市容和环境卫生、风景园林、城市导向系统等领域的标准制修订，提高建筑节能标准，推广绿色建筑和建材。开展区域生态文明建设指南、生态城市、生态小镇、生态社区等方面标准制定。推动美丽乡村、生态县市建设，加强农村生态环境保护和农村人居环境改善等标准的制修订。

生态基础设施 研制综合交通枢纽建设、维护、管理标准，开展综合运输标准研究，开展海绵城市、城市地下综合管廊等相关标准研制。制定和实施河流治理、灌区改造、防汛抗旱减灾等标准，研制高效节水灌溉技术、江河湖库水系连通、地下水严重超采区综合治理等相关标准。研制充电桩、加氢站等新能源基础设施相关设计、建设与评价标准。

能源资源节约与利用 健全节能、节水、节地、节材、节矿标准体系，加快制修订能效、能耗限额、能源管理体系等节能标准，研制取水定额、水效、水足迹、水回用及非常规水源利用等节水标准。研制大宗工业固废、建筑垃圾、餐厨废弃物综合利用等标准，研制废旧电子电器、废电池、废橡胶、废塑料、废纺织品等回收利用标准，加快健全再生原料及废弃物资源化产品有害物质控制等相关标准，健全园区循环利用相关标准。加强煤炭、石油、天然气等传统能源清洁高效利用标准研制。研制太阳能、风能、生物质能、氢能、地热能等领域标准，完善新能源利用标准体系。

生态农业 制定农业安全种植、产地环境评价、农业资源保护与合理利用、农业生态环境保护、农业外来生物防治、农业自然灾害应急、动物疫病检测防控等重要标准。健全农业投入品质量标准、农产品安全标准，完善循环型生态农业标准。制定林地、草地质量评价和保护利用等重要标准。

绿色工业　研制建材、轻工、化工、纺织等行业绿色材料选取、绿色制造技术、绿色制造设备及绿色产品相关标准。研制钢铁、机械、石化、建材、轻工等行业绿色工厂评价标准，制定绿色园区、绿色供应链、绿色包装等评价标准。

生态服务业　制定环保设施运行效果评价、运营管理组织评价、合同能源管理、合同节水管理等相关标准。研制绿色金融、绿色物流等生产性生态服务业相关标准，开展绿色商场、绿色酒店、生态旅游等生活性生态服务业相关标准研制。

环境质量　加强大气、水、土壤污染物监测、排放限值、安全评价、质量分级等方面标准的制定。加快修订地表水、地下水、海水、土壤、振动等环境质量标准，以及畜禽养殖场、污水处理厂、机动车、船舶、交通噪声、污水综合、大气综合等污染物排放标准，制定涂装、农药、染料、酿造、农副食品加工、页岩气、煤化工等污染物排放标准。研制环境管理体系、环境绩效评价、生命周期评价、环境基准及风险评价、环境成本核算等方面的标准。

污染防治　加强耕地土壤环境保护、海洋环境保护、工业污染场地治理、土壤污染治理与修复方面标准的制定。开展垃圾处理、农业面源污染防控、地下水污染防治、放射性污染防治、动物尸体填埋场污染物控制等标准研制。完善环保产业标准体系，加快制修订环保装备、环保产品、环保服务等方面基础通用标准、产品标准、监测检测方法标准、管理评价标准，研制重大环保设备能效标准和高效能评价标准。

生态保护修复　加强生态系统服务与评价、生态承载力与生态足迹、生态保护修复管理与技术、自然资源利用与生物多样性保护等标准的制定。制修订水资源监测、评价以及水源地保护等标准，研制水资源开发利用控制、用水效率控制、水功能区限制纳污"三条红线"配套标准。研制"河长制"管理标准。

应对气候变化 制修订石油石化、造纸、化工等重点行业碳排放核算与报告、碳减排量评估、碳汇、碳捕获与封存、适应气候变化等标准。

生态文化 加快企业/产品环境信息披露相关标准制定。研制绿色消费、绿色出行指南等促进绿色生活方面的标准，加强绿色产品标准宣传，建立生态文化教育培训体系。

五、美丽中国建设评估指标体系

2020 年 2 月，国家发改委印发了《美丽中国建设评估指标体系及实施方案》，指标体系（见表 2—3）包括空气清新、水体洁净、土壤安全、生态良好、人居整洁 5 类指标，分类细化提出 22 项具体指标。[①]

表 2—3 美丽中国建设评估指标体系

评估指标	序号	具体指标	单位	数据来源
空气清新	1	地级及以上城市细颗粒物（$PM_{2.5}$）浓度	$\mu g/m^3$	生态环境部
	2	地级及以上城市可吸入颗粒物（PM_{10}）浓度	$\mu g/m^3$	
	3	地级及以上城市空气质量优良天数比例	%	
水体洁净	4	地表水水质优良（达到或好于Ⅲ类）比例	%	生态环境部
	5	地表水劣Ⅴ类水体比例	%	
	6	地级及以上城市集中式饮用水水源地水质达标率	%	

① 《国家发展改革委关于印发〈美丽中国建设评估指标体系及实施方案〉的通知》，中国政府网，2020 年 3 月 7 日。http://www.gov.cn/zhengce/zhengceku/2020－03/07/content_5488275.htm.

续　表

评估指标	序号	具体指标	单位	数据来源
土壤安全	7	受污染耕地安全利用率	%	农业农村部、生态环境部
	8	污染地块安全利用率	%	生态环境部、自然资源部
	9	农膜回收率	%	农业农村部
	10	化肥利用率	%	
	11	农药利用率	%	
生态良好	12	森林覆盖率	%	国家林草局、自然资源部
	13	湿地保护率	%	
	14	水土保持率	%	水利部
	15	自然保护地面积占陆域国土面积比例	%	国家林草局、自然资源部
	16	重点生物物种种数保护率	%	生态环境部
人居整洁	17	城市生活污水集中收集率	%	住房和城乡建设部
	18	城市生活垃圾无害化处理率	%	
	19	农村生活污水处理和综合利用率	%	生态环境部
	20	农村生活垃圾无害化处理率	%	住房和城乡建设部
	21	城市公园绿地 500 米服务半径覆盖率	%	
	22	农村卫生厕所普及率	%	农业农村部

空气清新　包括地级及以上城市细颗粒物（$PM_{2.5}$）浓度（微克/立方米）、地级及以上城市可吸入颗粒物（PM_{10}）浓度（微克/立方米）、地级及以上城市空气质量优良天数比例（%）3 个指标。

水体洁净　包括地表水水质优良（达到或好于Ⅲ类）比例（%）、地表水劣Ⅴ类水体比例（%）、地级及以上城市集中式饮用水水源地水质达标率（%）3 个指标。

土壤安全　包括受污染耕地安全利用率（%）、污染地块安全利用率（%）、农膜回收率（%）、化肥利用率（%）、农药利用率（%）5 个指标。

生态良好　包括森林覆盖率（%）、湿地保护率（%）、水土保持率（%）、自然保护地面积占陆域国土面积比例（%）、重点生物物种种数保护率（%）5个指标。

人居整洁　包括城市生活污水集中收集率（%）、城市生活垃圾无害化处理率（%）、农村生活污水处理和综合利用率（%）、农村生活垃圾无害化处理率（%）、城市公园绿地500米服务半径覆盖率（%）、农村卫生厕所普及率（%）6个指标。

在评估实施过程中，由开展美丽中国建设进程评估的第三方机构根据有关地区的不同特点，选取各地区美丽中国建设的特征性指标进行评估，体现各地区差异化的特性。

由自然资源部、生态环境部、住房和城乡建设部、水利部、农业农村部、国家林草局等部门根据工作职责，综合考虑我国发展阶段、资源环境现状以及对标先进国家水平，分阶段研究提出2025年、2030年、2035年美丽中国建设预期目标，并结合各地区经济社会发展水平、发展定位、产业结构、资源环境禀赋等因素，商地方科学合理分解各地区目标，在目标确定和分解上体现地区差异。

第三节
绿色指标体系和核算

一、“两山论”践行效果指标体系

2020年，为了挖掘“两山论”的基本内涵，北京师范大学经济与资源管理研究院的专家团队经过深入研究，提出构建评价“两山论”践行效果的三级指标体系（见表 2—4）。①

表 2—4　“两山论”践行指标体系

一级指标	二级指标	三级指标	指标方向
绿色发展的协调性	经济发展水平	人均地区生产总值/元	+
	环境保护力度	环境污染治理投资总额占地区生产总值比重/%	+
资源环境的承载力	生态承载能力	生态承载能力/hm^2	+
	资源丰裕程度	人均水资源量/（m^3/人）	+
		能源生产量与消费量的差额/万 t 标准煤	−
	环境质量水平	单位地区生产总值二氧化碳排放量/（t/亿元）	−
		单位地区生产总值化学需氧量排放量/（t/亿元）	−
		单位地区生产总值氮氧化物排放量/（t/亿元）	−
		单位地区生产总值氨氮排放量/（t/亿元）	−
		单位地区生产总值二氧化硫排放量/（t/亿元）	−
产业发展的新动能	产业结构转型	六大高载能行业产值占工业总产值比重/%	−
	产业资源节约	单位地区生产总值水耗/（m^3/万元）	−
		单位地区生产总值能耗/（t 标准煤/万元）	−
		单位地区生产总值电耗/（kW·h/万元）	−
	产业环境友好	工业二氧化硫去除率/%	+
		工业废水化学需氧量去除率/%	+
		工业氮氧化物去除率/%	+
		工业废水氨氮去除率/%	+
	产业创新发展	人均 R&D 经费支出/（元/人）	+
		国内专利申请授权量/件	+

北京师范大学的“两山论”践行指标体系包含一级指标 3 个，分别

① 宋涛、李斐琳：《专家谈“两山论”践行指标体系研究》，《中国环境报》2020 年 8 月 15 日。

为绿色发展的协调性、资源环境的承载力和产业发展的新动能。二级指标 9 个，三级指标 20 个。

绿色发展的协调性 对应的二级指标为经济发展水平和环境保护力度。其中，用人均地区生产总值作为经济发展水平的三级指标，用环境污染治理投资总额占地区生产总值的比重作为环境保护力度的三级指标。

资源环境的承载力 对应的二级指标为生态承载能力、资源丰裕程度、环境质量水平。用生态承载能力作为生态承载能力的三级指标，用人均水资源量和能源生产量与消费量的差额作为资源丰裕程度的三级指标，用单位地区生产总值二氧化碳排放量、单位地区生产总值化学需氧量排放量、单位地区生产总值氮氧化物排放量、单位地区生产总值氨氮排放量、单位地区生产总值二氧化硫排放量作为环境质量水平的三级指标。

产业发展的新动能 对应的二级指标为产业结构转型、产业资源节约、产业环境友好、产业创新发展。用六大高载能行业产值占工业总产值比重作为产业结构转型的三级指标，用单位地区生产总值水耗、单位地区生产总值能耗、单位地区生产总值电耗作为产业资源节约的三级指标，用工业二氧化硫去除率、工业废水化学需氧量去除率、工业氮氧化物去除率、工业废水氨氮去除率作为产业环境友好的三级指标，用人均 R&D（研究与试验发展）经费支出、国内专利申请授权量作为产业创新发展的三级指标。

三级指标中，二氧化碳排放量没有较为准确的统计值，但考虑到其对环境质量水平的影响不容忽略，单位地区生产总值二氧化碳排放量按空值处理。研究样本为 2011—2017 年中国 30 个省级行政区的面板数据，受数据收集的限制，不包括港澳台地区和西藏自治区。底层指标的计算中，涉及地区生产总值的指标，均以 2010 年为基期剔除价格因素计算得到。为方便计算，对方向为“－”的指标求倒数，利用极差变化法将指标进行标准化，再使用加权平均的方法求出综合指数。

二、县域“绿水青山就是金山银山”发展指数

为了全面、科学、直观地反映和评价县域“绿水青山就是金山银山”发展理念实践情况，作为县域“绿水青山就是金山银山”发展理念建设的指导和参考，浙江大学环境与资源学院研究团队从 2016 年开始研究县域“绿水青山就是金山银山”发展指数，通过对现有生态文明、可持续发展指标体系的分析和对全国 1892 个县“两山”建设情况的充分调研，运用层次分析法和大数据分析方法对“两山”建设和转化进行研究，提出了“两山”发展指数的概念，并通过计算得出“绿水青山就是金山银山”百强县。“两山”发展指数是一个可以用来衡量和考评各地“两山”发展情况的指标体系，包含了各县域经济发展成果，也融合了各县域生态的保护效应，重点在于“两山”的转化，即把优美的生态环境转化为生产力。

“两山”发展指数是一个量化衡量各县域“两山”建设与发展的指标体系。其包含四部分：生态环境、特色经济、民生发展和保障体系，共 21 个指标。该指数以节约自然资源、高质量发展、优化生产和生活方式为原则，综合考量县域自然资源禀赋的增量及高位保持程度，探索一条普适全国县域的“两山”转化之路。

三、绿色 GDP 核算

为全面贯彻落实习近平生态文明思想和“绿水青山就是金山银山”

理念，指导和规范绿色 GDP（GGDP）或经环境调整的国内生产总值（EDP）核算工作，定量反映经济发展过程中的资源消耗和环境代价，补充和扩展现有国民经济核算体系，保证环境经济核算过程中核算方法的科学性、规范性和可操作性，生态环境部环境规划院制定了《绿色 GDP（GGDP/EDP）核算技术指南（试用）》[①]。

绿色 GDP 核算是在国民经济核算（GDP）的基础上，扣除人类在经济生产活动中产生的环境退化成本、生态破坏成本和突发生态环境事件损失后剩余的生产总值。

$$GGDP = GDP - EnDC - EcDC - EaC$$

式中：*GDP* 为国内生产总值，*EnDC* 为环境退化成本，*EcDC* 为生态破坏成本，*EaC* 为突发生态环境事件损失（绿色 GDP 核算框架图和绿色 GDP 总值核算工作程序分别见图 2—2 和图 2—3）。

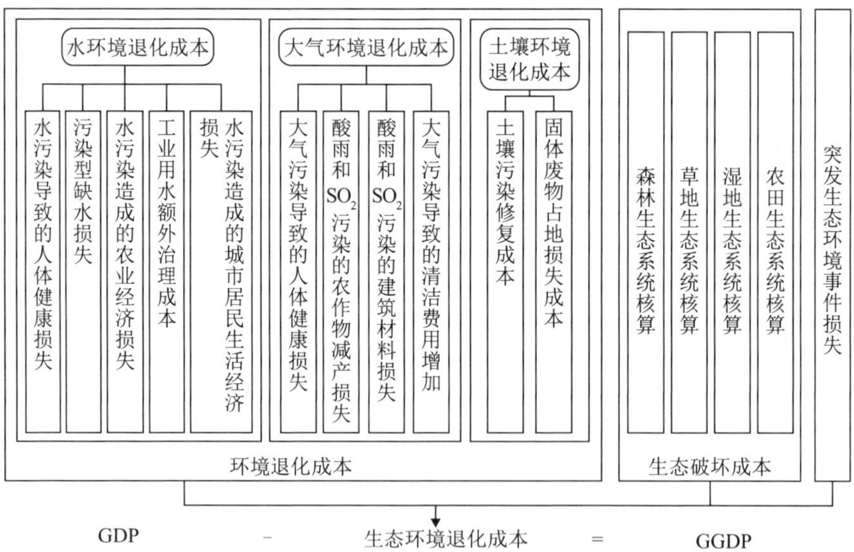

图 2—2 绿色 GDP 核算框架图

① 生态环境部环境规划院：《绿色 GDP（GGDP/EDP）核算技术指南（试用）》，生态环境部环境规划院官网 2021 年 1 月 20 日。http：//www. caep. org. cn/yclm/hjjjhs. 1sgdp/dfdt/202101/t20210120. 818007. shtml.

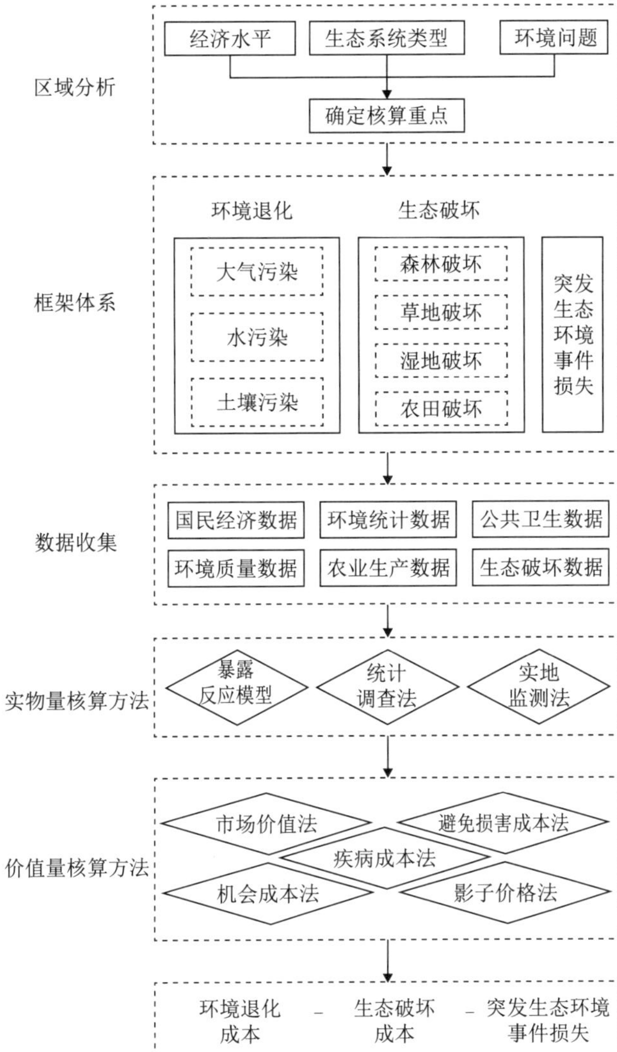

图 2—3 绿色 GDP 总值核算工作程序

四、陆地生态系统生产总值核算

为全面贯彻落实习近平生态文明思想和“绿水青山就是金山银山”理念，以及《中共中央关于全面深化改革若干重大问题的决定》、

《关于加快推进生态文明建设的意见》和《生态文明体制改革总体方案》中建立生态效益评估机制、促进人与自然和谐的部署，保障国家和区域生态安全，指导和规范陆地生态系统生产总值核算工作，提高陆地生态系统生产总值实物量与价值量核算的科学性、规范性和可操作性，2020 年 9 月，生态环境部环境规划院发布了《陆地生态系统生产总值（GEP）核算技术指南》[①]（生态系统生产总值核算工作程序见图 2—4）。

生态系统生产总值核算生态系统物质产品价值、调节服务价值和文化服务价值，不包括生态支持服务价值。根据不同的核算目的，核算不同类型的生态系统生产总值。

核算生态系统对人类福祉和经济社会发展支撑作用时，核算生态系统的物质产品价值、调节服务价值和文化服务价值之和：$GEP=EPV+ERV+ECV$

核算生态保护成效与生态效益时，核算生态系统的调节服务价值和文化服务价值：$GEP=ERV+ECV$

上述式中：GEP 为生态系统生产总值，EPV 为生态系统物质产品价值，ERV 为生态系统调节服务价值，ECV 为生态系统文化服务价值。

生态系统生产总值核算指标体系由物质产品、调节服务和文化服务三大类服务构成，其中：物质产品主要包括农业产品、林业产品、畜牧业产品、渔业产品、生态能源和其他；调节服务主要包括水源涵养、土壤保持、防风固沙、海岸带防护、洪水调蓄、碳固定、氧气提供、空气净化、水质净化、气候调节和物种保育；文化服务主要包括休闲旅游、景观价值（见表 2—5、表 2—6）。

---

① 生态环境部环境规划院、中国科学院生态环境研究中心：《防地生态系统生产总值（GEP）核算技术指南》，生态环境部环境规划院官网 2020 年 10 月 29 日。http：//www.caep.org.cn/zclm/sthjyijhszx/zxdt－21932/202010/t20201029－805419.shtml.

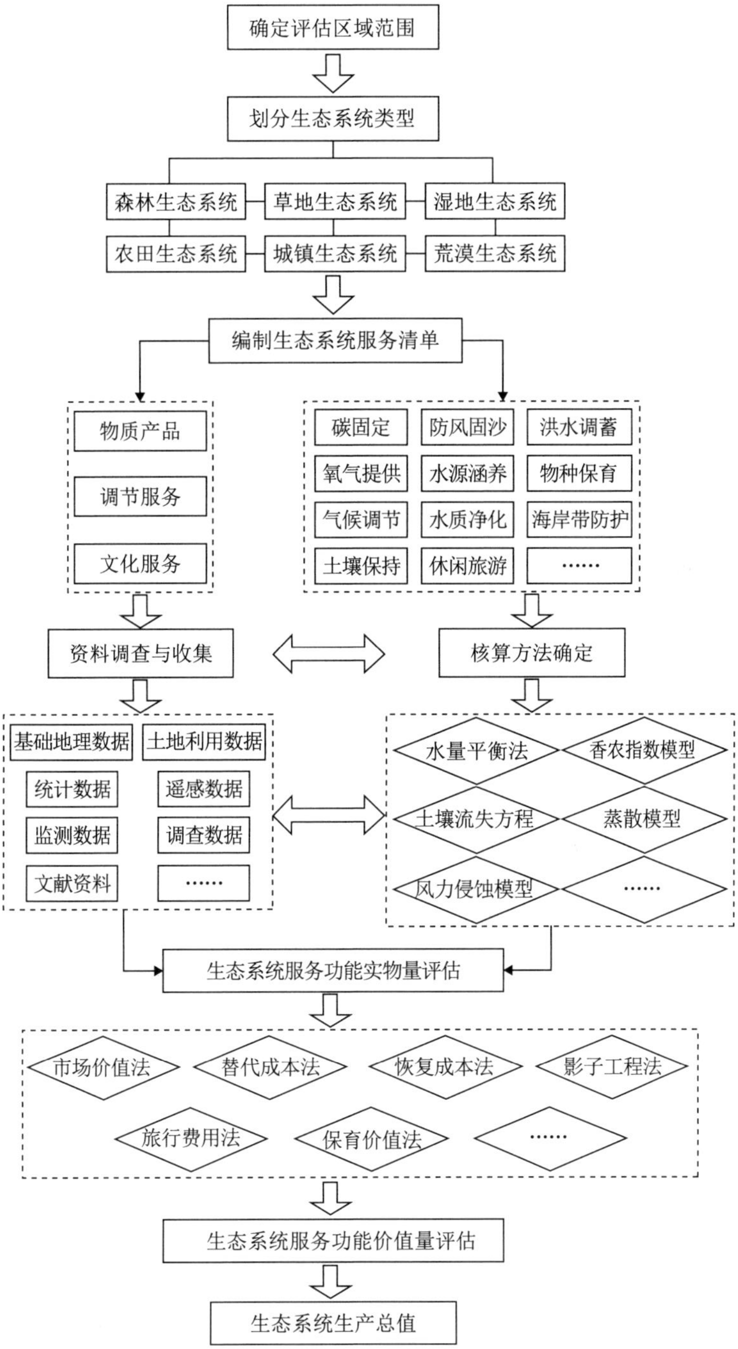

图 2—4　生态系统生产总值核算工作程序

表 2—5　生态系统生产总值（GEP）核算指标

序号	一级指标	二级指标	指标说明
1	物质产品	农业产品	从农业生态系统中获得的初级产品，如稻谷、玉米、谷子、豆类、薯类、油料、棉花、麻类、糖类、烟叶、茶叶、药材、蔬菜、水果等。
2		林业产品	林木产品、林产品以及与森林资源相关的初级产品，如木材、竹材、松脂、生漆、油桐籽等。
3		畜牧业产品	利用放牧、圈养或者两者结合的方式，饲养禽畜获得的产品，如牛、羊、猪、家禽、奶类、禽蛋等。
4		渔业产品	利用水域中生物的物质转化功能，通过捕捞、养殖等方式取得的水产品，如鱼类、其他水生动物等。
5		生态能源	生态系统中的生物物质及其所含的能量，如沼气、秸秆、薪柴、水能等。
6		其他	用于装饰品的一些产品（例如动物皮毛）和花卉、苗木等。
7	调节服务	水源涵养	生态系统通过其结构和过程拦截滞蓄降水，增强土壤下渗，涵养土壤水分和补充地下水、调节河川流量，增加可利用水资源量的功能。
8		土壤保持	生态系统通过其结构与过程保护土壤、降低雨水的侵蚀能力，减少土壤流失的功能。
9		防风固沙	生态系统通过增加土壤抗风能力，降低风力侵蚀和风沙危害的功能。
10		海岸带防护	生态系统减低海浪，避免或减小海堤或海岸侵蚀的功能。
11		洪水调蓄	生态系统通过调节暴雨径流、削减洪峰，减轻洪水危害的功能。
12		碳固定	生态系统吸收二氧化碳合成有机物质，将碳固定在植物和土壤中，降低大气中二氧化碳浓度的功能。
13		氧气提供	生态系统通过光合作用释放出氧气，维持大气氧气浓度稳定的功能。
14		空气净化	生态系统吸收、阻滤大气中的污染物，如 SO_2、$N0_x$、颗粒物等，降低空气污染浓度，改善空气环境的功能。
15		水质净化	生态系统通过物理和生化过程对水体污染物吸附、降解以及生物吸收等，降低水体污染物浓度、净化水环境的功能。
16		气候调节	生态系统通过植被蒸腾作用和水面蒸发过程吸收能量、降低气温、提高湿度的功能。
17		物种保育	生态系统为珍稀濒危物种提供生存与繁衍场所的作用和价值。
18	文化服务	休闲旅游	人类通过精神感受、知识获取、休闲娱乐和美学体验、康养等旅游休闲方式，从生态系统获得的非物质惠益。
19		景观价值	生态系统为人类提供美学体验、精神愉悦，从而提高周边土地、房产价值的功能。

表 2—6　生态系统生产总值实物量及价值量核算指标体系

服务类别	核算项目	实物量指标	价值量指标
物质产品	农业产品	农业产品产量	农业产品产值
	林业产品	林业产品产量	林业产品产值
	畜牧业产品	畜牧业产品产量	畜牧业产品产值
	渔业产品	渔业产品产量	渔业产品产值
	生态能源	生态能源总量	生态能源产值
	其他产品	装饰观赏资源总量等	装饰观赏资源产值等
调节服务	水源涵养	水源涵养量	水源涵养价值
	土壤保持	土壤保持量	减少泥沙淤积价值
			减少面源污染价值
	防风固沙	固沙量	草地恢复成本
	海岸带防护	海岸带防护面积	海岸带防护价值
	洪水调蓄	洪水调蓄量	调蓄洪水价值
	空气净化	净化二氧化硫量	净化二氧化硫价值
		净化氮氧化物量	净化氮氧化物价值
		净化颗粒物量	净化颗粒物价值
	水质净化	净化 COD 量	净化 COD 价值
		净化总氮量	净化总氮价值
		净化总磷量	净化总磷价值
	碳固定	固定二氧化碳量	碳固定价值
	氧气提供	氧气提供量	氧气提供价值
	气候调节	植被蒸腾消耗能量	植被蒸腾调节温湿度价值
		水面蒸发消耗能量	水面蒸发调节温湿度价值
	物种保育	珍稀濒危物种数量	保护区面积
		珍稀濒危物种保育价值	保护区保育价值
文化服务	休闲旅游	游客总人数	游憩康养价值
	景观价值	受益土地与房产面积	土地、房产升值

生态系统生产总值实物量核算包括三大类：物质产品实物量核算、调节服务实物量核算、文化服务实物量核算。生态系统生产总值实物量

核算的核算项目、实物量指标和核算方法（见表 2—7）。

表 2—7　生态系统生产总值实物量核算方法

服务类别	核算项目	实物量指标	核算方法
物质产品	农业产品	农业产品产量	统计调查
	林业产品	林业产品产量	
	畜牧业产品	畜牧业产品产量	
	渔业产品	渔业产品产量	
	生态能源	生态能源总量	
	其他	装饰观赏资源产量等	
调节服务	水源涵养	水源涵养量	水量平衡法、水量供给法
	土壤保持	土壤保持量	修正通用土壤流失方程（RUSLE）
	防风固沙	固沙量	修正风力侵蚀模型（REWQ）
	海岸带防护	海岸带防护面积	统计调查
	洪水调蓄	湖泊：可调蓄水量	水量储存模型
		水库：防洪库容	
		沼泽：滞水量	
	空气净化	净化二氧化硫量	污染物净化模型
		净化氮氧化物量	
		净化颗粒物量	
	水质净化	净化 COD 量	污染物净化模型
		净化总氮量	
		净化总磷量	
	碳固定	固定二氧化碳量	固碳机理模型
	氧气提供	氧气提供量	释氧机理模型
	气候调节	植被蒸腾消耗能量	蒸散模型
		水面蒸发消耗能量	
	物种保育	珍稀濒危物种数量	统计调查
文化服务	休闲旅游	游客总人数	统计调查
	景观价值	受益土地面积或公众	

在生态系统生产总值实物量核算的基础上，确定各类生态系统服务的价格，核算生态服务价值。生态系统生产总值价值量核算中，物质产品价值主要用市场价值法核算，调节服务价值主要用替代成本法进行核算，文化服务价值使用旅行费用法。生态系统生产总值价值量核算的核算项目、价值量指标和核算方法（见表 2—8）。

表 2—8　生态系统生产总值价值量核算方法

服务类别	核算项目	价值量指标	核算方法
物质产品	农业产品	农业产品产值	市场价值法
	林业产品	林业产品产值	
	畜牧业产品	畜牧业产品产值	
	渔业产品	渔业产品产值	
	生态能源	生态能源产值	
	其他	装饰观赏资源产值等	
调节服务	水源涵养	水源涵养价值	替代成本法
	土壤保持	减少泥沙淤积价值	替代成本法
		减少面源污染价值	替代成本法
	防风固沙	固沙价值	恢复成本法
	海岸带防护	由于防护减少的损失价值	替代成本法
	洪水调蓄	调蓄洪水价值	影子工程法
	空气净化	净化二氧化硫价值	替代成本法
		净化氮氧化物价值	替代成本法
		净化颗粒物价值	替代成本法
	水质净化	净化总氮价值	替代成本法
		净化总磷价值	替代成本法
		净化 COD 价值	替代成本法
	碳固定	固定二氧化碳价值	替代成本法
	氧气提供	氧气提供价值	替代成本法
	气候调节	植被蒸腾调节温湿度价值	替代成本法
		水面蒸发调节温湿度价值	

续 表

服务类别	核算项目	价值量指标	核算方法
调节服务	物种保育	物种保育价值	保育价值法
文化服务	休闲旅游	休闲旅游价值	旅行费用法
	景观价值	景观价值	享乐价格法

五、经济生态生产总值核算

为全面贯彻落实习近平生态文明思想和“绿水青山就是金山银山”理念，建立和完善生态产品价值实现机制，保障经济生态生产总值实物量与价值量核算的科学性、规范性和可操作性，指导和规范经济生态生产总值（GEEP）核算工作，生态环境部环境规划院制定了《经济生态生产总值（GEEP）核算技术指南（试用）》[①]（经济生态生产总值核算工作程序见图 2—5）。

经济生态生产总值是在国民经济生产总值 GDP 的基础上，考虑人类在经济生产活动中对生态环境的损害和生态系统给经济系统提供的生态福祉，即在绿色 GDP 核算的基础上，增加生态系统给人类提供的生态福祉。其中，生态环境的损害/生态环境退化成本包括环境退化成本和生态破坏成本，生态系统对人类的福祉用 GEP 表示，因 GEP 中的产品供给服务和文化服务价值已在 GDP 中进行了核算，需予以扣除。GEEP 是一个有增有减、有经济有生态、体现“绿水青山”和“金山银山”价值的综合指标。

经济生态生产总值的概念模型为：

① 生态环境部环境规划院：《经济生态生产总值（GEEP）核算技术指南（试用）》，生态环境部环境规划院官网 2021 年 1 月 22 日。http：//www. caep. org. cn/zclm/sthjyjjhszx/zxdt _ 21932/202101/w020210122402037264684. pdf.

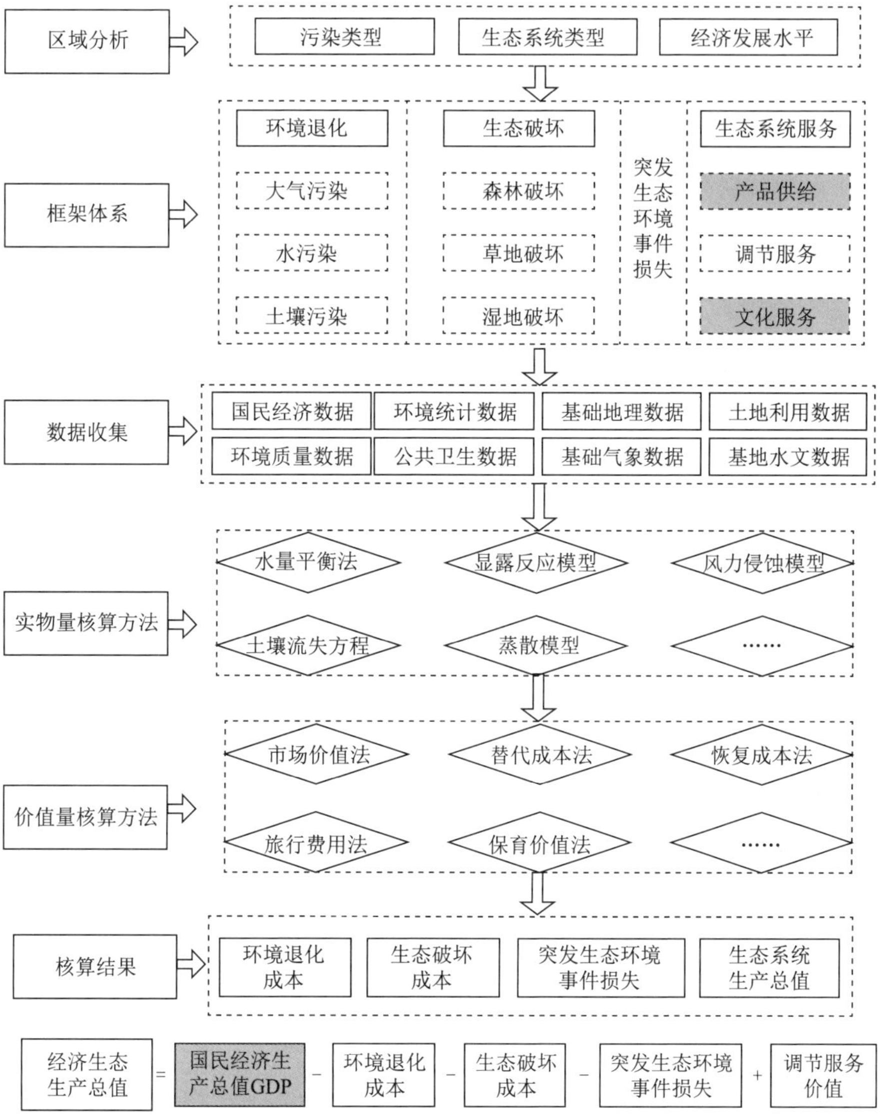

图 2—5　经济生态生产总值核算工作程序

$$
\begin{aligned}
GEEP &= GGDP + GEP - (GGDP \cap GEP) \\
&= (GDP - EnDC - EcDC - EaC) + (EPS + ERS + ECS) \\
&\quad - (EPS + ECS) \\
&= (GDP - EnDC - EcDC - EaC) + ERS
\end{aligned}
$$

式中：$GGDP$ 为绿色 GDP，GEP 为生态系统生产总值，$GGDP \cap GEP$ 为 $GGDP$ 与 GEP 的重复部分，GDP 为国内生产总值，$EnDC$ 为环境退化成本，$EcDC$ 为生态破坏成本，EaC 为突发生态环境事件损失，ERS 为生态系统调节服务，EPS 为生态系统产品供给服务，ECS 为生态系统文化服务。

在核算结果的政策应用中，可通过绿金指数（GGI）和生态产品初级转化率（PTR）两个指标对区域“绿水青山”和“金山银山”转化关系进行分析。

$$GGI=GEP/GGDP$$

$$PTR=(EPS+ECS)/GEP$$

式中：GGI 为绿金指数，$GGDP$ 为绿色 GDP，PTR 为生态产品初级转化率，EPS 为生态系统产品供给服务，ECS 为生态系统文化服务。

第三章 中国生态文明建设评价

从2017年开始，国家统计局、国家发展改革委、环境保护部、中央组织部开始了生态文明建设目标评价考核工作，并发布年度评价结果公报，各省、自治区、直辖市也先后开展了这项工作。通过监测评价每年的绿色发展进展成效和综合考核生态文明建设阶段效果，增加公众参与，引导各级政府长远谋划、系统推进，有助于总结生态文明建设的先进经验，及时发现存在问题，更好地推进生态文明建设。

第一节
中国生态文明建设评价结果

一、2016年中国生态文明建设年度评价结果

根据中共中央办公厅、国务院办公厅印发的《生态文明建设目标评价考核办法》和国家发展改革委、国家统计局、环境保护部、中央组织部印发的《绿色发展指标体系》《生态文明建设考核目标体系》要求，国家统计局、国家发展改革委、环境保护部、中央组织部2017年12月26日发布了《2016年生态文明建设年度评价结果公报》，其中：①生态文明建设年度评价按照《绿色发展指标体系》实施，绿色发展指数采用综合指数法进行测算。绿色发展指标体系包括资源利用、环境治理、环境质量、生态保护、增长质量、绿色生活、公众满意程度等7个方面，共56项评价指标。其中，前6个方面的55项评价指标纳入绿色发展指数的计算；公众满意程度调查结果进行单独评价与分析。②受污染耕地安全利用率、自然岸线保有率和绿色产品市场占有率（高效节能产品市场占有率）等3个指标，2016年暂无数据，为了体现公平性，其权数不变，指标的个体指数值赋为最低值60，参与指数计算。对有些地区没有的地域性指标，相关指标不参与绿色发展指数计算，其权数分摊至其他指标，体现差异化。此外，部

分地区由于确实不涉及相关工作而导致数据缺失的指标，经相关负责部门认定后，参照地域性指标进行处理。③计算绿色发展指数所涉及的地区生产总值数据均按照 2016 年度初步核算数据进行测算。④公众满意程度为主观调查指标，通过国家统计局组织的抽样调查来反映公众对生态环境的满意程度。调查采取分层多阶段抽样调查方法，通过采用计算机辅助电话调查系统，随机抽取城镇和乡村居民进行电话访问，根据调查结果综合计算 31 个省（区、市）的公众满意程度。⑤本公报不含香港特别行政区、澳门特别行政区和台湾省。⑥本公报由国家统计局会同有关部门负责解释。[①]

《2016 年生态文明建设年度评价结果公报》首次公布了各省份绿色发展指数，2016 年度北京、福建、浙江、上海、重庆排名前 5 位。福建、江苏、吉林、湖北、浙江排名资源利用指数前 5 位，北京、河北、上海、浙江、山东排名环境治理指数前 5 位，海南、西藏、福建、广西、云南排名环境质量指数前 5 位，重庆、云南、四川、西藏、福建排名生态保护指数前 5 位，北京、上海、浙江、江苏、天津排名增长质量指数前 5 位，北京、上海、江苏、山西、浙江排名绿色生活指数前 5 位，西藏、贵州、海南、福建、重庆排名公众满意程度前 5 位。

2016 年各省、自治区、直辖市生态文明建设年度评价结果见表 3—1 和表 3—2。

① 国家统计局、国家发展和改革委员会、环境保护部、中央组织部：《2016 年生态文明建设年度评价结果公报》，中国政府网，2017 年 12 月 26 日。http：//www. gov. cn/xinwen/2017－12/26/content _ 5250387. htm.

表 3—1　2016 年生态文明建设年度评价结果排序

地区	绿色发展指数	资源利用指数	环境治理指数	环境质量指数	生态保护指数	增长质量指数	绿色生活指数	公众满意程度/%
北京	1	21	1	28	19	1	1	30
福建	2	1	14	3	5	11	9	4
浙江	3	5	4	12	16	3	5	9
上海	4	9	3	24	28	2	2	23
重庆	5	11	15	9	1	7	20	5
海南	6	14	20	1	14	16	15	3
湖北	7	4	7	13	17	13	17	20
湖南	8	16	11	10	9	8	25	7
江苏	9	2	8	21	31	4	3	17
云南	10	7	25	5	2	25	28	14
吉林	11	3	21	17	8	20	11	19
广西	12	8	28	4	12	29	22	15
广东	13	10	18	15	27	6	6	24
四川	14	12	22	16	3	14	27	8
江西	15	20	24	11	6	15	14	13
甘肃	16	6	23	8	25	24	23	11
贵州	17	26	19	7	7	19	26	2
山东	18	23	5	23	26	10	8	16
安徽	19	19	9	20	22	9	23	21
河北	20	18	2	30	13	25	19	31
黑龙江	21	25	25	14	11	18	12	25
河南	22	15	12	26	24	17	10	26
陕西	23	22	17	22	23	12	21	18
内蒙古	24	28	16	19	15	23	13	22
青海	25	24	30	6	21	30	30	6
山西	26	29	13	29	20	21	4	27
辽宁	27	30	10	18	18	28	29	28

续 表

地区	绿色发展指数	资源利用指数	环境治理指数	环境质量指数	生态保护指数	增长质量指数	绿色生活指数	公众满意程度/%
天津	28	12	6	31	30	5	7	29
宁夏	29	17	27	27	29	22	16	10
西藏	30	31	31	2	4	27	31	1
新疆	31	27	29	25	10	31	18	12

注：本表中各（区、市）按照绿色发展指数值从大到小排序。若存在并列情况，则下一个地区排序向后递延。

表 3—2 2016 年生态文明建设年度评价结果

地区	绿色发展指数	资源利用指数	环境治理指数	环境质量指数	生态保护指数	增长质量指数	绿色生活指数	公众满意程度/%
北京	83.71	82.92	98.36	78.75	70.86	93.91	83.15	67.82
天津	76.54	84.40	83.10	67.13	64.81	81.96	75.02	70.58
河北	78.69	83.34	87.49	77.31	72.48	70.45	70.28	62.50
山西	76.78	78.87	80.55	77.51	70.66	71.18	78.34	73.16
内蒙古	77.90	79.99	78.79	84.60	72.35	70.87	72.52	77.53
辽宁	76.58	76.69	81.11	85.01	71.46	68.37	67.79	70.96
吉林	79.60	86.13	76.10	85.05	73.44	71.20	73.05	79.03
黑龙江	78.20	81.30	74.43	86.51	73.21	72.04	72.79	74.25
上海	81.83	84.98	86.87	81.28	66.22	93.20	80.52	76.51
江苏	80.41	86.89	81.64	84.04	62.84	82.10	79.71	80.31
浙江	82.61	85.87	84.84	87.23	72.19	82.33	77.48	83.78
安徽	79.02	83.19	81.13	84.25	70.46	76.03	69.29	78.09
福建	83.58	90.32	80.12	92.84	74.78	74.55	73.65	87.14
江西	79.28	82.95	74.51	88.09	74.61	72.93	72.43	81.96
山东	79.11	82.66	84.36	82.35	68.23	75.68	74.47	81.14
河南	78.10	83.87	80.83	79.60	69.34	72.18	73.22	74.17
湖北	80.71	86.07	82.28	86.86	71.97	73.48	70.73	78.22
湖南	80.48	83.70	80.84	88.27	73.33	77.38	69.10	85.91
广东	79.57	84.72	77.38	86.38	67.23	79.38	75.19	75.44

续 表

地区	绿色发展指数	资源利用指数	环境治理指数	环境质量指数	生态保护指数	增长质量指数	绿色生活指数	公众满意程度/%
广西	79.58	85.25	73.73	91.90	72.94	68.31	69.36	81.79
海南	80.85	84.07	76.94	94.95	72.45	72.24	71.71	87.16
重庆	81.67	84.49	79.95	89.31	77.68	78.49	70.05	86.25
四川	79.40	84.40	75.87	86.25	75.48	72.97	68.92	85.62
贵州	79.15	80.64	77.10	90.96	74.57	71.67	69.05	87.82
云南	80.28	85.32	74.43	91.64	75.79	70.45	68.74	81.81
西藏	75.36	75.43	62.91	94.39	75.22	70.08	63.16	88.14
陕西	77.94	82.84	78.69	82.41	69.95	74.41	69.50	79.18
甘肃	79.22	85.74	75.38	90.27	68.83	70.65	69.29	82.18
青海	76.90	82.32	67.90	91.42	70.65	68.23	65.18	85.92
宁夏	76.00	83.37	74.09	79.48	66.13	70.91	71.43	82.61
新疆	75.20	80.27	68.85	80.34	73.27	67.71	70.63	81.99

二、中国省际“两山论”践行效果测算及评价①

根据北京师范大学经济与资源管理研究院构建的评价“两山论”践行效果的三级指标体系，计算出 30 个省份的综合指数排名和各个一级指标指数排名。2011—2017 年，北京、上海、天津、江苏、浙江的“两山论”践行效果综合指数位列前 5，其中北京排名第一，说明北京在绿色经济发展、资源环境保护和产业发展方面的综合水平较高。这可能是因为北京在“两山论”践行过程中，对于生态资源保护、环境治理、产业转型和创新发展等方面的投入力度较大。

单独看绿色发展协调性指数，2011—2017 年排名均比较靠前的几

① 宋涛、李斐琳：《专家谈“两山论”践行指标体系研究》，《中国环境报》2020 年 8 月 15 日。

个省份有北京、天津、上海、江苏、内蒙古。单独看资源环境承载力，2011—2017年排名均比较靠前的几个省份有内蒙古、北京、天津、山西、上海。单独看产业发展新动能，2011—2017年排名均比较靠前的几个省份有北京、上海、江苏、浙江、广东、天津（详见表3—3）。

表3—3　2011—2017年"两山论"践行指数排名前10位省份

排序	2011年	2012年	2013年	2014年	2015年	2016年	2017年
1	北京	北京	北京	北京	北京	北京	北京
2	上海	上海	天津	上海	上海	上海	上海
3	天津	江苏	上海	天津	天津	天津	天津
4	江苏	天津	江苏	江苏	江苏	浙江	浙江
5	浙江	浙江	浙江	浙江	浙江	江苏	江苏
6	广东	山东	山东	山东	广东	广东	广东
7	山东	内蒙古	广东	内蒙古	山东	山东	山东
8	内蒙古	广东	福建	广东	内蒙古	福建	福建
9	山西	福建	陕西	陕西	福建	内蒙古	陕西
10	福建	山西	内蒙古	福建	陕西	陕西	内蒙古

为进一步推进生态文明建设，提高"两山论"践行效果，各地应在未来发展中把握生态文明建设的总要求，以"两山论"为指导，坚持绿色发展理念，构建多元共治、经济引导、制度约束的发展体系。

三、县域"绿水青山就是金山银山"发展指数测评

1. 2018年县域"绿水青山就是金山银山"发展指数测评结果

自2016年起，浙江大学环境与资源学院研究团队对全国1837个县（市）2016年指标数据进行分析，并对"两山"发展指数进行排序，得到了2018年"两山"发展百强县名单，浙江省安吉县和宁海县、江苏

省昆山市分别排名前三位。位列百强县的，浙江省有 22 个县市、福建省有 19 个县市、江苏省有 10 个县市、山东省有 10 个县市、广东省有 8 个县市、内蒙古自治区有 6 个县旗、云南省有 6 个县市、湖北省有 3 个县市、四川省有 3 个县市、贵州省有 3 个市、辽宁省有 2 个市、江西省有 2 个县市、湖南省有 2 个市、海南省有 2 个县市、黑龙江省有 1 个市、安徽省有 1 个县。表 3—4 显示了 2018 年百强县排名前 10 位县（市）。

表 3—4　2018 年“绿水青山就是金山银山”百强县排名前 10 位县（市）

排名	省	县域	绿色经济指数	生态环境指数	民生保障指数	保障体系指数	综合指数
1	浙江省	安吉县	A+	A+	A+	A+	A+
2	浙江省	宁海县	A+	A+	A+	A+	A+
3	江苏省	昆山市	A+	A+	A+	A+	A+
4	江苏省	太仓市	A+	A+	A+	A+	A+
5	山东省	荣成市	A+	A+	A+	A	A+
6	浙江省	诸暨市	A+	A+	A+	A+	A+
7	浙江省	临海市	A+	A+	A+	B	A+
8	浙江省	义乌市	A	A+	A+	A	A+
9	浙江省	新昌县	A+	A+	A	A+	A+
10	浙江省	象山县	A	A+	A+	A+	A+

2. 2019 年县域“绿水青山就是金山银山”发展指数测评结果

浙江大学环境与资源学院研究团队通过对全国 1837 个县（市）指标数据的分析，并对“两山”发展指数进行排序，通过计算得到了 2019 年“两山”发展百强县名单，浙江省的安吉县、宁海县和诸暨市分别排名前三位。位列百强县的，浙江省有 22 个县市、江苏省有 19 个县市、福建省有 19 个县市、山东省有 9 个县市、贵州省有 7 个县市、江西省有 5 个县市、广东省有 5 个县市、云南省有 5 个县市、辽宁省有 2 个市、山西省有 1 个县、内蒙古自治区有 1 个旗、湖北省有 1 个市、湖南省有 1 个县、海南省有 1 个县、重庆市有 1 个县、四川省有 1 个市。表 3—5 显示 2019 年百强县排名前 10 位县（市）。

表 3—5　2019 年“绿水青山就是金山银山”百强县排名前 10 位县（市）

排名	省	县域	绿色经济指数	生态环境指数	民生保障指数	保障体系指数	综合指数
1	浙江省	安吉县	A+	A	A+	A+	A+
2	浙江省	宁海县	A+	A	A+	A+	A+
3	浙江省	诸暨市	A+	A	A+	A+	A+
4	江苏省	昆山市	A+	B	A+	A+	A+
5	福建省	长乐市	A+	A+	A+	B	A+
6	福建省	安溪县	A+	A	A+	A+	A+
7	福建省	连城县	A+	A+	A+	B	A+
8	浙江省	淳安县	A+	A	A+	A+	A+
9	浙江省	温岭市	A+	B	A+	A	A+
10	福建省	浦城县	A+	A+	A+	B	A+

3. 2020 年县域“绿水青山就是金山银山”发展指数测评结果

基于 2019 年全国 1837 个县（自治县、县级市）的指标数据，结合进一步改善和优化后的指标核算模型，浙江大学环境与资源学院研究团队将“两山”发展指数进行排序，得到了 2020 年“两山”发展百强县名单，浙江省的安吉县、宁海县和诸暨市分别排名前三位。位列百强县的，浙江省有 22 个县市、福建省有 21 个县市、江苏省有 17 个县市、山东省有 8 个县市、贵州省有 6 个县市、云南省有 6 个县市、江西省有 5 个县市、广东省有 5 个县市、辽宁省有 2 个市、湖南省有 2 个县、山西省有 1 个县、内蒙古自治区有 1 个旗、湖北省有 1 个市、海南省有 1 个县、重庆市有 1 个县、四川省有 1 个市。75%的“两山”发展百强县来自东部地区，中西部分别有 10 个县和 15 个县入选。① 表 3—6 显示

① 《2020 年“绿水青山就是金山银山”发展百强县发布》，中国经济网，2020 年 9 月 30 日。http：//www. ce. cn/cysc/stwm/gd/202009/30/t20200930 _ 35847998. shtml.

了2020年百强县排名前10位县（市）。

表3—6 2020年“绿水青山就是金山银山”百强县排名前10位县（市）

排名	省	县域	绿色经济	生态环境	民生保障	保障体系	综合指数
1	浙江省	安吉县	A+	A	A+	A+	A+
2	浙江省	宁海县	A+	A	A+	A+	A+
3	浙江省	诸暨市	A+	A	A+	A+	A+
4	江苏省	昆山市	A+	A	A+	A+	A+
5	福建省	安溪县	A+	A	A+	A+	A+
6	福建省	连城县	A+	A+	A+	B	A+
7	浙江省	淳安县	A+	A	A+	A+	A+
8	浙江省	温岭市	A+	B	A+	A	A+
9	福建省	浦城县	A+	A+	A+	B	A+
10	江苏省	太仓市	A+	B	A+	A+	A+

四、中国经济生态生产总值和省域经济生态生产总值测评

生态环境部环境规划院发布的《中国经济生态生产总值核算发展报告2018》核算，2015年，我国经济生态生产总值（GEEP）为122.78万亿元，其中，GDP为72.3万亿元，生态破坏成本为0.63万亿元，污染损失成本为2万亿元，生态系统生态调节服务为53.1万亿元。生态系统调节服务对GEEP总值的贡献大，占比为43.3%。生态系统破坏成本和污染损失成本总占比约为2.1%。报告按GEEP对我国31个省（区、市）进行了排名。以GDP的方法计算，2015年的31个省（区、市）排名依次为广东、江苏、山东、浙江、河南、四川、河北、湖北、湖南、辽宁、福建、上海、北京、安徽、陕西、内蒙古、广西、江西、天津、重庆、黑龙江、吉林、云南、山西、贵州、新疆、甘肃、海南、宁夏、青海、西藏；以GEEP方法计算，2015年的31个省（区、市）排

名依次为广东、内蒙古、江苏、黑龙江、山东、四川、浙江、湖南、湖北、西藏、云南、广西、福建、河南、江西、辽宁、河北、安徽、青海、新疆、吉林、上海、陕西、北京、贵州、重庆、山西、天津、甘肃、海南、宁夏（详见表3—7）。①

表3—7　2015年全国31个省（自治区、直辖市）不同核算结果排序　单位：亿元

排序	省份	GDP	省份	生态环境损失成本	省份	生态调节服务	省份	GEEP
1	广东	72813	河北	2158	内蒙古	63284	广东	93907
2	江苏	70116	山东	2039	黑龙江	59368	内蒙古	80271
3	山东	63002	江苏	1945	西藏	47383	江苏	76292
4	浙江	42886	河南	1617	四川	32617	黑龙江	73637
5	河南	37002	青海	1456	云南	32124	山东	66359
6	四川	30053	湖南	1383	青海	29867	四川	61464
7	河北	29806	广东	1363	广西	28494	浙江	55907
8	湖北	29550	浙江	1217	湖南	23911	湖南	51430
9	湖南	28902	四川	1206	江西	22597	湖北	48736
10	辽宁	28669	辽宁	880	广东	22458	西藏	48118
11	福建	25980	内蒙古	845	湖北	19827	云南	45144
12	上海	25123	黑龙江	814	新疆	17418	广西	44714
13	北京	23015	安徽	729	福建	16542	福建	41984
14	安徽	22006	陕西	698	浙江	14237	河南	40836
15	陕西	18022	上海	664	贵州	11732	江西	38691
16	内蒙古	17832	湖北	641	安徽	11635	辽宁	36353
17	广西	16803	重庆	633	吉林	11436	河北	33204
18	江西	16724	江西	630	甘肃	9499	安徽	32912
19	天津	16538	云南	599	辽宁	8564	青海	30827

① 《〈中国经济生态生产总值核算发展报告2018〉：算上“生态”这一因素后，各省份经济如何排名》，中国碳交易网，2019年1月14日。http：//www. tanjiaoyi. com/article—25658—1. html.

续　表

排序	省份	GDP	省份	生态环境损失成本	省份	生态调节服务	省份	GEEP
20	重庆	15717	广西	583	江苏	8121	新疆	26234
21	黑龙江	15084	贵州	558	陕西	7160	吉林	25144
22	吉林	14063	北京	546	河北	5556	上海	25046
23	云南	13619	福建	538	河南	5451	陕西	24483
24	山西	12766	新疆	509	山东	5395	北京	23070
25	贵州	10503	山西	437	重庆	5014	贵州	21676
26	新疆	9325	甘肃	408	山西	4439	重庆	20098
27	甘肃	6790	天津	383	海南	4254	山西	16769
28	海南	3703	吉林	354	宁夏	1210	天津	16729
29	宁夏	2912	西藏	292	北京	602	甘肃	15881
30	青海	2417	宁夏	186	上海	586	海南	7913
31	西藏	1026	海南	44	天津	573	宁夏	3936

第二节
部分省（区、市）生态文明建设年度评价

一、河北省

2018 年 3 月 21 日，河北省统计局、省发展和改革委、省环境保护厅、省委组织部联合发布了《2016 年河北省生态文明建设年度评价结

果公报》，公布了2016年度河北省各设区市和省直管县的绿色发展指数和公众满意程度（见表3—8，表3—9，表3—10）。[①]

表3—8　2016年河北省（各设区市）生态文明建设年度评价结果排序

地区	绿色发展指数	资源利用指数	环境治理指数	环境质量指数	生态保护指数	增长质量指数	绿色生活指数	公众满意程度/%
张家口市	1	3	2	1	3	7	11	1
石家庄市	2	1	3	7	7	2	1	10
秦皇岛市	3	10	1	3	2	3	2	3
承德市	4	4	7	2	1	11	7	2
衡水市	5	2	5	8	5	5	9	4
邯郸市	6	7	8	4	8	10	3	5
廊坊市	7	6	9	9	9	1	5	9
保定市	8	5	11	6	4	6	10	8
唐山市	9	11	6	5	6	4	6	11
沧州市	10	9	4	11	10	9	8	7
邢台市	11	8	10	10	11	8	4	6

注：本表中各市按照绿色发展指数值从大到小排序。若存在并列情况，则下一个地区排序向后递延。

表3—9　2016年河北省直管县生态文明建设年度评价结果排序

地区	绿色发展指数	资源利用指数	环境治理指数	环境质量指数	生态保护指数	增长质量指数	绿色生活指数	公众满意程度/%
辛集市	1	1	1	1	2	2	2	2
定州市	2	2	2	2	1	1	1	1

注：定州市和辛集市作为省直管县，不与其他设区市进行比较，单独排序。

① 省统计局、省发展改革委员会、省环境保护厅、省委组织部：《2016年河北省生态文明建设年度评价结果公报》，河北省统计局官网，2018年3月20日。http：//tjj. hebei. gov. cn/hetj/wjtg/101520304973114. html.

表 3—10　2016 年河北省生态文明建设年度评价结果

地区	绿色发展指数	资源利用指数	环境治理指数	环境质量指数	生态保护指数	增长质量指数	绿色生活指数	公众满意程度/%
石家庄市	80.99	84.34	84.73	79.80	69.80	88.03	77.72	64.76
辛集市	79.32	91.73	79.99	81.24	62.86	68.95	72.94	64.76
承德市	79.81	78.18	80.50	92.16	75.97	72.70	71.87	81.28
张家口市	81.11	78.42	87.47	93.36	72.35	80.42	67.39	83.74
秦皇岛市	80.25	73.78	87.55	89.02	72.35	85.12	77.19	79.55
唐山市	76.62	71.95	80.97	83.70	69.83	83.57	73.31	62.35
廊坊市	76.97	76.95	79.89	75.53	68.48	91.36	74.87	65.01
保定市	76.78	77.88	74.61	83.28	71.33	82.18	68.49	65.89
定州市	75.21	75.85	79.49	79.61	63.33	73.11	78.32	79.18
沧州市	75.23	73.86	84.02	74.91	67.76	79.30	71.35	67.97
衡水市	78.49	81.90	82.28	79.16	69.95	83.04	68.64	72.27
邢台市	74.57	74.85	76.39	75.29	67.67	79.65	75.64	68.68
邯郸市	77.46	76.69	80.01	83.97	68.52	78.73	75.82	70.14

二、山西省

2018 年 2 月 27 日，山西省统计局、省发展和改革委、省环境保护厅联合发布了《2016 年全省生态文明建设年度评价结果公报》，公布了 2016 年山西省各市生态文明建设年度评价结果（见表 3—11，表 3—12）。[①]

① 省统计局、省发展和改革委、省环境保护厅：《2016 年全省生态文明建设年度评价结果公报》，山西省统计局官网，2018 年 2 月 27 日。http：//tjj.shanxi.gov.cn/tjsj/tjgb/201802/t20180226_91357.shtml.

表 3—11 2016 年山西省生态文明建设年度评价结果排序

地区	生态文明指数	资源利用指数	环境治理指数	环境质量指数	生态保护指数	绿色生活指数	公众满意程度/%
忻州市	1	2	4	3	5	5	4
晋城市	2	7	1	4	3	7	2
大同市	3	1	3	9	6	9	3
太原市	4	3	5	8	9	1	10
朔州市	5	5	2	1	10	11	6
长治市	6	8	10	2	4	4	1
运城市	7	4	8	11	1	3	7
吕梁市	8	10	6	6	2	10	9
临汾市	9	6	7	10	7	6	5
阳泉市	10	9	9	7	11	2	11
晋中市	11	11	11	5	8	8	8

注：本表中各市按照生态文明指数值从大到小排序。若存在并列情况，则下一个地区排序向后递延。

表 3—12 2016 年山西省生态文明建设年度评价结果

地区	生态文明指数	资源利用指数	环境治理指数	环境质量指数	生态保护指数	绿色生活指数	公众满意程度/%
太原市	79.37	79.48	81.99	79.76	73.73	83.61	68.68
大同市	79.67	81.04	86.51	76.74	77.36	73.32	81.03
阳泉市	76.03	73.90	76.89	79.78	71.22	82.11	68.48
长治市	78.11	74.92	75.47	84.54	78.83	78.30	86.48
晋城市	80.03	75.01	88.53	83.17	79.77	74.68	83.30
朔州市	78.92	77.07	87.15	84.89	73.67	66.97	79.27
晋中市	74.98	71.18	74.13	82.79	74.10	73.88	77.64
运城市	77.79	77.45	79.28	70.69	82.97	81.75	79.06
忻州市	81.11	80.74	85.05	84.02	77.53	75.57	80.20
临汾市	76.31	77.07	79.55	73.75	75.40	75.07	79.54
吕梁市	76.64	71.49	81.60	79.82	81.56	68.69	71.31

三、内蒙古自治区

2018 年 11 月 6 日，内蒙古自治区统计局、发展改革委员会、环境保护厅、党委组织部联合发布了《2016 年内蒙古生态文明建设年度评价结果公报》，公布了 2016 年内蒙古自治区各盟市生态文明建设年度评价结果（见表 3—13，表 3—14）。①

表 3—13　2016 年内蒙古自治区生态文明建设年度评价结果排序

地区	绿色发展指数	资源利用指数	环境治理指数	环境质量指数	生态保护指数	增长质量指数	绿色生活指数	公众满意程度/%
呼和浩特市	1	3	4	7	5	1	1	12
鄂尔多斯市	2	6	2	5	4	4	3	3
锡林郭勒盟	3	1	7	3	10	9	12	5
乌海市	4	8	1	9	11	3	2	4
包头市	5	9	3	12	9	2	4	8
呼伦贝尔市	6	11	9	4	1	7	11	6
赤峰市	7	2	10	8	3	11	10	1
兴安盟	8	12	5	1	2	8	9	11
乌兰察布市	9	7	6	6	6	10	8	9
阿拉善盟	10	10	12	2	12	5	5	2
巴彦淖尔市	11	4	8	10	7	12	6	7
通辽市	12	5	11	11	8	6	7	10

注：本表中各盟市按照绿色发展指数值从大到小排序。若存在并列情况，则下一个地区排序向后递延。

① 自治区统计局、发展改革委员会、环境保护厅、党委组织部：《2016 年内蒙古生态文明建设年度评价结果公报》，内蒙古自治区政府网，2018 年 11 月 6 日。http://www.nmg.gov.cn/art/2018/11/6/art_360_237744.html.

表 3—14 2016 年内蒙古自治区生态文明建设年度评价结果

地区	绿色发展指数	资源利用指数	环境治理指数	环境质量指数	生态保护指数	增长质量指数	绿色生活指数	公众满意程度/%
呼和浩特市	81.20	82.02	82.02	81.79	71.26	88.08	84.00	68.90
包头市	77.04	77.20	82.20	75.09	67.22	86.68	76.02	72.12
呼伦贝尔市	76.82	76.79	73.73	86.43	79.72	70.22	66.44	74.52
兴安盟	76.60	70.4	78.21	93.72	76.67	69.31	67.99	70.43
通辽市	74.78	79.08	72.42	76.98	69.63	70.54	72.99	71.38
赤峰市	76.78	82.47	73.09	81.12	76.33	67.76	66.67	78.45
锡林郭勒盟	78.91	89.42	77.19	86.84	65.27	69.14	63.48	74.72
乌兰察布市	76.27	77.41	77.31	85.50	70.94	68.23	69.14	71.75
鄂尔多斯市	80.36	78.34	86.25	86.03	73.43	77.19	79.01	75.77
巴彦淖尔市	75.80	80.87	75.29	77.35	70.07	67.18	74.70	73.14
乌海市	78.19	77.33	86.55	79.49	63.94	80.44	82.51	75.13
阿拉善盟	76.18	76.91	72.21	91.69	63.21	71.72	75.40	78.26

四、辽宁省

2018 年 3 月 23 日，辽宁省统计局、省发展和改革委、省环境保护厅、省委组织部联合发布了《2016 年辽宁省生态文明建设年度评价结果公报》，公布了 2016 年辽宁省各辖市生态文明建设年度评价结果（见表 3—15，表 3—16）。[①]

① 省统计局、省发展和改革委、省环境保护厅、省委组织部：《2016 年辽宁省生态文明建设年度评价结果公报》，辽宁统计信息网，2018 年 3 月 23 日。http：//www.ln.stats.gov.cn/tjgz/tztg/201803/t20180323_3197288.html.

表 3—15　2016 年辽宁省生态文明建设年度评价结果排序

地区	绿色发展指数	资源利用指数	环境治理指数	环境质量指数	生态保护指数	增长质量指数	绿色生活指数	公众满意程度/%
本溪	1	10	1	3	1	4	1	6
大连	2	1	5	5	13	1	3	3
抚顺	3	9	2	4	2	10	8	14
朝阳	4	3	13	1	7	11	14	5
丹东	5	11	14	2	3	5	6	2
沈阳	6	7	7	14	12	2	2	11
盘锦	7	12	9	8	4	8	5	1
阜新	8	4	4	10	10	12	10	13
锦州	9	2	11	12	5	9	13	9
鞍山	10	14	8	7	6	3	4	10
辽阳	11	6	6	13	11	6	9	8
铁岭	12	8	3	11	9	14	7	4
葫芦岛	13	5	12	6	8	13	12	12
营口	14	13	10	9	14	7	11	7

注：本表中各市按照绿色发展指数值从高到低排序。

表 3—16　2016 年辽宁省生态文明建设年度评价结果

地区	绿色发展指数	资源利用指数	环境治理指数	环境质量指数	生态保护指数	增长质量指数	绿色生活指数	公众满意程度/%
沈阳	77.55	77.95	80.14	70.14	72.78	93.39	79.93	67.14
大连	80.68	83.33	81.07	79.17	70.80	94.22	78.87	77.57
鞍山	76.04	71.49	78.55	76.39	77.85	80.17	77.90	68.14
抚顺	79.75	77.27	83.81	84.76	80.81	74.32	73.42	61.80
本溪	81.71	76.49	86.66	85.18	84.59	77.39	81.38	70.33
丹东	77.57	76.34	69.07	85.65	80.58	77.03	74.99	79.60
锦州	76.60	82.76	75.80	72.07	78.09	75.18	66.57	68.57
营口	74.51	75.66	76.26	75.93	69.99	76.74	70.61	70.00
阜新	76.69	80.60	81.57	74.31	74.31	70.11	71.19	62.33

续 表

地区	绿色发展指数	资源利用指数	环境治理指数	环境质量指数	生态保护指数	增长质量指数	绿色生活指数	公众满意程度/%
辽阳	75.73	78.05	80.72	70.68	73.43	76.79	73.06	69.33
盘锦	76.92	76.02	77.22	76.03	80.49	75.34	76.27	89.33
铁岭	75.67	77.35	81.93	73.37	75.34	65.46	74.66	70.80
朝阳	78.31	81.69	72.56	88.31	77.57	71.34	65.17	70.40
葫芦岛	75.36	78.54	73.49	77.05	77.18	69.95	67.12	62.80

五、吉林省

2018年9月30日，吉林省统计局、省发展和改革委、省环境保护厅联合发布了《2016年吉林省生态文明建设年度评价结果公报》，公布了2016年吉林省各市（州、长白山开发区）生态文明建设年度评价结果（见表3—17，表3—18）。[①]

表3—17　2016年吉林省生态文明建设年度评价结果排序

地区	绿色发展指数	资源利用指数	环境治理指数	环境质量指数	生态保护指数	增长质量指数	绿色生活指数	公众满意程度/%
长春	3	3	2	8	10	1	2	10
吉林	1	6	6	4	4	2	6	7
四平	8	4	5	9	9	8	7	6
辽源	9	1	7	10	7	5	10	5
通化	2	9	1	3	5	4	4	4
白山	5	2	8	7	2	9	8	3
松原	6	5	3	6	8	7	1	8
白城	10	8	9	5	6	10	9	9

① 省统计局、省发展和改革委、省环境保护厅：《2016年吉林省生态文明建设年度评价结果公报》，吉林省统计局官网，2018年9月30日。http：//tjj.jl.gov.cn/tjsj/tjgb/pcjqtgb/201809/t20180930_5211600.html.

续　表

地区	绿色发展指数	资源利用指数	环境治理指数	环境质量指数	生态保护指数	增长质量指数	绿色生活指数	公众满意程度/%
延边州	7	10	4	2	3	6	3	2
长白山开发区	4	7	10	1	1	3	5	1

注：①本表中宾栏的前七项，全省各市（州、长白山开发区）按照绿色发展指数值从大到小排序；②本表中宾栏的第八项，全省各市（州、长白山开发区）按照公众生态环境满意程度从大到小排序。存在并列情况，按满意程度指数从大到小排序。

表 3—18　2016 年吉林省生态文明建设年度评价结果

地区	绿色发展指数	资源利用指数	环境治理指数	环境质量指数	生态保护指数	增长质量指数	绿色生活指数	公众满意程度/%
长春	80.97	81.77	92.81	78.69	69.24	84.58	79.40	71.70
吉林	81.60	79.92	86.62	88.04	75.53	79.16	77.81	75.90
四平	77.96	81.14	87.62	77.09	69.70	68.31	76.73	76.30
辽源	77.65	84.59	85.43	73.55	70.40	71.69	69.08	85.00
通化	81.28	74.67	96.78	88.15	73.78	76.02	78.93	85.00
白山	80.87	84.08	85.09	84.54	78.17	66.85	74.20	87.80
松原	80.02	80.57	89.49	85.23	69.83	68.82	79.80	74.70
白城	77.28	75.94	83.52	85.68	72.81	65.84	72.16	73.10
延边州	78.56	69.40	88.39	89.02	76.88	70.73	79.12	89.50
长白山开发区	80.89	77.03	64.44	97.65	87.69	77.97	78.29	96.00

六、黑龙江省

2018 年 10 月 29 日，黑龙江省统计局、省发展和改革委、省生态环境厅、省委组织部联合发布了《2016 年黑龙江省各市（地）生态文明建设年度评价结果公报》，公布了 2016 年黑龙江省各市（地）生态文明建设年度评价结果（见表 3—19，表 3—20）。①

① 省统计局、省发展和改革委、省生态环境厅、省委组织部：《2016 年黑龙江省各市（地）生态文明建设年度评价结果公报》，黑龙江省统计信息网，2018 年 10 月 29 日。http：//www.hlj.stats.gov.cn/tjsj/tjgb/shgb/201810/t20181029_64903.html.

表 3—19　2016 年黑龙江省各市（地）生态文明建设年度评价结果排序

地区	绿色发展指数	资源利用指数	环境治理指数	环境质量指数	生态保护指数	增长质量指数	绿色生活指数	公众满意程度/%
大兴安岭	1	2	13	1	1	8	10	1
鸡西	2	1	11	4	7	4	9	11
黑河	3	3	4	2	9	7	11	3
伊春	4	5	7	3	3	10	13	2
齐齐哈尔	5	6	1	7	12	3	5	9
牡丹江	6	7	10	6	2	6	2	10
哈尔滨	7	10	5	10	8	1	3	13
双鸭山	8	11	8	5	4	11	7	7
佳木斯	9	8	6	8	6	5	1	4
七台河	10	9	2	12	10	2	4	12
鹤岗	11	12	3	9	5	13	6	8
绥化	12	4	9	11	11	12	12	6
大庆	13	13	12	13	13	9	8	5

表 3—20　2016 年黑龙江省各市（地）生态文明建设年度评价结果

地区	绿色发展指数	资源利用指数	环境治理指数	环境质量指数	生态保护指数	增长质量指数	绿色生活指数	公众满意程度/%
哈尔滨	78.31	74.56	82.64	78.30	73.16	95.50	75.49	78.75
齐齐哈尔	79.11	78.74	88.11	82.87	69.11	78.98	75.18	84.92
牡丹江	78.60	75.75	78.98	85.12	78.96	75.72	76.35	84.53
佳木斯	77.65	75.25	82.23	81.08	74.99	76.66	76.50	87.68
大庆	71.78	71.99	72.72	75.02	65.08	74.29	72.94	87.50
鸡西	80.41	83.41	77.68	89.47	74.41	77.04	71.75	81.16
双鸭山	77.77	74.52	79.51	86.55	77.21	73.21	73.01	87.10
伊春	79.52	79.03	80.19	90.44	78.08	73.66	66.25	93.48
七台河	76.76	75.13	87.18	75.40	70.73	79.32	75.23	79.60
鹤岗	76.56	73.39	85.86	80.94	76.93	63.43	74.06	86.06
黑河	79.72	79.54	83.72	91.31	72.06	75.46	67.71	93.00
绥化	74.88	79.52	79.49	75.43	69.22	70.09	66.37	87.19
大兴安岭	80.90	82.43	66.21	97.85	82.21	75.08	71.23	95.20

七、安徽省

2018 年 1 月 18 日，安徽省统计局、省发展和改革委、省环境保护厅、省委组织部联合发布了《2016 年生态文明建设年度评价结果公报》，公布了 2016 年安徽省各省辖市生态文明建设年度评价结果（见表 3—21，表 3—22）。①

表 3—21　2016 年安徽省生态文明建设年度评价结果排序

地区	绿色发展指数	资源利用指数	环境治理指数	环境质量指数	生态保护指数	增长质量指数	绿色生活指数	公众满意程度/%
芜湖	1	1	4	3	9	2	3	7
黄山	2	11	12	1	1	6	9	1
马鞍山	3	7	1	5	13	3	4	10
宣城	4	4	9	6	5	7	10	4
合肥	5	15	2	13	4	1	2	13
铜陵	6	14	11	4	7	5	1	6
安庆	7	9	10	7	2	11	11	11
蚌埠	8	3	7	10	14	4	8	8
池州	9	10	14	8	3	9	7	2
六安	10	16	6	2	6	15	13	3
滁州	11	8	5	11	11	8	5	5
亳州	12	5	13	12	12	10	12	9
淮北	13	12	3	14	15	16	6	12
淮南	14	13	8	9	16	13	15	16
阜阳	15	6	15	15	8	12	16	15
宿州	16	2	16	16	10	14	14	14

注：本表中各市按照绿色发展指数值从高到低排序。

① 省统计局、省发展和改革委、省环境保护厅、省委组织部：《2016 年生态文明建设年度评价结果公报》，安徽省统计局官网，2018 年 1 月 18 日。http：//tjj. ah. gov. cn/ssah/qwfbjd/tjgb/sjtjgb/113724441. html.

表 3—22　2016 年安徽省生态文明建设年度评价结果

地区	绿色发展指数	资源利用指数	环境治理指数	环境质量指数	生态保护指数	增长质量指数	绿色生活指数	公众满意程度/%
合肥	81.36	74.01	89.96	78.92	81.62	95.12	80.27	84.52
淮北	76.38	77.96	85.69	78.82	66.95	68.65	74.17	87.18
亳州	76.88	82.09	76.07	80.34	68.28	76.01	70.71	88.46
宿州	74.60	83.12	67.55	76.27	69.98	71.21	68.18	84.06
蚌埠	79.53	82.83	80.33	83.67	67.76	86.02	73.58	88.58
阜阳	74.66	80.00	70.69	78.20	72.31	71.45	64.76	83.76
淮南	75.37	76.43	79.36	84.54	66.07	71.43	66.23	80.35
滁州	78.02	79.32	82.34	81.40	69.68	77.26	74.73	91.08
六安	78.29	72.38	80.90	93.15	78.69	70.39	68.43	92.51
马鞍山	82.52	79.33	92.98	90.69	67.97	86.83	78.56	87.57
芜湖	83.98	86.07	84.14	91.63	71.06	88.51	79.73	89.57
宣城	81.85	82.18	77.90	89.74	81.08	82.03	72.51	91.55
铜陵	80.15	74.85	77.39	91.31	76.94	84.22	80.40	90.58
池州	79.29	78.67	73.27	86.08	83.19	76.09	74.00	93.25
安庆	79.98	78.76	77.74	88.36	83.47	73.34	70.71	87.41
黄山	82.74	78.00	77.14	94.20	88.46	83.48	72.85	95.72

八、江西省

2018 年 9 月 30 日，江西省统计局、省发展和改革委、省环境保护厅联合发布了《2016 年设区市生态文明建设年度评价结果公报》，公布了 2016 年江西省各设区市生态文明建设年度评价结果（见表 3—23，表 3—24）。[①]

① 省统计局、省发展和改革委、省环境保护厅：《2016 年设区市生态文明建设年度评价结果公报》，江西省人民政府网，2018 年 9 月 30 日。http：//www.jiangxi.gov.cn/art/2018/10/10/art_5414_395691.html.

表 3—23　2016 年江西省各设区市生态文明建设年度评价结果排序

地区	绿色发展指数	资源利用指数	环境治理指数	环境质量指数	生态保护指数	增长质量指数	绿色生活指数	公众满意程度
上饶	1	2	7	4	3	8	10	5
赣州	2	3	10	7	2	2	11	4
九江	3	1	4	10	5	3	8	3
鹰潭	4	7	2	1	10	7	9	10
景德镇	5	11	11	2	1	6	1	7
萍乡	6	4	3	8	9	10	6	8
新余	7	6	1	11	11	4	2	9
吉安	8	5	8	5	8	5	7	2
南昌	9	10	6	6	7	1	3	11
抚州	10	9	9	3	4	11	4	1
宜春	11	8	5	9	6	9	5	6

注：本表中各设区市按照绿色发展指数值从高到低排序。

表 3—24　2016 年江西省各设区市生态文明建设年度评价结果

地区	绿色发展指数	资源利用指数	环境治理指数	环境质量指数	生态保护指数	增长质量指数	绿色生活指数	公众满意程度/%
南昌	79.36	73.43	80.32	87.39	75.24	86.15	80.42	82.62
景德镇	80.52	73.11	75.85	93.85	83.58	77.30	82.40	86.22
萍乡	80.39	82.46	84.83	85.85	72.74	76.21	72.24	85.87
九江	81.09	85.28	82.75	80.63	77.54	81.15	71.95	88.96
新余	80.24	81.69	91.13	77.86	69.24	80.22	80.78	85.18
鹰潭	81.00	78.86	89.37	94.84	70.29	77.18	66.86	82.70
赣州	81.18	83.93	77.00	87.15	81.85	81.91	65.45	88.81
吉安	80.23	82.42	78.41	88.74	74.13	77.77	72.06	89.76
宜春	78.84	77.78	80.50	85.03	76.81	76.33	72.40	86.73
抚州	79.10	76.82	77.75	89.60	78.87	73.24	73.00	89.87
上饶	81.74	83.94	80.24	89.47	81.55	77.03	66.18	88.21

九、河南省

2018 年 4 月 8 日，河南省统计局、省发展和改革委、省环境保护厅、省委组织部联合发布了《2016 年河南省生态文明建设年度评价结果公报》，公布了 2016 年河南省各省辖市、省直管县（市）生态文明建设年度评价结果（见表 3—25，表 3—26，表 3—27 和表 3—28）。[①]

表 3—25　2016 年河南省各省辖市生态文明建设年度评价结果排序

地区	绿色发展指数	资源利用指数	环境治理指数	治理能力指数	生态保护指数	增长质量指数	绿色生活指数	公众满意程度/%
济源	1	5	3	1	2	4	2	1
郑州	2	12	4	2	5	1	1	15
洛阳	3	15	6	4	4	3	3	8
许昌	4	4	7	7	10	2	13	2
平顶山	5	14	1	3	14	8	9	14
南阳	6	13	2	13	3	9	14	16
新乡	7	9	8	8	12	5	12	7
安阳	8	7	11	5	6	10	7	12
开封	9	16	10	6	9	7	5	17
三门峡	10	6	12	9	1	15	16	11
驻马店	11	1	15	12	13	12	17	10
焦作	12	3	14	10	7	6	8	9
鹤壁	13	11	9	11	16	17	10	3
信阳	14	17	5	18	8	14	18	13

① 省统计局、省发展和改革委、省环境保护厅、省委组织部：《2016 年河南省生态文明建设年度评价结果公报》，河南省人民政府网，2019 年 12 月 30 日。http：//www.henan.gov.cn/2019/12－30/1150527.html.

续　表

地区	绿色发展指数	资源利用指数	环境治理指数	治理能力指数	生态保护指数	增长质量指数	绿色生活指数	公众满意程度/%
周口	15	10	13	14	15	16	15	18
漯河	16	2	16	16	18	18	4	4
商丘	17	8	17	17	11	11	11	6
濮阳	18	18	18	15	17	13	6	5

注：本表中各省辖市按照绿色发展指数值从大到小排序。若存在并列情况，则下一个地区排序向后递延。

表 3—26　2016 年河南省各省辖市生态文明建设年度评价结果

地区	绿色发展指数	资源利用指数	环境治理指数	治理能力指数	生态保护指数	增长质量指数	绿色生活指数	公众满意程度/%
郑州	81.53	75.21	83.55	90.18	73.42	90.89	84.88	69.61
开封	77.44	73.54	80.30	85.03	69.46	78.05	79.92	68.46
洛阳	79.47	73.86	82.71	86.69	73.78	82.50	81.04	72.64
平顶山	79.10	74.02	84.91	89.54	66.65	78.03	76.88	69.74
安阳	78.13	76.45	79.95	85.15	72.36	75.79	79.06	70.62
鹤壁	76.46	75.58	80.34	85.45	65.86	69.86	76.55	77.01
新乡	78.43	76.30	81.49	84.74	68.14	80.33	75.64	72.97
焦作	77.10	77.44	76.45	83.86	70.82	79.30	77.31	72.43
濮阳	73.31	72.64	73.69	76.89	65.44	73.20	79.77	75.32
许昌	79.36	77.30	81.87	84.82	69.24	84.47	75.38	78.17
漯河	74.49	77.74	75.27	74.51	61.15	69.80	79.98	76.47
三门峡	77.36	76.95	78.68	84.69	78.92	70.75	72.84	70.97
南阳	78.86	74.83	84.17	80.46	74.91	77.52	73.64	69.49
商丘	74.43	76.44	73.71	73.39	68.78	75.72	76.08	73.60
信阳	75.73	72.75	82.76	67.51	69.96	72.97	71.19	70.23
周口	74.99	75.68	77.55	79.21	66.03	70.14	73.18	64.33
驻马店	77.20	82.91	76.20	81.44	67.02	74.11	72.78	72.10
济源	81.67	77.26	83.98	93.87	77.84	81.28	81.14	82.46

表3—27 2016年河南省各省直管县（市）生态文明建设年度评价结果排序

地区	绿色发展指数	资源利用指数	环境治理指数	治理能力指数	生态保护指数	增长质量指数	绿色生活指数	公众满意程度/%
汝州	1	1	1	1	6	3	9	4
巩义	2	6	4	5	3	2	7	2
永城	3	7	2	6	4	6	2	3
兰考	4	3	9	2	1	4	4	5
滑县	4	4	3	7	8	5	5	7
长垣	6	10	7	4	2	1	3	1
鹿邑	7	5	8	3	5	6	8	6
固始	8	8	5	8	7	8	1	10
邓州	9	9	6	9	9	9	6	8
新蔡	10	2	10	10	10	10	10	9

注：本表中各省直管县（市）按照绿色发展指数从大到小排序。若存在并列情况，则下一个地区排序向后递延。

表3—28 2016年河南省各省直管县（市）生态文明建设年度评价结果

地区	绿色发展指数	资源利用指数	环境治理指数	治理能力指数	生态保护指数	增长质量指数	绿色生活指数	公众满意程度/%
巩义	77.59	76.20	77.68	87.02	69.88	84.14	74.44	83.48
兰考	76.22	80.12	71.24	91.62	72.17	76.16	76.29	76.84
汝州	79.80	82.1	79.6	99.74	65.45	80.62	69.94	78.42
滑县	76.22	77.15	77.79	85.84	65.00	72.11	74.98	71.08
长垣	75.33	71.34	73.58	89.74	70.58	85.77	77.56	84.96
邓州	72.72	72.43	73.89	82.57	61.89	70.69	74.48	69.16
永城	76.47	76.18	77.82	86.42	67.38	72.07	78.28	81.83
固始	74.27	73.04	75.55	82.88	65.18	70.98	79.62	66.45
鹿邑	74.41	76.82	73.03	89.91	66.57	72.07	70.19	74.13
新蔡	72.41	81.68	68.80	79.83	60.55	68.53	67.20	68.15

十、湖北省

2018年2月8日，湖北省统计局、省发展和改革委、省环境保护厅、省委组织部联合发布了《2016年湖北省生态文明建设年度评价结果公报》，公布了2016年湖北省各市、州、省直管市、神农架林区生态文明建设年度评价结果（见表3—29，表3—30）。[①]

表3—29 2016年度湖北省各市州生态文明建设年度评价结果排序

地区	绿色发展指数	资源利用指数	环境治理指数	治理能力指数	生态保护指数	增长质量指数	绿色生活指数	公众满意程度/%
宜昌市	1	2	2	12	5	2	8	3
十堰市	2	12	5	8	2	4	9	2
神农架林区	3	1	17	1	1	12	16	1
武汉市	4	3	4	14	17	1	2	14
仙桃市	5	10	6	9	7	8	3	15
天门市	6	5	14	4	11	10	1	6
孝感市	7	7	3	7	13	6	14	16
鄂州市	8	11	7	15	10	9	6	5
潜江市	9	6	13	11	14	5	4	13
荆门市	10	14	1	17	12	7	7	12
荆州市	11	9	12	16	4	15	5	9
襄阳市	12	15	8	10	16	3	13	7
黄石市	13	13	9	13	15	11	12	10
咸宁市	14	17	11	2	6	17	10	8
恩施市	15	4	16	3	3	16	17	4
随州市	16	16	10	6	8	14	11	17
黄冈市	17	8	15	5	9	13	15	11

① 省统计局、省发展和改革委、省环境保护厅、省委组织部：《2016年湖北省生态文明建设年度评价结果公报》，湖北省生态环境厅官网，2018年2月8日。http：//sthjt.hubei.gov.cn/fbjd/tzgg/201802/t20180208_590209.shtml.

表 3—30　2016 年度湖北省各市州生态文明建设年度评价结果

地区	绿色发展指数	资源利用指数	环境治理指数	治理能力指数	生态保护指数	增长质量指数	绿色生活指数	公众满意程度/%
武汉市	82.92	87.07	89.24	82.15	64.67	86.24	85.98	67.27
黄石市	79.99	83.07	87.36	82.59	68.76	75.97	73.9	69.29
十堰市	83.44	83.15	88.89	84.01	82.59	81.62	75.65	77.13
宜昌市	84.64	87.35	92.8	83.09	77.63	83.22	76.53	74.28
襄阳市	80.14	81.02	87.58	83.58	67.93	82.3	76.62	69.93
鄂州市	81.39	83.37	88	81.97	72.98	77.81	78.96	71.52
荆门市	81.05	82.43	92.92	77.32	72.27	79.06	77.36	68.2
孝感市	82.16	85.26	90.37	85.09	71.83	79.39	70.82	63.83
荆州市	80.58	83.77	84.12	78.51	77.96	73.8	79.87	69.6
黄冈市	78.66	84.75	73.89	85.25	72.99	74.55	70.69	68.79
咸宁市	79.94	77.41	84.57	89.55	76.73	70	75.34	69.78
随州市	79.71	79.35	85.38	85.16	73.09	74.51	75.27	63.05
恩施市	79.81	85.71	72.62	88.73	78.74	71.77	69.31	73.97
仙桃市	82.89	83.56	88.83	83.89	76.21	78.2	83.24	66.14
潜江市	81.38	85.27	84	83.19	69.5	80.47	81.61	67.65
天门市	82.26	85.47	83.05	85.48	72.73	76.34	87.04	70.7
神农架林区	83.11	92.15	64.89	94.17	89.09	74.56	69.8	84.94

十一、湖南省

2018 年 3 月 16 日，湖南省统计局、省发展和改革委、省环境保护厅、省委组织部、长株潭两型试验区管委会联合发布了《2016 年市州生态文明建设年度评价结果公报》，公布了 2016 年湖南省各市州生态文明建设年度评价结果（见表 3—31，表 3—32）。[①]

① 省统计局、省发展和改革委、省环境保护厅、省委组织部、长株潭两型试验区管委会：《2016 年市州生态文明建设年度评价结果公报》，湖南省统计局官网，2018 年 3 月 16 日。http://tjj.hunan.gov.cn/hntj/tjfx/tjgb/qttj/201803/t20180316_4973088.html.

表 3—31　2016 年湖南省生态文明建设年度评价结果

地区	绿色发展指数	资源利用指数	环境治理指数	治理能力指数	生态保护指数	增长质量指数	绿色生活指数	公众满意程度/%
长沙	81.29	78.58	86.33	80.63	68.13	90.94	87.55	82.81
株洲	81.15	79.35	81.95	87.48	71.76	83.99	82.87	87.53
湘潭	81.87	79.12	88.50	88.86	66.91	84.09	83.03	90.70
衡阳	80.15	80.73	88.19	85.78	67.71	77.78	73.01	83.49
邵阳	77.16	79.97	74.94	84.76	75.98	67.98	71.67	85.91
岳阳	77.83	75.72	84.91	81.73	70.14	75.49	77.66	91.24
常德	80.99	85.35	84.48	83.34	71.07	76.21	76.24	92.57
张家界	79.27	78.72	77.41	91.99	78.74	72.63	69.89	91.89
益阳	76.01	73.04	83.08	73.64	78.75	72.47	77.37	89.57
郴州	83.68	81.37	85.05	90.73	86.20	79.83	76.66	92.25
永州	80.04	78.46	83.09	93.15	78.25	69.19	71.21	91.32
怀化	81.78	79.88	86.77	96.13	77.29	69.66	73.46	91.50
娄底	79.80	80.74	83.08	93.01	70.04	69.87	72.27	80.31
湘西土家族苗族自治州	77.69	78.45	73.72	93.76	81.52	64.16	64.75	90.98

表 3—32　2016 年湖南省生态文明建设年度评价结果排序

地区	绿色发展指数	资源利用指数	环境治理指数	治理能力指数	生态保护指数	增长质量指数	绿色生活指数	公众满意程度/%
郴州	1	2	5	6	1	4	6	2
湘潭	2	8	1	7	14	2	2	8
怀化	3	6	3	1	6	11	8	4
长沙	4	10	4	13	12	1	1	13
株洲	5	7	11	8	8	3	3	10
常德	6	1	7	11	9	6	7	1
衡阳	7	4	2	9	13	5	9	12
永州	8	11	8	3	5	12	12	5
娄底	9	3	9	4	11	10	10	14
张家界	10	9	12	5	4	8	13	3

续 表

地区	绿色发展指数	资源利用指数	环境治理指数	治理能力指数	生态保护指数	增长质量指数	绿色生活指数	公众满意程度/%
岳阳	11	13	6	12	10	7	4	6
湘西土家族苗族自治州	12	12	14	2	2	14	14	7
邵阳	13	5	13	10	7	13	11	11
益阳	14	14	10	14	3	9	5	9

注：本表中各市州按照绿色发展指数值从大到小排序。若存在并列情况，则下一个地区排序向后递延。

十二、广东省

2018年10月8日，广东省统计局、省发展和改革委、省环境保护厅、省委组织部联合发布了《2016年广东省生态文明建设年度评价结果公报》，公布了2016年广东省各地级以上市生态文明建设年度评价结果（见表3—33，表3—34）。[①]

表3—33　2016年广东省各地级以上市生态文明建设年度评价结果排序

地区	绿色发展指数	资源利用指数	环境治理指数	治理能力指数	生态保护指数	增长质量指数	绿色生活指数
深圳	1	2	1	19	7	1	2
梅州	2	1	2	2	10	16	14
河源	3	3	12	1	1	10	21
珠海	4	10	4	12	15	4	5
中山	5	6	5	11	20	5	3
韶关	6	16	7	3	3	13	13
惠州	7	19	10	9	2	7	8

① 省统计局、省发展和改革委、省环境保护厅、省委组织部：《2016年广东省生态文明建设年度评价结果公报》，广东统计信息网，2018年10月8日。http://stats.gd.gov.cn/tjgb/content/post_1430135.html.

续　表

地区	绿色发展指数	资源利用指数	环境治理指数	治理能力指数	生态保护指数	增长质量指数	绿色生活指数
东莞	8	8	3	20	16	2	4
广州	9	11	8	18	18	3	1
江门	10	15	6	15	12	8	11
汕尾	11	7	17	6	4	14	15
茂名	12	13	11	4	6	15	20
汕头	13	4	15	13	19	11	6
清远	14	17	13	10	5	9	10
云浮	15	5	16	7	14	19	16
佛山	16	14	9	17	21	6	7
肇庆	17	18	14	16	8	20	9
阳江	18	20	19	5	9	18	18
潮州	19	12	21	14	11	12	19
湛江	20	21	18	8	17	17	12
揭阳	21	9	20	21	13	21	17

表 3—34　2016 年广东省各地级以上市生态文明建设年度评价结果

地区	绿色发展指数	资源利用指数	环境治理指数	治理能力指数	生态保护指数	增长质量指数	绿色生活指数
广州	81.23	82.63	84.44	80.23	72.66	81.90	88.70
深圳	84.68	86.50	91.22	78.40	79.67	89.84	85.06
珠海	83.30	83.09	87.72	89.26	76.09	81.32	79.40
汕头	80.65	85.91	78.45	88.47	70.97	71.51	78.86
佛山	78.76	81.60	83.43	80.68	67.94	79.41	76.97
韶关	82.40	80.26	85.55	94.43	81.73	70.70	72.11
河源	84.02	85.94	80.60	98.12	84.81	72.19	65.76
梅州	84.65	86.74	90.20	96.41	78.71	68.76	70.78
惠州	81.73	78.14	82.86	90.48	81.94	79.11	75.97
汕尾	81.01	84.82	74.16	92.24	80.56	70.02	70.23

续 表

地区	绿色发展指数	资源利用指数	环境治理指数	治理能力指数	生态保护指数	增长质量指数	绿色生活指数
东莞	81.49	83.99	88.40	75.34	75.52	87.62	79.50
中山	82.63	85.26	87.08	89.28	68.73	80.31	80.54
江门	81.05	81.30	86.23	86.66	77.03	73.35	75.02
阳江	78.00	77.56	72.05	92.48	78.82	68.15	68.93
湛江	76.11	73.48	72.85	90.62	73.95	68.48	72.34
茂名	80.91	81.69	81.30	92.49	79.94	69.13	67.74
肇庆	78.70	78.96	79.48	85.26	79.16	65.87	75.57
清远	80.61	79.13	79.74	90.34	80.47	73.14	75.07
潮州	77.92	81.87	70.76	86.90	77.12	70.79	68.76
揭阳	75.88	83.92	71.92	75.27	76.51	65.19	68.95
云浮	80.59	85.86	77.25	91.09	76.40	67.02	69.72

十三、重庆市

2018 年 7 月 13 日，重庆市统计局、市发展和改革委、市环境保护局、市委组织部联合发布了《2016 年重庆市生态文明建设年度评价结果公报》，公布了 2016 年重庆市各区县（自治县）生态文明建设年度评价结果（见表 3—35，表 3—36）。[①]

表 3—35　2016 年重庆市生态文明建设年度评价结果排序

地区	绿色发展指数	资源利用指数	环境治理指数	治理能力指数	生态保护指数	增长质量指数	绿色生活指数	公众满意程度/%
武隆区	1	3	10	1	4	25	21	3
九龙坡区	2	2	1	38	36	5	3	31

① 市统计局、市发展和改革委、市环境保护局、市委组织部：《2016 年重庆市生态文明建设年度评价结果公报》，重庆市统计局官网，2019 年 5 月 29 日。http：//tjj.cq.gov.cn/zwgk_233/fdzdgknr/tjxx/sjjd_55469/202002/t20200219_5273917.html.

续　表

地区	绿色发展指数	资源利用指数	环境治理指数	治理能力指数	生态保护指数	增长质量指数	绿色生活指数	公众满意程度/%
南岸区	3	6	5	22	32	6	4	36
涪陵区	4	14	3	19	9	11	16	38
酉阳县	5	8	15	12	5	28	12	27
石柱县	6	23	7	17	3	23	22	13
江北区	7	36	18	15	20	3	1	29
沙坪坝区	8	32	8	31	10	1	9	26
巴南区	9	9	16	24	27	9	6	30
长寿区	10	4	6	29	28	15	15	16
渝北区	11	28	4	26	25	8	7	28
大渡口区	12	19	11	23	37	2	2	23
丰都区	13	17	9	9	12	20	29	19
北碚区	14	34	12	20	18	4	5	34
垫江县	15	5	14	28	29	16	11	24
江津区	16	1	36	34	17	12	26	14
奉节县	17	27	19	13	14	21	28	24
綦江区	18	12	25	16	15	19	30	35
梁平区	19	10	13	25	23	26	27	12
永川区	20	15	2	37	26	13	24	32
彭水县	21	22	29	4	7	29	38	21
巫山县	22	20	26	5	11	27	36	15
云阳县	23	29	30	2	13	33	20	10
南川区	24	30	17	27	8	24	14	4
忠县	25	31	22	14	22	22	18	5
开州区	26	16	31	6	19	31	34	9
秀山县	27	33	23	11	16	32	23	20
渝中区	28	26	34	10	38	7	10	33
潼南区	29	18	20	18	33	34	25	8

续 表

地区	绿色发展指数	资源利用指数	环境治理指数	治理能力指数	生态保护指数	增长质量指数	绿色生活指数	公众满意程度/%
璧山区	30	11	28	33	35	10	8	2
万州区	31	24	24	30	21	14	19	37
黔江区	32	38	32	3	2	35	13	7
巫溪县	33	35	27	8	6	38	32	11
合川区	34	25	38	21	34	18	17	1
城口县	35	37	33	7	1	37	37	22
荣昌区	36	13	21	35	30	17	35	16
铜梁区	37	7	37	36	24	36	33	6
大足区	38	21	35	32	31	30	31	18

注：本表中各区（县）按照绿色发展指数值从大到小排序。若存在并列情况，则下一个地区排序向后递延。

表 3—36　2016 年重庆市生态文明建设年度评价结果

地区	绿色发展指数	资源利用指数	环境治理指数	治理能力指数	生态保护指数	增长质量指数	绿色生活指数	公众满意程度/%
万州区	76.73	76.60	74.68	85.98	71.15	75.38	71.41	85.89
黔江区	76.37	69.63	72.06	95.73	78.86	67.83	74.50	93.91
涪陵区	80.37	78.41	82.18	91.48	74.16	76.44	73.80	84.20
渝中区	77.13	76.42	71.63	93.53	60.00	80.02	75.89	86.80
大渡口区	78.94	76.90	78.66	89.02	62.34	85.75	80.03	89.46
江北区	79.33	72.61	77.17	92.92	71.27	83.68	84.29	88.17
沙坪坝区	79.22	75.28	79.15	85.07	73.87	87.98	77.44	89.17
九龙坡区	80.43	83.62	86.62	79.35	63.68	81.79	79.98	87.46
南岸区	80.38	79.79	81.92	89.10	65.99	81.50	79.15	86.06
北碚区	78.82	73.30	78.37	91.01	71.89	82.30	79.03	86.63
渝北区	79.01	76.06	82.10	87.67	69.41	78.89	78.19	88.49
巴南区	79.18	79.17	77.27	88.83	68.57	78.07	78.22	87.80
长寿区	79.14	80.56	81.71	86.49	68.04	74.18	74.34	90.91

续　表

地区	绿色发展指数	资源利用指数	环境治理指数	治理能力指数	生态保护指数	增长质量指数	绿色生活指数	公众满意程度/%
江津区	78.38	84.38	71.52	84.23	72.37	76.19	69.87	91.51
合川区	76.11	76.42	71.42	89.91	65.81	73.28	72.62	97.31
永川区	77.60	77.63	84.42	81.55	68.84	75.93	70.06	87.06
南川区	77.47	75.66	77.23	87.37	74.88	71.07	74.50	94.69
綦江区	78.10	78.51	74.01	92.53	72.73	72.69	68.65	86.09
大足区	74.48	76.72	71.61	84.81	66.16	69.18	68.24	90.37
璧山区	76.92	78.54	73.43	84.69	64.42	77.31	77.98	96.17
铜梁区	75.24	79.67	71.46	82.67	69.95	67.81	67.63	93.94
潼南区	77.03	76.97	77.11	92.24	65.93	68.66	69.99	93.80
荣昌区	76.01	78.43	76.28	83.23	67.00	73.41	67.52	90.91
开州区	77.23	77.34	72.64	94.31	71.64	69.13	67.59	92.91
梁平区	77.78	78.86	78.30	88.21	70.22	70.73	69.82	91.74
武隆区	81.09	80.93	78.12	96.23	77.68	71.07	71.27	95.14
城口县	76.04	71.55	71.70	94.09	81.75	66.97	66.22	89.51
丰都县	78.88	77.01	79.21	93.78	73.26	72.63	69.04	90.11
垫江县	78.41	80.09	77.94	86.62	67.97	73.52	75.80	89.20
忠县	77.40	75.36	75.83	93.03	70.73	71.17	71.42	94.29
云阳县	77.50	75.81	72.71	95.74	72.84	68.71	71.36	92.23
奉节县	78.12	76.36	77.11	93.35	72.75	71.47	69.79	89.20
巫山县	77.56	76.90	73.69	94.58	73.57	69.55	67.25	90.94
巫溪县	76.25	72.76	73.65	94.05	76.72	66.32	67.72	92.06
石柱县	79.50	76.65	81.11	92.45	78.50	71.11	70.76	91.63
秀山县	77.21	74.86	75.69	93.42	72.54	69.06	70.56	90.00
酉阳县	79.97	79.36	77.28	93.35	76.99	69.50	75.47	89.09
彭水县	77.56	76.67	73.25	95.38	76.14	69.37	64.31	89.94

十四、云南省

2018 年 5 月 25 日，云南省统计局、省发展和改革委、省环境保护厅、省委组织部联合发布了《2016 年云南省生态文明建设年度评价结果公报》，公布了 2016 年云南省各州（市）生态文明建设年度评价结果（见表 3—37，表 3—38）。①

表 3—37 2016 年云南省各州（市）生态文明建设年度评价结果排序

地区	绿色发展指数	资源利用指数	环境治理指数	治理能力指数	生态保护指数	增长质量指数	绿色生活指数
昆明	1	1	1	14	10	1	1
西双版纳	2	4	12	8	3	4	3
德宏	3	5	9	10	4	7	2
临沧	4	2	15	4	14	10	6
怒江	5	11	16	1	1	8	12
迪庆	6	16	11	2	2	5	10
楚雄	7	6	10	12	12	2	8
保山	8	13	5	6	9	11	4
文山	9	9	2	3	16	3	14
普洱	10	10	7	5	6	13	15
昭通	11	3	8	11	11	16	16
玉溪	12	7	13	13	7	14	5
红河	13	8	3	16	13	6	9
丽江	14	15	6	9	8	15	13
大理	15	12	4	15	5	12	7
曲靖	16	14	14	7	15	9	11

注：本表中各州（市）按照绿色发展指数值从大到小排序。若存在并列情况，则下一个地区排序向后递延。

① 省统计局、省发展和改革委、省环境保护厅、省委组织部：《2016 年云南省生态文明建设年度评价结果公报》，云南省统计局官网，2018 年 5 月 25 日。http：//stats. yn. gov. cn/tjsj/tjgb/201805/t20180525 _ 751161. html.

表 3—38　2016 年云南省各州（市）生态文明建设年度评价结果

地区	绿色发展指数	资源利用指数	环境治理指数	治理能力指数	生态保护指数	增长质量指数	绿色生活指数
昆明	83.63	83.81	93.61	80.71	73.48	93.47	79.91
曲靖	76.27	72.80	76.56	92.79	66.83	72.57	73.10
玉溪	77.89	78.76	77.54	83.47	76.62	68.66	75.81
保山	79.04	73.15	82.47	93.56	74.88	72.14	75.87
昭通	78.35	81.57	78.62	88.64	73.42	64.24	69.16
丽江	76.78	72.05	79.70	89.71	75.33	67.32	71.89
普洱	78.77	74.56	79.47	94.58	77.00	69.47	70.56
临沧	80.22	82.62	74.67	94.74	72.11	72.49	74.63
楚雄	79.06	79.77	78.23	86.95	73.18	77.52	74.11
红河	76.81	77.30	85.09	75.25	72.93	73.91	73.70
文山	78.96	75.80	85.22	95.02	65.99	75.81	70.84
西双版纳	82.04	81.09	77.60	91.28	84.18	74.25	77.85
大理	76.59	73.71	82.52	79.26	77.40	70.66	74.26
德宏	81.06	79.98	78.55	88.88	82.25	73.58	78.22
怒江	79.73	73.76	67.14	96.06	91.43	73.34	72.89
迪庆	79.48	70.56	77.69	95.49	84.90	74.15	73.45

十五、西藏自治区

2018 年 6 月 7 日，西藏自治区统计局、区发展和改革委、区环境保护厅、区党委组织部联合发布了《2016 年西藏自治区七市地生态文明建设年度评价结果公报》，公布了 2016 年西藏自治区各市地生态文明建设年度评价结果（见表 3—39，表 3—40）。①

① 区统计局、区发展和改革委、区环境保护厅、区党委组织部：《2016 年西藏自治区七市地生态文明建设年度评价结果公报》，西藏自治区人民政府网，2018 年 6 月 7 日。http://www.xizang.gov.cn/zwgk/zdxxlygk/hjbhhbdc/201902/t20190223_66166.html.

表 3—39 西藏自治区各市地 2016 年生态文明建设年度评价结果排序

地区	绿色发展指数	资源利用指数	环境治理指数	治理能力指数	生态保护指数	增长质量指数	绿色生活指数	公众满意程度/%
林芝	1	2	1	3	1	2	2	1
山南	2	4	2	6	3	4	4	2
拉萨	3	5	3	4	7	1	1	6
日喀则	4	1	5	2	2	5	5	3
阿里	5	3	7	1	5	6	6	7
昌都	6	6	6	5	6	7	3	4
那曲	7	7	4	7	4	3	7	5

表 3—40 西藏自治区各市地 2016 年生态文明建设年度评价结果

地区	绿色发展指数	资源利用指数	环境治理指数	治理能力指数	生态保护指数	增长质量指数	绿色生活指数	公众满意程度/%
林芝	90.96	88.26	98.83	96.30	86.83	83.54	86.90	90.53
山南	87.98	87.31	98.21	93.76	81.44	72.81	82.66	89.86
拉萨	87.54	80.55	97.95	94.59	74.21	89.49	97.06	82.15
日喀则	87.34	88.29	93.63	97.45	82.77	70.44	73.36	89.73
阿里	85.46	87.48	91.64	99.95	76.77	69.97	64.94	82.13
昌都	82.64	77.33	91.82	94.07	76.38	65.33	84.32	89.14
那曲	81.63	76.86	95.32	85.00	80.36	82.35	64.63	85.18

十六、陕西省

2018 年 10 月 8 日，陕西省统计局、省发展和改革委、省环境保护厅、省委组织部联合发布了《2016 年陕西生态文明建设年度评价结果公报》，公布了 2016 年陕西省各市（区）生态文明建设年度评价结果（见表 3—41，表 3—42）。[①]

① 省统计局、省发展和改革委、省环境保护厅、省委组织部：《2016 年陕西生态文明建设年度评价结果公报》，陕西省统计局官网，2018 年 10 月 8 日。http：//tjj.shaanxi.gov.cn/site/1/html/126/132/141/18645.htm.

表 3—41 2016 年陕西省各市（区）生态文明建设年度评价结果排序

地区	绿色发展指数	资源利用指数	环境治理指数	治理能力指数	生态保护指数	增长质量指数	绿色生活指数
西安	1	5	1	11	7	1	1
安康	2	1	7	1	1	6	10
汉中	3	4	9	4	2	3	2
宝鸡	4	6	2	6	3	4	6
咸阳	5	2	3	8	6	10	3
商洛	6	3	10	2	4	7	9
榆林	7	10	8	3	5	9	8
铜川	8	8	5	7	8	5	4
延安	9	9	6	5	9	11	11
渭南	10	7	4	10	10	8	7
杨凌	11	11	11	9	11	2	5

表 3—42 2016 年陕西省各市（区）生态文明建设年度评价结果

地区	绿色发展指数	资源利用指数	环境治理指数	治理能力指数	生态保护指数	增长质量指数	绿色生活指数
西安	85.11	83.28	93.49	68.21	86.22	97.28	81.81
铜川	79.14	79.03	81.81	75.97	85.65	73.43	77.39
宝鸡	83.76	82.99	89.52	83.86	94.00	74.84	76.67
咸阳	81.14	85.68	86.67	75.45	89.18	71.02	79.13
渭南	77.22	81.21	82.58	72.58	81.69	71.70	73.53
延安	77.75	77.80	81.52	84.38	85.48	66.18	70.84
汉中	84.21	83.45	75.75	91.14	98.29	76.32	79.87
榆林	79.57	73.97	79.20	91.32	89.23	71.07	72.96
安康	84.35	90.42	79.65	93.07	99.15	72.33	70.92
商洛	81.06	84.10	73.39	92.95	91.48	71.92	72.04
杨凌	76.30	72.18	68.84	74.71	75.92	88.00	77.30

十七、甘肃省

2018年2月7日，甘肃省统计局、省发展和改革委、省环境保护厅、省委组织部联合发布了《2016年生态文明建设年度评价结果公报》，公布了2016年甘肃省各市、州生态文明建设年度评价结果（见表3—43，表3—44）。①

表4—43　2016年甘肃省生态文明建设年度评价结果排序

地区	绿色发展指数	资源利用指数	环境治理指数	治理能力指数	生态保护指数	增长质量指数	绿色生活指数	公众满意程度/%
临夏	1	1	5	1	7	8	10	5
嘉峪关	2	8	2	5	10	2	1	1
张掖	3	4	7	4	3	9	5	3
金昌	4	3	9	3	6	5	8	4
兰州	5	5	1	11	12	1	2	14
白银	6	2	6	8	9	6	11	12
陇南	7	11	14	2	1	7	14	9
平凉	8	9	3	13	5	14	4	7
定西	9	10	11	7	11	11	9	6
甘南	10	12	13	6	2	13	12	2
酒泉	11	14	4	9	14	4	3	8
武威	12	7	10	10	13	10	7	13
天水	13	6	7	14	8	3	6	10
庆阳	14	13	12	12	4	12	13	11

注：本表中各市（州）按照绿色发展指数值从高到低排序。若存在并列情况，则下一个地区排序向后递延。

① 省统计局、省发展和改革委、省环境保护厅、省委组织部：《2016年生态文明建设年度评价结果公报》，甘肃省统计局官网，2018年2月7日。http：//tjj.gansu.gov.cn/HdApp/HdBas/HdClsContentDisp.asp？Id=12281.

表 3—44 2016 年甘肃省生态文明建设年度评价结果

地区	绿色发展指数	资源利用指数	环境治理指数	治理能力指数	生态保护指数	增长质量指数	绿色生活指数	公众满意程度/%
兰州	81.33	80.75	86.58	84.4	67.71	87.15	86.76	71.05
嘉峪关	81.95	78.11	83.34	93.82	68.71	86.03	87.34	91.11
金昌	81.55	83.09	77.35	94.57	74.08	76.11	76.53	85.57
白银	80.86	85.6	77.49	90.51	72.16	75.53	73.24	73.04
天水	77.2	80.01	77.36	74.86	72.55	80.42	78.78	81.59
武威	77.68	78.93	76.9	87.7	67.52	74.13	76.63	72.51
张掖	81.75	81.58	77.36	94.23	77.22	74.48	80.14	87.45
平凉	77.94	77.87	79.18	80.36	76.87	68.19	83.26	83.82
酒泉	77.79	73.98	78.47	88.34	66.71	80.25	84.84	83.15
庆阳	75.61	75.21	72.13	83.35	76.91	69.57	71.32	78.5
定西	77.9	77.18	76.02	92.62	68.53	71.94	76.3	84.42
陇南	79.04	76.84	65.75	94.58	87.18	74.63	67.91	81.83
临夏	82.77	88.05	77.99	94.97	72.92	74.56	75.67	84.98
甘南	77.85	76.06	70.68	93.04	79.1	68.27	72.63	89.25

十八、青海省

2018 年 4 月 13 日，青海省统计局、省发展和改革委、省环境保护厅、省委组织部联合发布了《2016 年青海省各市（州）绿色发展年度评价结果公报》，公布了 2016 年青海省各市（州）绿色发展年度评价结果（见表 3—45，表 3—46）。[①]

① 省统计局、省发展和改革委、省环境保护厅、省委组织部：《2016 年青海省各市（州）绿色发展年度评价结果公报》，青海省统计局官网，2018 年 4 月 17 日。http：//tjj. qinghai. gov. cn/tjData/yearBulletin/201804/t20180417 _ 53605. html.

表 3—45 2016 年青海省各市（州）绿色发展年度评价结果排序

地区	绿色发展指数	资源利用指数	环境治理指数	治理能力指数	生态保护指数	增长质量指数	绿色生活指数	公众满意程度/%
海南州	1	4	5	2	2	3	5	1
黄南州	2	2	1	6	3	6	6	2
西宁市	3	1	2	8	5	1	2	3
海东市	4	3	6	7	4	4	4	8
海北州	5	6	4	4	7	5	3	6
海西州	6	5	7	3	8	2	1	7
果洛州	7	7	3	5	1	7	8	4
玉树州	8	8	8	1	6	8	7	5

注：本表中各市（州）按照绿色发展指数值从高到低排序。

表 3—46 2016 年青海省各市（州）绿色发展年度评价结果

地区	绿色发展指数	资源利用指数	环境治理指数	治理能力指数	生态保护指数	增长质量指数	绿色生活指数	公众满意程度/%
海南州	81.68	80.06	76.35	96.03	82.77	78.51	72.26	94.46
黄南州	81.24	82.71	86.27	87.36	82.58	67.99	67.62	93.50
西宁市	79.98	83.19	80.52	65.80	80.55	89.03	84.00	90.24
海东市	79.86	80.92	75.24	86.21	80.57	74.24	77.84	86.07
海北州	79.20	73.62	77.85	92.61	79.15	74.08	81.16	86.47
海西州	79.09	77.16	73.54	93.62	64.22	86.46	84.17	86.14
果洛州	76.63	72.34	78.06	89.70	85.72	67.66	60.00	88.94
玉树州	75.11	70.54	68.12	99.46	79.91	62.30	64.56	88.94

2019 年 4 月 1 日，青海省统计局、省发展和改革委、省生态环境厅、省委组织部联合发布了《2017 年青海省各市州生态文明建设年度评价结果公报》，公布了 2017 年青海省各市州生态文明建设年度评价结果（见表 3—47，表 3—48）。[①]

① 省统计局、省发展和改革委、省生态环境厅、省委组织部：《2017 年青海省各市州生态文明建设年度评价结果公报》，青海省统计局官网，2019 年 4 月 1 日。http：//tjj.qinghai.gov.cn/tj-Data/yearBulletin/201904/t20190401_60363.html.

表 3—47　2017 年青海省各市州生态文明建设年度评价结果排序

地区	绿色发展指数	资源利用指数	环境治理指数	治理能力指数	生态保护指数	增长质量指数	绿色生活指数	公众满意程度/%
黄南州	1	1	3	2	4	4	7	8
西宁市	2	4	1	8	6	1	1	4
海北州	3	5	6	4	7	6	2	1
海南州	4	7	2	5	2	3	6	3
海东市	5	2	4	7	5	5	3	7
玉树州	6	6	7	1	3	7	5	2
海西州	7	3	5	6	8	2	4	5
果洛州	8	8	8	3	1	8	8	6

注：本表中各市州按照绿色发展指数值从高到低排序。

表 3—48　2017 年青海省各市州生态文明建设年度评价结果

地区	绿色发展指数	资源利用指数	环境治理指数	治理能力指数	生态保护指数	增长质量指数	绿色生活指数	公众满意程度/%
黄南州	82.71	82.54	82.66	98.80	80.16	74.71	66.23	87.50
西宁市	80.78	75.15	85.10	79.46	79.63	93.28	83.25	92.71
海北州	79.70	74.19	78.21	96.76	77.73	73.53	78.94	94.49
海南州	79.54	70.14	83.70	96.73	82.05	77.40	70.44	93.25
海东市	78.97	79.85	80.12	81.21	79.83	73.80	73.83	88.13
玉树州	78.34	71.16	75.81	99.76	80.66	71.44	71.39	93.50
海西州	77.12	75.91	78.49	89.47	61.95	84.23	72.25	92.67
果洛州	76.79	67.75	68.96	98.65	90.45	71.43	66.10	91.46

2020 年 1 月 20 日，青海省统计局、省发展和改革委、省生态环境厅、省委组织部联合发布了《2018 年青海省各市州生态文明建设年度评价结果公报》，公布了 2018 年青海省各市州生态文明建设年度评价结果（见表 3—49，表 3—50）。[①]

① 省统计局、省发展和改革委、省生态环境厅、省委组织部：《2018 年青海省各市州生态文明建设年度评价结果公报》，青海省统计局官网，2020 年 1 月 20 日。http://tjj.qinghai.gov.cn/tjData/yearBulletin/202001/t20200120_64896.html.

表 3—49 2018 年青海省各市州生态文明建设年度评价结果排序

地区	绿色发展指数	资源利用指数	环境治理指数	治理能力指数	生态保护指数	增长质量指数	绿色生活指数	公众满意程度/%
西宁市	1	1	2	8	6	1	1	3
海南州	2	3	4	4	2	3	4	5
海西州	3	5	1	6	8	2	5	7
海北州	4	6	5	5	3	4	2	4
海东市	5	2	3	7	5	5	3	6
黄南州	6	4	6	3	4	6	6	8
果洛州	7	7	7	2	1	7	8	2
玉树州	8	8	8	1	7	8	7	1

注：本表中各市州按照绿色发展指数值从高到低排序。

表 3—50 2018 年青海省各市州生态文明建设年度评价结果

地区	绿色发展指数	资源利用指数	环境治理指数	治理能力指数	生态保护指数	增长质量指数	绿色生活指数	公众满意程度/%
西宁市	83.65	85.75	82.70	77.11	77.61	93.17	89.78	93.47
海南州	83.46	85.09	71.94	97.17	83.38	79.39	78.30	93.22
海西州	82.28	83.21	84.49	94.51	67.78	82.35	75.01	92.64
海北州	81.35	81.73	70.50	96.24	81.07	75.32	79.29	93.45
海东市	80.88	85.10	79.05	80.89	79.52	73.97	79.18	92.83
黄南州	80.63	83.96	67.63	97.55	80.44	72.08	71.41	92.50
果洛州	79.88	80.41	66.99	99.36	87.25	71.05	63.97	94.00
玉树州	75.16	73.87	61.57	99.79	75.94	63.60	69.90	94.25

2020 年 12 月 24 日，青海省统计局、省发展和改革委、省生态环境厅、省委组织部联合发布了《2019 年青海省各市州生态文明建设年度评价结果公报》，公布了 2019 年青海省各市州生态文明建设年度评价结果（见表 3—51，表 3—52）。①

① 省统计局、省发展和改革委、省生态环境厅、省委组织部：《2019 年青海省各市州生态文明建设年度评价结果公报》，青海省统计局官网，2020 年 12 月 14 日。http：//tjj. qinghai. gov. cn/tjData/yearBulletin/202012/t20201214 _ 70950. html.

表 3—51　2019 年青海省各市州生态文明建设年度评价结果排序

地区	绿色发展指数	资源利用指数	环境治理指数	治理能力指数	生态保护指数	增长质量指数	绿色生活指数	公众满意程度/%
海东市	1	1	2	6	1	4	3	6
西宁市	2	2	1	8	3	1	1	2
黄南州	3	3	3	4	5	5	2	7
海南州	4	6	4	2	2	3	6	3
海北州	5	4	6	5	4	6	7	1
海西州	6	5	5	7	8	2	4	8
玉树州	7	7	7	3	7	8	5	4
果洛州	8	8	8	1	6	7	8	5

注：本表中各市州按照绿色发展指数值从高到低排序。

表 3—52　2019 年青海省各市州生态文明建设年度评价结果

地区	绿色发展指数	资源利用指数	环境治理指数	治理能力指数	生态保护指数	增长质量指数	绿色生活指数	公众满意程度/%
海东市	83.39	82.52	86.48	88.91	87.46	74.06	73.95	93.50
西宁市	83.17	79.38	87.98	81.99	80.58	93.65	82.56	94.51
黄南州	79.76	78.03	77.02	91.72	78.43	73.55	77.07	92.21
海南州	78.22	72.40	73.37	93.49	83.31	79.25	69.96	94.47
海北州	77.95	77.11	73.21	90.96	80.25	70.61	69.64	95.99
海西州	74.88	73.95	73.33	83.21	66.96	80.55	72.05	90.98
玉树州	74.21	70.55	66.63	93.30	75.14	66.44	71.96	94.25
果洛州	73.80	68.45	62.39	99.31	77.17	70.05	64.76	93.74

十九、新疆维吾尔自治区

2018 年 3 月 30 日，新疆维吾尔自治区统计局、自治区发展和改革委、自治区环境保护厅、自治区党委组织部联合发布了《2016 年新疆维吾尔自治区生态文明建设年度评价结果公报》，公布了 2016 年新疆维吾尔自治区生态文明建设年度评价结果（见表3—53，表3—54）。①

表3—53 2016年新疆维吾尔自治区生态文明建设年度评价结果排序

地区	绿色发展指数	资源利用指数	环境治理指数	治理能力指数	生态保护指数	增长质量指数	绿色生活指数	公众满意程度/%
伊犁哈萨克自治州	1	2	9	2	1	3	4	11
克拉玛依市	2	1	7	7	8	4	3	2
乌鲁木齐市	3	7	4	13	7	1	1	14
昌吉回族自治州	4	12	1	3	4	7	8	9
阿勒泰地区	5	9	10	4	2	8	11	1
巴音郭楞蒙古自治州	6	4	3	12	11	12	2	12
阿克苏地区	7	8	8	8	5	9	7	4
博尔塔拉蒙古自治州	8	5	11	10	3	10	6	7
塔城地区	9	10	12	1	10	6	12	10
克孜勒苏柯尔克孜自治州	10	3	13	5	13	13	9	5
哈密市	11	14	6	6	9	2	5	13
吐鲁番市	12	11	2	9	14	5	10	8
喀什地区	13	13	5	14	6	11	13	3
和田地区	14	6	14	11	12	14	14	6

注：本表中各地（州、市）按照绿色发展指数值从大到小排序。

表3—54 2016年新疆维吾尔自治区生态文明建设年度评价结果

地区	绿色发展指数	资源利用指数	环境治理指数	治理能力指数	生态保护指数	增长质量指数	绿色生活指数	公众满意程度/%
乌鲁木齐市	80.32	78.46	85.23	77.63	73.49	90.75	81.76	71.27
克拉玛依市	80.59	83.43	80.60	87.50	71.94	74.45	77.39	96.27
吐鲁番市	76.89	75.26	87.49	84.79	65.68	74.22	69.61	89.70

① 自治区统计局、自治区发展和改革委、自治区环境保护厅、自治区党委组织部：《2016年新疆维吾尔自治区生态文明建设年度评价结果公报》，新疆维吾尔自治区统计局官网，2018年3月30日。http：//tjj.xinjiang.gov.cn/tjj/tjgn/201803/dca359d4344847fd8a8135855e694c76.shtml.

续　表

地区	绿色发展指数	资源利用指数	环境治理指数	治理能力指数	生态保护指数	增长质量指数	绿色生活指数	公众满意程度/%
哈密市	77.13	70.88	84.15	87.74	71.19	80.73	72.85	83.23
昌吉回族自治州	79.61	73.88	90.31	90.42	77.49	72.95	71.78	89.05
博尔塔拉蒙古自治州	78.21	79.02	77.85	84.10	78.06	71.94	72.52	90.68
巴音郭楞蒙古自治州	78.66	79.26	85.71	80.92	70.05	70.88	79.69	86.11
阿克苏地区	78.37	77.39	80.34	86.12	77.07	72.72	72.49	95.08
克孜勒苏柯尔克孜自治州	77.14	80.00	76.72	87.86	67.32	70.75	70.50	93.49
喀什地区	74.88	73.14	84.35	77.21	74.32	71.11	65.67	96.15
和田地区	74.14	78.62	68.97	83.98	68.90	69.79	63.81	91.11
伊犁哈萨克自治州	82.91	80.93	80.24	93.13	88.90	75.83	75.24	88.02
塔城地区	77.48	76.19	77.18	95.18	70.27	73.24	67.25	88.48
阿勒泰地区	79.07	76.43	78.84	89.49	85.01	72.79	68.82	96.36

第三节
浙江省生态文明建设年度评价

一、2016年浙江省生态文明建设年度评价

2018 年 2 月 1 日，浙江省统计局、省发展和改革委、省环境保护

厅、省委组织部联合发布了《2016年生态文明建设年度评价结果公报》，公布了2016年浙江省各市、县（市、区）生态文明建设年度评价结果（见表3—55，表3—56，表3—57和表3—58）。①

表3—55　2016年浙江省设区市生态文明建设年度评价结果排序

地区	绿色发展指数	资源利用指数	环境治理指数	治理能力指数	生态保护指数	增长质量指数	绿色生活指数
杭州市	1	1	10	9	3	2	5
金华市	2	6	2	2	5	9	8
丽水市	3	4	8	1	1	11	10
湖州市	4	3	3	4	9	6	4
绍兴市	5	10	1	6	8	7	2
温州市	6	5	4	8	6	5	7
台州市	7	8	7	7	2	8	9
衢州市	8	7	5	3	4	10	11
舟山市	9	2	11	5	10	1	6
宁波市	10	11	9	10	7	4	1
嘉兴市	11	9	6	11	11	3	3

表3—56　2016年浙江省设区市生态文明建设年度评价结果

地区	绿色发展指数	资源利用指数	环境治理指数	治理能力指数	生态保护指数	增长质量指数	绿色生活指数
杭州市	80.57	82.89	74.90	87.68	77.05	77.77	78.72
宁波市	78.96	80.13	75.52	85.91	74.20	73.94	79.84
温州市	80.13	81.34	77.83	88.96	74.99	73.52	76.52
嘉兴市	77.70	80.81	76.66	79.47	69.32	74.36	78.86
湖州市	80.43	81.61	77.84	90.49	73.00	73.08	78.82

① 省统计局、省发展和改革委、省环境保护厅、省委组织部：《2016年生态文明建设年度评价结果公报》，浙江省人民政府网，2018年2月1日。http：//www.zj.gov.cn/art/2018/2/1/art_5497_2266362.html.

续　表

地区	绿色发展指数	资源利用指数	环境治理指数	治理能力指数	生态保护指数	增长质量指数	绿色生活指数
绍兴市	80.17	80.27	78.04	90.11	74.16	72.90	79.50
金华市	80.56	81.19	77.98	91.85	76.21	71.69	76.37
衢州市	79.69	81.04	76.90	91.21	76.88	68.75	73.68
舟山市	79.63	81.76	72.03	90.28	71.34	78.14	77.82
台州市	79.98	80.97	76.47	89.01	77.93	72.11	76.35
丽水市	80.49	81.41	75.64	94.57	79.83	67.87	74.82

表 3—57　2016 年浙江省县（市、区）生态文明建设年度评价结果排序

地区	绿色发展指数	资源利用指数	环境治理指数	治理能力指数	生态保护指数	增长质量指数	绿色生活指数
滨江区	1	13	46	50	—	1	6
浦江县	2	49	1	9	11	63	64
西湖区	3	28	50	57	—	3	5
安吉县	4	77	4	13	23	54	3
拱墅区	5	1	44	87	—	4	8
普陀区	6	5	78	18	—	11	39
临安区	7	38	11	33	7	47	55
磐安县	8	67	3	15	2	74	71
婺城区	9	9	22	28	67	39	37
江山市	10	16	21	17	16	65	54
吴兴区	11	6	49	45	—	8	24
永康市	12	30	6	49	37	52	21
桐庐县	13	37	9	19	20	48	73
临海市	14	25	36	32	17	29	48
诸暨市	15	33	18	40	48	19	22
越城区	16	29	13	60	—	53	4
上城区	17	2	64	56	—	25	12
嵊泗县	18	11	17	31	56	23	53

续 表

地区	绿色发展指数	资源利用指数	环境治理指数	治理能力指数	生态保护指数	增长质量指数	绿色生活指数
建德市	19	4	67	21	14	60	65
鹿城区	20	7	76	54	46	7	19
天台县	21	36	24	14	25	57	67
长兴县	22	44	10	34	47	46	33
柯城区	23	3	28	59	70	34	63
莲都区	24	34	25	30	64	67	18
柯桥区	25	54	14	52	45	49	1
德清县	26	24	23	46	41	28	57
江干区	27	14	47	51	—	24	15
青田县	28	12	53	1	24	73	74
江北区	29	8	42	68	—	6	10
新昌县	30	84	2	24	29	16	60
永嘉县	31	22	61	6	13	66	77
义乌市	32	45	48	35	43	9	31
定海区	33	17	70	58	—	5	29
庆元县	34	32	80	4	1	80	84
余杭区	35	27	15	75	42	13	14
象山县	36	82	8	39	15	61	51
南湖区	37	20	12	81	—	14	11
兰溪市	38	66	20	26	40	70	44
上虞区	39	70	5	53	52	32	32
嵊州市	40	59	27	37	33	42	69
淳安县	41	51	77	20	4	64	40
南浔区	42	21	59	48	—	59	30
东阳市	43	58	57	22	39	33	56
黄岩区	44	42	16	61	—	55	36
平阳县	45	39	52	29	36	56	68

续　表

地区	绿色发展指数	资源利用指数	环境治理指数	治理能力指数	生态保护指数	增长质量指数	绿色生活指数
龙游县	46	26	29	38	30	76	82
龙泉市	47	60	74	12	3	68	78
常山县	48	41	37	16	22	84	80
金东区	49	83	7	36	—	72	34
开化县	50	19	66	43	6	69	76
仙居县	51	74	65	3	19	40	79
遂昌县	52	62	34	25	18	77	66
下城区	53	47	44	77	—	2	13
乐清市	54	15	30	71	49	18	41
衢江区	55	18	41	41	—	81	62
北仑区	56	65	26	70	57	15	9
景宁县	57	35	82	10	5	79	86
缙云县	58	23	84	8	9	86	83
萧山区	59	57	35	69	50	20	2
秀洲区	60	63	19	72	—	43	16
宁海县	61	79	31	55	31	58	35
瓯海区	62	10	43	76	65	41	17
武义县	63	53	75	23	35	71	59
富阳区	64	72	81	42	27	30	46
岱山县	65	31	83	44	58	17	61
嘉善县	66	40	32	63	63	21	47
泰顺县	67	78	69	11	12	83	81
玉环县	68	48	54	64	32	50	58
文成县	69	55	87	7	21	75	72
苍南县	70	61	55	62	34	62	45
路桥区	71	43	68	84	28	22	20
海盐县	72	50	33	79	51	12	38

续 表

地区	绿色发展指数	资源利用指数	环境治理指数	治理能力指数	生态保护指数	增长质量指数	绿色生活指数
奉化区	73	46	63	67	38	85	49
镇海区	74	73	58	73	66	51	7
松阳县	75	81	73	27	10	87	87
温岭市	76	68	62	65	53	38	70
余姚市	77	75	72	74	44	36	23
三门县	78	86	79	47	26	78	52
云和县	79	85	86	2	8	82	85
椒江区	80	80	40	78	69	31	27
龙湾区	81	69	51	80	68	45	26
洞头区	82	87	56	5	54	44	75
瑞安市	83	71	85	66	55	26	43
平湖市	84	52	38	83	62	35	50
桐乡市	85	76	39	82	61	27	42
海宁市	86	56	60	86	59	37	25
慈溪市	87	64	71	85	60	10	28

表 3—58　2016 年浙江省县（市、区）生态文明建设年度评价结果

地区	绿色发展指数	资源利用指数	环境治理指数	治理能力指数	生态保护指数	增长质量指数	绿色生活指数
上城区	81.04	87.12	73.54	88.97	—	74.44	81.92
下城区	79.64	81.22	74.93	81.91	—	84.97	81.74
江干区	80.69	83.21	74.85	89.50	—	74.49	81.46
拱墅区	81.54	93.56	74.93	74.85	—	82.32	82.41
西湖区	81.69	82.44	74.70	88.87	—	84.07	83.60
滨江区	83.35	83.48	74.93	89.61	—	94.02	83.48
萧山区	79.27	80.87	75.65	84.75	70.68	74.96	84.21
余杭区	80.21	82.61	78.55	82.56	73.51	76.08	81.66
富阳区	78.99	79.96	71.54	90.97	76.12	73.64	77.30

续　表

地区	绿色发展指数	资源利用指数	环境治理指数	治理能力指数	生态保护指数	增长质量指数	绿色生活指数
桐庐县	81.36	81.95	79.53	93.54	77.02	72.24	73.81
淳安县	79.90	81.05	72.27	93.31	80.31	69.18	77.83
建德市	80.98	85.63	73.04	93.24	77.88	69.84	74.52
临安区	81.52	81.95	78.96	92.16	79.89	72.40	76.43
江北区	80.66	84.60	74.95	85.08	—	80.21	82.24
北仑区	79.34	80.33	76.80	84.68	67.31	75.61	82.25
镇海区	77.73	79.92	74.23	83.58	60.55	71.36	82.88
奉化区	78.03	81.24	74.06	85.12	74.28	67.00	76.76
象山县	80.16	78.51	79.64	91.35	77.87	69.84	76.66
宁海县	79.19	78.94	76.20	89.17	75.30	70.57	78.57
余姚市	77.50	79.69	72.66	82.68	72.54	73.36	80.37
慈溪市	76.41	80.61	72.72	77.70	66.69	76.55	79.83
鹿城区	80.96	84.85	72.29	89.18	72.42	77.07	81.24
龙湾区	77.05	80.15	74.67	81.41	60.45	72.56	80.05
瓯海区	79.07	83.77	74.94	82.37	61.27	72.77	81.31
洞头区	76.94	72.07	74.36	94.68	68.50	72.60	73.49
永嘉县	80.42	82.85	74.13	94.65	77.94	69.06	73.28
平阳县	79.85	81.92	74.45	92.43	74.63	70.86	74.44
苍南县	78.69	80.71	74.38	87.50	74.79	69.64	77.33
文成县	78.73	80.89	69.72	94.61	77.02	68.05	73.81
泰顺县	78.77	79.14	72.86	94.21	78.51	67.20	73.08
瑞安市	76.93	80.05	71.01	85.19	68.04	74.36	77.61
乐清市	79.48	83.21	76.23	84.63	71.62	75.12	77.72
南湖区	80.08	82.93	78.94	81.30	—	75.80	82.14
秀洲区	79.22	80.63	78.02	83.74	—	72.75	81.33
嘉善县	78.82	81.87	76.03	87.11	63.46	74.84	77.22
海盐县	78.21	81.17	75.88	81.46	69.86	76.42	78.09

续　表

地区	绿色发展指数	资源利用指数	环境治理指数	治理能力指数	生态保护指数	增长质量指数	绿色生活指数
海宁市	76.57	80.88	74.16	76.54	66.89	73.35	80.12
平湖市	76.77	81.04	75.37	79.88	64.34	73.36	76.71
桐乡市	76.73	79.56	75.18	80.03	65.49	74.07	77.62
吴兴区	81.39	85.19	74.81	90.48	—	76.75	80.12
南浔区	79.88	82.93	74.23	90.02	—	69.84	79.63
德清县	80.74	82.67	77.74	90.47	73.58	73.88	75.97
长兴县	80.85	81.41	79.32	91.99	72.40	72.46	78.93
安吉县	81.60	79.25	80.55	94.04	76.55	70.94	84.00
越城区	81.06	82.40	78.82	88.75	—	71.02	83.67
柯桥区	80.75	80.95	78.61	89.18	72.46	71.69	86.83
上虞区	80.01	80.08	80.51	89.18	69.79	73.55	78.97
新昌县	80.62	77.32	81.66	92.89	75.52	75.60	75.67
诸暨市	81.08	82.24	78.05	91.20	72.16	75.05	80.63
嵊州市	79.96	80.80	76.79	91.57	74.90	72.76	74.44
婺城区	81.42	83.80	77.74	92.45	60.47	72.95	78.14
金东区	79.78	78.47	79.69	91.60	—	68.22	78.85
武义县	79.03	81.00	72.46	93.02	74.77	68.59	75.70
浦江县	82.36	81.17	84.55	94.46	78.87	69.28	74.54
磐安县	81.49	80.21	80.94	93.83	84.22	68.15	73.98
兰溪市	80.03	80.33	77.95	92.68	73.61	68.59	77.45
义乌市	80.42	81.28	74.82	91.81	73.01	76.68	79.46
东阳市	79.86	80.81	74.33	93.08	73.81	73.50	76.28
永康市	81.36	82.39	80.41	89.90	74.36	71.29	81.03
柯城区	80.84	86.13	76.53	88.77	60.00	73.43	75.21
衢江区	79.36	83.01	75.01	91.17	—	67.32	75.25
常山县	79.80	81.63	75.40	93.76	76.83	67.01	73.13
开化县	79.73	83.00	73.32	90.58	79.92	68.84	73.48

续　表

地区	绿色发展指数	资源利用指数	环境治理指数	治理能力指数	生态保护指数	增长质量指数	绿色生活指数
龙游县	79.85	82.61	76.37	91.35	75.47	68.04	72.96
江山市	81.41	83.19	77.89	93.74	77.54	69.17	76.50
定海区	80.26	83.06	72.79	88.83	—	80.48	79.72
普陀区	81.52	85.42	72.23	93.57	—	76.51	78.04
岱山县	78.95	82.35	71.03	90.57	67.14	75.40	75.26
嵊泗县	81.03	83.75	78.30	92.30	67.78	74.66	76.57
椒江区	77.06	78.61	75.14	81.73	60.07	73.61	79.93
黄岩区	79.85	81.63	78.35	88.13	—	70.86	78.55
路桥区	78.22	81.41	72.99	79.59	75.66	74.78	81.09
玉环县	78.74	81.19	74.41	86.71	74.93	71.53	75.90
三门县	77.35	76.08	72.01	90.37	76.30	67.83	76.63
天台县	80.86	82.01	77.50	93.85	76.33	70.81	74.49
仙居县	79.69	79.87	73.53	95.02	77.12	72.87	73.20
温岭市	77.57	80.16	74.10	85.55	69.47	73.23	74.20
临海市	81.10	82.67	75.51	92.26	77.25	73.83	76.84
莲都区	80.82	82.10	77.48	92.34	61.72	69.04	81.31
青田县	80.67	83.58	74.41	95.82	76.40	68.20	73.52
缙云县	79.32	82.77	71.02	94.53	79.06	66.83	70.36
遂昌县	79.66	80.71	75.77	92.77	77.15	67.84	74.50
松阳县	77.67	78.51	72.64	92.51	79.02	66.23	67.98
云和县	77.27	76.12	70.59	95.10	79.52	67.23	69.61
庆元县	80.22	82.28	71.95	94.80	86.38	67.67	69.86
景宁县	79.34	82.10	71.45	94.45	80.06	67.69	69.25
龙泉市	79.81	80.73	72.47	94.13	82.97	68.95	73.21

二、2017年浙江省生态文明建设年度评价

2018 年 12 月 13 日，浙江省委组织部、省统计局、省发展和改革委、省生态环境厅联合发布了 2017 年生态文明建设年度评价结果公报，公布了 2017 年浙江省各市、县（市、区）生态文明建设年度评价结果（见表 3—59，表 3—60，表—61 和表 3—62）。[①]

表 3—59　2017 年浙江省设区市生态文明建设年度评价结果排序

地区	绿色发展指数	资源利用指数	环境治理指数	治理能力指数	生态保护指数	增长质量指数	绿色生活指数
杭州市	1	6	1	6	1	1	1
湖州市	2	1	6	4	8	7	4
金华市	3	10	2	3	5	9	7
台州市	4	7	4	5	3	8	9
温州市	5	4	8	9	4	4	6
丽水市	6	5	9	1	2	11	11
绍兴市	7	11	3	7	10	5	8
宁波市	8	8	7	10	7	6	2
舟山市	9	9	11	8	9	2	5
衢州市	10	3	10	2	6	10	10
嘉兴市	11	2	5	11	11	3	3

表 3—60　2017 年浙江省设区市生态文明建设年度评价结果

地区	绿色发展指数	资源利用指数	环境治理指数	治理能力指数	生态保护指数	增长质量指数	绿色生活指数
杭州市	80.67	80.50	78.87	87.79	77.57	76.56	79.46
宁波市	79.01	80.16	77.01	85.15	74.21	73.32	79.27

① 省委组织部、省统计局、省发展和改革委、省生态环境厅：《2017 年我省生态文明建设年度评价结果公报》，浙江省人民政府网，2018 年 12 月 13 日。http：//www.zj.gov.cn/art/2018/12/13/art _ 5497 _ 2299326.html.

续　表

地区	绿色发展指数	资源利用指数	环境治理指数	治理能力指数	生态保护指数	增长质量指数	绿色生活指数
温州市	79.48	80.73	76.49	87.37	75.06	73.50	77.67
嘉兴市	77.69	80.87	77.35	78.90	68.86	73.89	79.19
湖州市	80.16	82.03	77.27	88.66	74.10	72.70	79.12
绍兴市	79.16	79.35	78.12	87.65	73.42	73.35	77.40
金华市	79.67	79.89	78.22	89.88	74.62	70.81	77.62
衢州市	78.76	80.75	74.94	90.33	74.41	68.34	74.41
舟山市	78.95	80.15	73.52	87.64	73.66	74.82	78.72
台州市	79.50	80.49	77.57	88.13	75.11	71.25	76.87
丽水市	79.24	80.64	75.70	91.57	77.41	67.78	72.73

表 3—61　2017 年浙江省县（市、区）生态文明建设年度评价结果排序

地区	绿色发展指数	资源利用指数	环境治理指数	治理能力指数	生态保护指数	增长质量指数	绿色生活指数
云和县	1	1	1	8	3	80	80
西湖区	2	12	17	57	5	3	8
滨江区	3	4	14	71	66	1	65
余杭区	4	8	10	47	53	8	5
长兴县	5	3	31	31	60	44	2
黄岩区	6	24	9	42	25	54	43
富阳区	7	63	5	36	27	43	13
义乌市	8	48	24	22	49	11	20
临海市	9	66	3	43	14	49	42
德清县	10	5	38	25	52	36	56
仙居县	11	52	4	21	16	62	69
桐庐县	12	36	19	32	24	53	32
磐安县	13	50	32	4	2	70	77
建德市	14	67	49	9	22	65	1
宁海县	15	47	20	29	26	50	41

续 表

地区	绿色发展指数	资源利用指数	环境治理指数	治理能力指数	生态保护指数	增长质量指数	绿色生活指数
江干区	16	28	16	53	76	6	66
嵊泗县	17	15	36	14	77	47	64
柯桥区	18	60	12	44	39	23	47
安吉县	19	82	7	23	35	51	46
吴兴区	20	9	69	58	51	12	28
下城区	21	18	13	84	—	4	70
北仑区	22	77	6	62	63	27	4
东阳市	23	44	43	19	42	33	59
海盐县	24	39	21	66	73	13	23
诸暨市	25	37	42	41	38	26	48
金东区	26	11	39	45	61	77	25
浦江县	27	55	33	24	23	89	31
苍南县	28	23	79	16	31	60	38
永嘉县	29	19	88	12	10	58	40
临安区	30	76	26	20	11	41	81
永康市	31	68	11	38	36	71	37
江北区	32	14	46	73	74	5	18
龙泉市	33	56	52	3	4	66	82
缙云县	34	22	83	1	19	78	68
上城区	35	43	25	61	—	16	72
庆元县	36	57	34	28	1	84	84
平阳县	37	17	59	33	34	55	74
乐清市	38	25	60	56	65	17	19
青田县	39	49	53	5	21	72	75
拱墅区	40	35	15	84	62	2	67
江山市	41	33	54	10	37	67	76
普陀区	42	7	87	49	48	45	30

续　表

地区	绿色发展指数	资源利用指数	环境治理指数	治理能力指数	生态保护指数	增长质量指数	绿色生活指数
婺城区	43	81	22	39	46	34	49
玉环市	44	6	56	64	56	52	54
莲都区	45	38	72	35	15	64	55
天台县	46	46	63	6	28	59	78
上虞区	47	73	40	30	69	28	12
松阳县	48	54	23	37	9	86	85
海曙区	49	2	50	67	43	69	63
文成县	50	27	76	26	18	68	73
柯城区	51	26	73	54	54	21	51
衢江区	52	21	74	34	47	79	29
定海区	53	51	80	69	41	7	27
萧山区	54	79	18	72	70	29	3
椒江区	55	65	8	75	80	22	10
兰溪市	56	59	45	27	50	76	50
遂昌县	57	75	68	2	17	61	86
余姚市	58	32	37	78	59	39	17
南浔区	59	13	67	55	84	48	35
瓯海区	60	31	48	79	57	31	14
三门县	61	20	70	46	29	87	71
鹿城区	62	61	55	70	32	14	33
越城区	63	78	35	60	72	30	15
泰顺县	64	69	84	17	8	82	36
嘉善县	65	29	62	68	85	25	6
武义县	66	72	30	40	40	88	60
开化县	67	70	86	11	6	74	52
景宁县	68	45	66	18	7	85	88
嵊州市	69	85	57	13	30	35	79

续 表

地区	绿色发展指数	资源利用指数	环境治理指数	治理能力指数	生态保护指数	增长质量指数	绿色生活指数
海宁市	70	41	28	77	79	32	45
路桥区	71	40	29	83	55	18	39
桐乡市	72	42	44	76	68	24	57
象山县	73	86	51	59	13	56	53
常山县	74	53	71	48	33	81	61
新昌县	75	88	77	7	20	10	83
平湖市	76	10	41	81	81	20	62
镇海区	77	84	2	80	78	63	9
龙游县	78	16	61	51	58	73	89
淳安县	79	80	82	50	12	83	44
瑞安市	80	64	78	52	71	19	58
鄞州区	81	34	85	74	45	57	16
秀洲区	82	71	27	87	75	38	22
岱山县	83	83	89	65	64	37	7
奉化区	84	87	64	63	44	75	34
南湖区	85	58	47	88	83	15	26
慈溪市	86	30	75	86	82	9	24
洞头区	87	89	81	15	87	42	21
温岭市	88	74	58	82	67	46	87
龙湾区	89	62	65	89	86	40	11

表 3—62　2017 年浙江省县（市、区）生态文明建设年度评价结果

地区	绿色发展指数	资源利用指数	环境治理指数	治理能力指数	生态保护指数	增长质量指数	绿色生活指数
上城区	79.70	80.55	79.27	87.78	—	74.95	75.14
下城区	80.09	82.47	80.36	79.78	—	82.64	75.20
江干区	80.37	81.58	80.27	88.58	67.14	78.33	75.60
拱墅区	79.62	81.25	80.35	79.78	69.99	84.83	75.49

续　表

地区	绿色发展指数	资源利用指数	环境治理指数	治理能力指数	生态保护指数	增长质量指数	绿色生活指数
西湖区	82.91	82.77	80.26	88.31	78.13	84.35	82.57
滨江区	82.69	84.04	80.36	85.93	69.45	94.45	75.77
萧山区	79.09	78.77	79.81	85.64	68.44	73.28	83.71
余杭区	81.96	83.26	80.60	89.43	71.20	77.06	83.18
富阳区	80.99	79.63	82.44	90.25	74.14	72.05	81.89
临安区	79.81	78.95	79.16	91.85	77.15	72.13	71.96
桐庐县	80.84	81.23	79.78	90.72	74.90	70.84	79.72
淳安县	78.00	78.50	72.99	89.20	76.95	66.60	78.67
建德市	80.61	79.42	76.63	93.61	75.29	68.96	85.96
海曙区	79.35	84.75	76.48	86.59	72.40	68.08	76.20
江北区	79.79	82.67	76.94	85.09	67.46	78.40	81.39
北仑区	80.02	78.93	82.08	87.50	69.88	73.35	83.37
镇海区	78.03	77.55	82.99	83.24	66.25	69.19	82.37
鄞州区	77.96	81.29	72.58	85.08	72.16	70.00	81.52
奉化区	77.48	77.05	75.16	87.30	72.38	67.59	79.64
象山县	78.40	77.06	76.21	88.15	76.75	70.18	77.61
宁海县	80.56	80.40	79.76	90.88	74.36	70.95	78.84
余姚市	79.01	81.40	78.12	83.64	70.51	72.21	81.48
慈溪市	77.10	81.53	74.11	79.52	64.62	76.97	80.74
鹿城区	78.98	79.79	75.90	86.09	73.57	75.65	79.71
龙湾区	75.65	79.63	75.12	77.88	63.32	72.16	82.19
瓯海区	78.99	81.44	76.81	83.52	70.98	73.02	81.86
洞头区	76.59	72.52	73.21	92.63	63.16	72.10	81.18
永嘉县	79.86	82.32	71.32	92.74	77.18	69.94	78.89
平阳县	79.67	82.50	75.59	90.42	73.42	70.25	74.58
苍南县	79.86	81.83	73.56	92.56	73.76	69.51	79.07
文成县	79.30	81.59	74.07	91.26	75.83	68.13	74.84

续 表

地区	绿色发展指数	资源利用指数	环境治理指数	治理能力指数	生态保护指数	增长质量指数	绿色生活指数
泰顺县	78.95	79.35	72.60	92.55	77.62	66.66	79.54
瑞安市	78.00	79.56	73.58	88.91	68.00	74.70	77.06
乐清市	79.63	81.82	75.48	88.39	69.47	74.88	81.32
南湖区	77.20	79.91	76.90	78.30	64.52	75.12	80.53
秀洲区	77.53	79.27	78.98	78.85	67.14	72.21	81.08
嘉善县	78.94	81.54	75.30	86.47	64.04	73.48	83.16
海盐县	80.01	81.06	79.72	86.67	67.70	75.97	80.89
海宁市	78.60	80.82	78.96	83.66	65.70	72.76	78.57
平湖市	78.24	82.95	77.23	81.78	64.78	74.54	76.50
桐乡市	78.41	80.79	76.96	83.94	68.62	73.55	77.16
吴兴区	80.16	83.00	74.98	88.23	71.63	76.02	80.14
南浔区	79.00	82.69	74.99	88.43	64.45	71.65	79.57
德清县	80.96	83.78	78.03	91.52	71.43	72.55	77.22
长兴县	81.57	84.23	78.82	90.76	70.36	71.98	84.68
安吉县	80.17	78.03	82.01	91.74	73.42	70.89	78.42
越城区	78.95	78.87	78.15	87.88	67.88	73.28	81.80
柯桥区	80.24	79.85	80.39	89.63	73.18	73.73	78.34
上虞区	79.40	79.13	77.33	90.83	68.58	73.30	82.00
新昌县	78.29	75.71	73.96	93.72	75.53	76.11	71.70
诸暨市	79.93	81.17	77.17	89.76	73.20	73.40	77.97
嵊州市	78.61	77.44	75.85	92.71	73.80	72.67	72.84
婺城区	79.51	78.34	79.66	90.02	72.12	72.69	77.88
金东区	79.91	82.92	77.37	89.61	70.07	67.35	80.60
武义县	78.93	79.19	78.85	90.01	73.08	66.14	76.99
浦江县	79.89	80.02	78.27	91.68	75.21	65.88	79.79
磐安县	80.70	80.17	78.79	94.06	80.61	67.91	74.06
兰溪市	79.04	79.89	76.95	91.03	71.66	67.49	77.78

续 表

地区	绿色发展指数	资源利用指数	环境治理指数	治理能力指数	生态保护指数	增长质量指数	绿色生活指数
义乌市	80.98	80.39	79.32	91.77	71.67	76.05	81.23
东阳市	80.02	80.53	77.09	92.23	72.66	72.70	77.02
永康市	79.79	79.36	80.41	90.12	73.27	67.91	79.25
柯城区	79.18	81.74	74.22	88.44	71.08	74.17	77.75
衢江区	79.13	81.95	74.17	90.40	71.93	66.90	80.01
常山县	78.40	80.12	74.95	89.36	73.53	66.67	76.69
开化县	78.88	79.32	71.75	93.38	78.06	67.66	77.74
龙游县	78.03	82.51	75.37	89.14	70.70	67.73	66.81
江山市	79.58	81.39	75.92	93.54	73.22	68.20	74.36
定海区	79.11	80.15	73.48	86.46	73.06	77.64	80.35
普陀区	79.56	83.32	71.67	89.32	71.69	71.90	79.88
岱山县	77.50	78.02	71.11	86.96	69.70	72.43	82.89
嵊泗县	80.31	82.60	78.15	92.68	67.02	71.70	76.15
椒江区	79.09	79.47	81.61	84.64	65.59	73.89	82.29
黄岩区	81.06	81.82	81.46	89.70	74.83	70.50	78.74
路桥区	78.42	80.87	78.96	79.80	71.05	74.72	79.05
三门县	78.98	82.09	74.96	89.49	73.94	66.22	75.16
天台县	79.41	80.49	75.20	93.74	74.08	69.91	73.39
仙居县	80.87	80.14	82.57	91.81	76.27	69.37	75.30
温岭市	76.06	79.11	75.67	81.09	68.83	71.75	70.31
临海市	80.98	79.46	82.78	89.68	76.59	71.52	78.82
玉环市	79.47	83.62	75.85	87.24	71.00	70.88	77.42
莲都区	79.42	81.09	74.48	90.31	76.45	69.00	77.40
青田县	79.62	80.24	76.13	94.05	75.40	67.78	74.37
缙云县	79.70	81.89	72.92	95.17	75.63	66.94	75.41
遂昌县	79.03	79.05	74.98	94.84	76.17	69.48	70.49
松阳县	79.37	80.04	79.59	90.16	77.45	66.30	71.16

续 表

地区	绿色发展指数	资源利用指数	环境治理指数	治理能力指数	生态保护指数	增长质量指数	绿色生活指数
云和县	84.11	86.10	88.57	93.67	78.68	66.71	72.59
庆元县	79.69	79.91	78.16	90.97	82.16	66.44	71.49
景宁县	78.87	80.49	74.99	92.25	78.03	66.37	70.23
龙泉市	79.74	80.02	76.18	94.29	78.43	68.60	71.74

三、2018年浙江省生态文明建设年度评价

2019 年 12 月 9 日，浙江省委组织部、省统计局、省发展和改革委、省生态环境厅联合发布了 2018 年生态文明建设年度评价结果公报，公布了 2018 年浙江省各市、县（市、区）生态文明建设年度评价结果（见表 3—63，表 3—64，表 3—65 和表 3—66）。①

表 3—63　2018 年浙江省设区市生态文明建设年度评价结果排序

地区	绿色发展指数	资源利用指数	环境治理指数	治理能力指数	生态保护指数	增长质量指数	绿色生活指数
台州市	1	1	9	3	2	8	7
湖州市	2	4	1	5	8	5	2
温州市	3	3	4	7	4	4	6
杭州市	4	5	8	10	3	1	1
绍兴市	5	6	2	6	9	2	8
金华市	6	9	5	2	6	9	9
丽水市	7	10	7	1	1	10	11
衢州市	8	2	6	4	7	11	10
宁波市	9	11	10	9	5	7	3

① 省委组织部、省统计局、省发展和改革委、省生态环境厅：《2018 年我省生态文明建设年度评价结果公报》，浙江省人民政府网，2019 年 12 月 9 日。http：//www.zj.gov.cn/art/2019/12/9/art_1554031_42104983.html.

续　表

地区	绿色发展指数	资源利用指数	环境治理指数	治理能力指数	生态保护指数	增长质量指数	绿色生活指数
舟山市	10	8	11	8	10	6	5
嘉兴市	11	7	3	11	11	3	4

表 3—64　2018 年浙江省设区市生态文明建设年度评价结果

地区	绿色发展指数	资源利用指数	环境治理指数	治理能力指数	生态保护指数	增长质量指数	绿色生活指数
杭州市	80.20	82.72	74.71	86.54	74.32	79.96	79.47
宁波市	78.60	80.90	71.62	86.99	74.05	74.82	78.72
温州市	80.40	83.40	75.48	88.48	74.15	75.78	78.08
嘉兴市	77.55	81.99	75.69	79.28	66.72	75.95	78.35
湖州市	80.50	83.04	76.24	89.09	73.26	75.52	79.04
绍兴市	80.10	82.63	76.02	88.66	72.94	76.54	76.83
金华市	79.98	81.61	75.25	92.08	73.90	72.75	76.72
衢州市	79.59	83.47	75.19	89.67	73.66	70.98	73.44
舟山市	78.46	81.70	69.93	87.53	71.80	75.46	78.11
台州市	80.57	83.54	74.28	90.62	75.15	74.09	77.85
丽水市	79.96	81.60	75.02	93.04	76.76	71.65	72.93

表 3—65　2018 年浙江省县（市、区）生态文明建设年度评价结果排序

地区	绿色发展指数	资源利用指数	环境治理指数	治理能力指数	生态保护指数	增长质量指数	绿色生活指数
余杭区	1	51	1	81	59	4	3
临安区	2	34	2	50	10	34	55
滨江区	3	2	25	78	62	1	70
西湖区	4	36	35	65	5	3	6
黄岩区	5	7	7	54	22	51	5
景宁县	6	66	4	1	3	72	87
天台县	7	12	13	16	30	52	62
义乌市	8	28	19	42	46	10	24

续 表

地区	绿色发展指数	资源利用指数	环境治理指数	治理能力指数	生态保护指数	增长质量指数	绿色生活指数
鹿城区	9	30	36	41	28	12	14
安吉县	10	18	10	29	35	43	44
永康市	11	4	40	30	23	75	35
龙泉市	12	16	27	12	2	60	84
下城区	13	52	24	68	—	2	77
嵊州市	14	27	16	27	34	30	80
临海市	15	40	11	61	8	42	38
富阳区	16	75	6	23	25	39	19
瓯海区	17	23	53	39	43	26	13
新昌县	18	35	59	34	29	8	59
庆元县	19	62	5	40	1	83	82
开化县	20	50	44	6	9	76	46
诸暨市	21	25	32	56	33	24	43
桐庐县	22	8	49	55	24	58	34
建德市	23	29	47	35	14	64	64
缙云县	24	45	65	4	6	59	79
永嘉县	25	5	84	17	19	54	49
温岭市	26	19	33	45	67	38	11
长兴县	27	26	22	60	57	37	27
淳安县	28	15	72	11	11	88	33
上城区	29	33	38	68	—	9	72
三门县	30	1	80	57	26	69	61
路桥区	31	11	9	77	58	35	23
嵊泗县	32	3	74	25	79	25	76
普陀区	33	10	89	24	61	48	1
莲都区	34	43	55	19	31	66	57
德清县	35	13	18	75	60	33	39

续　表

地区	绿色发展指数	资源利用指数	环境治理指数	治理能力指数	生态保护指数	增长质量指数	绿色生活指数
拱墅区	36	17	26	79	56	5	75
平阳县	37	20	69	32	37	56	56
越城区	38	6	50	73	72	20	25
常山县	39	14	58	13	42	86	66
柯城区	40	49	56	26	45	40	60
遂昌县	41	55	31	9	18	53	88
椒江区	42	54	37	47	84	14	2
东阳市	43	71	23	22	39	41	63
仙居县	44	56	64	5	17	74	74
苍南县	45	22	81	37	38	61	26
泰顺县	46	78	77	2	4	85	17
瑞安市	47	41	79	20	69	19	41
南浔区	48	39	30	66	80	45	18
青田县	49	47	71	7	21	73	81
江山市	50	32	21	36	36	68	89
柯桥区	51	57	20	76	40	22	54
吴兴区	52	70	34	67	52	11	22
上虞区	53	74	15	46	70	23	15
宁海县	54	67	63	18	27	46	45
玉环市	55	59	28	53	50	55	51
萧山区	56	72	3	82	73	31	4
磐安县	57	63	68	8	7	82	71
乐清市	58	9	75	74	64	15	30
海曙区	59	37	86	51	51	32	8
江干区	60	61	29	64	71	27	69
金东区	61	60	62	38	54	79	20
龙游县	62	58	43	10	53	71	86

续 表

地区	绿色发展指数	资源利用指数	环境治理指数	治理能力指数	生态保护指数	增长质量指数	绿色生活指数
象山县	63	69	60	52	16	50	68
婺城区	64	80	45	31	41	63	47
海宁市	65	38	8	84	81	49	37
云和县	66	89	12	3	12	44	78
文成县	67	79	67	21	15	77	50
江北区	68	48	85	70	76	6	10
松阳县	69	84	41	15	13	78	85
武义县	70	65	46	59	32	87	58
龙湾区	71	24	70	71	87	29	31
北仑区	72	68	76	44	66	67	9
衢江区	73	83	73	14	47	80	53
桐乡市	74	31	48	87	68	21	48
岱山县	75	21	83	63	63	65	73
浦江县	76	85	42	28	20	89	65
鄞州区	77	76	82	58	48	36	12
兰溪市	78	77	54	33	49	81	83
余姚市	79	82	52	72	55	57	21
定海区	80	73	88	62	65	13	42
平湖市	81	53	14	86	82	18	67
嘉善县	82	42	61	83	86	28	52
南湖区	83	44	17	89	85	16	16
洞头区	84	86	66	49	74	62	29
海盐县	85	64	51	80	77	17	40
慈溪市	86	46	57	85	83	7	36
奉化区	87	87	87	48	44	70	32
镇海区	88	88	78	43	78	84	7
秀洲区	89	81	39	88	75	47	28

表 3—66　2018 年浙江省县（市、区）生态文明建设年度评价结果

地区	绿色发展指数	资源利用指数	环境治理指数	治理能力指数	生态保护指数	增长质量指数	绿色生活指数
上城区	80.12	83.53	74.86	87.07	—	78.89	75.00
下城区	80.72	82.01	76.18	87.07	—	86.62	74.56
江干区	79.06	81.38	75.88	87.76	68.08	76.18	75.15
拱墅区	79.93	84.01	76.18	83.83	70.90	82.33	74.67
西湖区	82.00	83.40	75.27	87.75	77.63	84.96	82.20
滨江区	82.12	86.25	76.18	84.63	70.21	92.83	75.09
萧山区	79.33	80.57	81.23	82.22	67.92	75.90	82.45
余杭区	83.52	82.09	93.90	82.43	70.46	83.23	82.84
富阳区	80.63	80.21	78.75	91.60	74.63	74.60	79.94
临安区	82.26	83.50	83.27	89.41	76.81	75.49	77.34
桐庐县	80.34	84.90	74.15	88.77	74.69	72.98	78.61
淳安县	80.15	84.03	72.25	93.45	76.78	67.45	78.91
建德市	80.30	83.66	74.27	91.18	76.60	72.13	76.19
海曙区	79.12	83.37	68.99	89.35	71.57	75.74	81.08
江北区	78.61	82.26	69.50	87.04	67.22	80.81	80.88
北仑区	78.22	80.83	71.94	89.81	69.60	71.74	81.03
镇海区	76.61	77.25	71.90	89.83	66.72	69.38	81.09
鄞州区	77.99	80.20	69.87	88.46	72.00	75.43	80.55
奉化区	76.85	78.30	68.92	89.50	72.40	71.09	78.91
象山县	78.91	80.75	73.50	89.23	75.47	73.36	75.33
宁海县	79.38	80.88	73.31	92.42	74.46	73.79	77.74
余姚市	77.78	79.30	74.02	86.31	71.27	73.18	79.81
慈溪市	77.50	82.33	73.81	81.07	64.78	79.63	78.48
鹿城区	81.08	83.61	75.17	90.31	74.38	78.35	80.51
龙湾区	78.42	83.74	72.44	86.89	62.84	75.99	78.94
瓯海区	80.63	83.77	73.97	90.84	72.43	76.28	80.53
洞头区	77.73	78.36	73.03	89.43	67.39	72.35	79.03

续 表

地区	绿色发展指数	资源利用指数	环境治理指数	治理能力指数	生态保护指数	增长质量指数	绿色生活指数
永嘉县	80.19	85.27	69.74	92.87	75.35	73.23	77.65
平阳县	79.91	83.91	72.50	91.24	73.25	73.19	77.30
苍南县	79.63	83.78	70.96	91.11	73.11	72.36	79.34
文成县	78.69	79.70	72.72	91.92	75.74	70.45	77.58
泰顺县	79.56	79.95	71.93	95.55	78.28	68.52	80.32
瑞安市	79.53	82.98	71.75	92.21	68.60	77.17	78.09
乐清市	79.32	84.68	72.11	85.95	69.84	78.10	78.98
南湖区	77.73	82.69	76.78	74.90	64.53	77.94	80.33
秀洲区	76.36	79.33	74.84	77.41	67.29	73.72	79.03
嘉善县	77.75	82.82	73.41	82.20	64.19	76.03	77.45
海盐县	77.70	81.01	74.05	83.03	67.01	77.47	78.11
海宁市	78.74	83.34	78.39	81.83	65.11	73.44	78.42
平湖市	77.76	81.91	76.87	80.63	64.91	77.45	75.41
桐乡市	78.20	83.60	74.25	79.21	68.74	76.86	77.69
吴兴区	79.40	80.74	75.28	87.14	71.48	78.87	79.81
南浔区	79.53	83.32	75.87	87.39	65.27	73.80	80.32
德清县	79.93	84.19	76.63	85.94	70.35	75.52	78.31
长兴县	80.16	83.70	76.37	88.28	70.86	75.39	79.31
安吉县	81.05	83.98	77.64	91.38	73.51	73.85	77.82
越城区	79.83	85.20	74.09	86.26	68.03	77.16	79.37
柯桥区	79.43	81.68	76.60	85.88	72.69	76.58	77.44
上虞区	79.38	80.35	76.84	89.57	68.42	76.46	80.37
新昌县	80.59	83.48	73.62	91.20	74.33	79.25	76.91
诸暨市	80.35	83.73	75.47	88.59	73.77	76.42	78.04
嵊州市	80.67	83.70	76.83	91.44	73.56	75.98	73.66
婺城区	78.83	79.61	74.43	91.26	72.65	72.33	77.71
金东区	79.02	81.53	73.35	90.97	71.28	70.21	79.89

续 表

地区	绿色发展指数	资源利用指数	环境治理指数	治理能力指数	生态保护指数	增长质量指数	绿色生活指数
武义县	78.47	81.00	74.42	88.37	74.16	68.42	77.21
浦江县	78.00	78.69	74.73	91.39	75.27	65.51	75.76
磐安县	79.32	81.27	72.63	93.90	77.02	70.08	75.06
兰溪市	77.95	80.17	73.97	91.23	71.75	70.13	71.70
义乌市	81.10	83.67	76.61	90.23	72.10	78.87	79.40
东阳市	79.65	80.67	76.30	91.83	72.82	74.07	76.20
永康市	80.97	85.66	74.77	91.34	74.70	70.68	78.53
柯城区	79.72	82.18	73.88	91.50	72.11	74.55	76.85
衢江区	78.20	79.23	72.21	93.18	72.00	70.18	77.45
常山县	79.72	84.06	73.78	93.39	72.51	68.51	75.53
开化县	80.46	82.14	74.53	94.95	76.86	70.51	77.73
龙游县	78.93	81.57	74.70	93.53	71.47	70.96	70.35
江山市	79.46	83.59	76.45	91.12	73.50	71.27	68.38
定海区	77.77	80.36	68.56	87.94	69.63	78.20	78.06
普陀区	79.95	84.68	67.32	91.54	70.25	73.47	85.53
岱山县	78.15	83.90	69.76	87.89	70.00	72.02	74.84
嵊泗县	79.97	86.12	72.21	91.52	65.92	76.30	74.56
椒江区	79.67	81.88	74.89	89.50	64.64	78.12	83.58
黄岩区	81.77	84.99	78.52	88.84	74.96	73.32	82.21
路桥区	80.08	84.58	77.84	84.65	70.54	75.48	79.60
三门县	80.09	86.87	71.74	88.57	74.49	71.21	76.79
天台县	81.22	84.21	76.88	93.02	74.26	73.28	76.77
仙居县	79.65	81.69	73.21	95.12	75.46	70.87	74.77
温岭市	80.18	83.94	75.45	89.60	68.77	74.90	80.76
临海市	80.63	83.09	76.97	87.99	76.90	73.92	78.40
玉环市	79.36	81.55	75.90	89.15	71.68	73.21	77.46
莲都区	79.94	82.75	73.96	92.34	74.23	71.93	77.21

续 表

地区	绿色发展指数	资源利用指数	环境治理指数	治理能力指数	生态保护指数	增长质量指数	绿色生活指数
青田县	79.48	82.29	72.38	94.66	75.24	70.89	73.60
缙云县	80.27	82.51	73.18	95.34	77.39	72.60	73.67
遂昌县	79.68	81.80	75.76	93.84	75.36	73.24	69.05
松阳县	78.54	79.05	74.77	93.06	76.63	70.38	70.83
云和县	78.72	74.78	76.91	95.35	76.69	73.84	74.19
庆元县	80.50	81.35	79.63	90.63	80.60	69.63	73.10
景宁县	81.27	80.90	80.94	97.18	78.35	70.95	69.61
龙泉市	80.89	84.02	75.92	93.43	78.86	72.40	71.36

四、2019年浙江省生态文明建设年度评价

2020 年 11 月 24 日，浙江省委组织部、省统计局、省发展和改革委、省生态环境厅联合发布了 2019 年生态文明建设年度评价结果公报，公布了 2019 年浙江省各市、县（市、区）生态文明建设年度评价结果（见表 3—67，表 3—68，表 3—69 和表 3—70）。①

表 3—67　2019 年浙江省设区市生态文明建设年度评价结果排序

地区	绿色发展指数	资源利用指数	环境治理指数	治理能力指数	生态保护指数	增长质量指数	绿色生活指数
杭州市	1	3	7	10	1	1	4
温州市	2	6	5	3	9	4	1
湖州市	3	5	1	8	4	6	3
丽水市	4	2	10	1	3	11	11
台州市	5	4	6	5	7	9	7

① 省委组织部、省统计局、省发展和改革委、省生态环境厅：《2019 年我省生态文明建设年度评价结果公报》，浙江省统计局官网，2020 年 11 月 24 日。http：//tjj.zj.gov.cn/art/2020/11/24/art_1229129205_4239512.html.

续　表

地区	绿色发展指数	资源利用指数	环境治理指数	治理能力指数	生态保护指数	增长质量指数	绿色生活指数
绍兴市	6	10	4	7	6	2	6
金华市	7	8	3	6	5	7	9
舟山市	8	1	11	2	10	8	8
宁波市	9	11	9	9	8	5	2
衢州市	10	9	8	4	2	10	10
嘉兴市	11	7	2	11	11	3	5

表 3—68　2019 年浙江省设区市生态文明建设年度评价结果

地区	绿色发展指数	资源利用指数	环境治理指数	治理能力指数	生态保护指数	增长质量指数	绿色生活指数
杭州市	80.44	80.09	75.79	87.63	77.41	79.28	83.20
宁波市	79.49	78.59	75.18	90.11	71.90	75.14	83.81
温州市	80.37	79.36	76.80	92.00	71.65	75.28	84.35
嘉兴市	78.14	79.32	77.78	82.42	65.38	75.49	82.84
湖州市	80.22	79.59	77.88	90.25	73.10	74.57	83.28
绍兴市	79.84	78.75	77.07	90.36	72.06	76.60	82.80
金华市	79.76	78.86	77.24	90.96	72.70	73.62	82.23
衢州市	79.29	78.78	75.60	91.09	75.73	71.21	79.37
舟山市	79.70	80.59	73.08	92.08	71.40	73.35	82.58
台州市	79.88	79.74	76.44	91.05	71.95	72.74	82.71
丽水市	80.05	80.39	74.70	94.35	75.52	71.11	78.35

表 3—69　2019 年浙江省县（市、区）生态文明建设年度评价结果排序

地区	绿色发展指数	资源利用指数	环境治理指数	治理能力指数	生态保护指数	增长质量指数	绿色生活指数
义乌市	1	42	25	18	46	6	15
天台县	2	28	27	10	22	54	31
临安区	3	16	32	55	3	25	61
定海区	4	20	2	46	64	45	6

续 表

地区	绿色发展指数	资源利用指数	环境治理指数	治理能力指数	生态保护指数	增长质量指数	绿色生活指数
宁海县	5	18	5	38	26	59	57
西湖区	6	8	57	79	10	3	21
新昌县	7	13	70	33	19	9	16
富阳区	8	26	9	50	24	37	36
三门县	9	3	59	1	40	68	70
象山县	10	56	1	32	44	60	53
临海市	11	64	13	9	29	53	25
黄岩区	12	4	12	75	15	52	55
长兴县	13	47	3	27	50	40	48
文成县	14	27	65	8	8	69	13
永嘉县	15	11	82	19	23	48	8
青田县	16	9	37	2	31	70	76
上城区	17	2	40	76	—	5	75
拱墅区	18	1	40	82	56	4	69
海曙区	19	49	28	24	49	27	20
开化县	20	40	34	34	4	67	52
庆元县	21	19	75	4	1	82	71
龙泉市	22	17	66	7	5	63	85
景宁县	23	32	55	5	6	79	84
东阳市	24	37	22	30	41	36	65
莲都区	25	48	18	17	28	49	79
安吉县	26	29	15	60	25	51	56
缙云县	27	5	68	25	14	78	64
德清县	28	33	14	49	52	31	60
诸暨市	29	55	24	56	33	20	51
鄞州区	30	72	31	63	45	10	9
泰顺县	31	67	58	14	9	86	4

续　表

地区	绿色发展指数	资源利用指数	环境治理指数	治理能力指数	生态保护指数	增长质量指数	绿色生活指数
武义县	32	21	33	20	20	88	73
吴兴区	33	39	52	57	30	24	26
海盐县	34	65	6	42	80	18	28
鹿城区	35	77	7	70	59	11	22
海宁市	36	41	4	67	79	44	39
余姚市	37	57	21	69	37	32	37
上虞区	38	53	11	43	65	21	46
仙居县	39	71	61	3	17	66	68
衢江区	40	22	50	39	39	73	27
瑞安市	41	6	49	72	55	28	34
桐庐县	42	30	74	31	16	41	81
柯城区	43	34	60	58	51	22	38
滨江区	44	12	43	85	62	2	80
江北区	45	80	62	28	72	7	7
浦江县	46	86	8	21	21	83	67
苍南县	47	46	48	37	71	42	5
江干区	48	10	44	73	70	8	77
淳安县	49	68	77	26	2	89	35
北仑区	50	45	83	29	58	34	14
遂昌县	51	7	85	13	18	85	87
南浔区	52	31	46	54	81	47	24
镇海区	53	83	20	45	66	61	1
磐安县	54	50	86	6	11	81	74
永康市	55	82	10	47	35	72	63
松阳县	56	25	78	23	12	76	86
建德市	57	51	71	62	7	74	59
奉化区	58	84	30	41	27	75	18

续 表

地区	绿色发展指数	资源利用指数	环境治理指数	治理能力指数	生态保护指数	增长质量指数	绿色生活指数
柯桥区	59	62	16	80	42	14	44
普陀区	60	36	84	15	61	56	50
乐清市	61	59	80	51	60	17	10
平湖市	62	63	17	68	84	38	42
婺城区	63	75	51	59	43	39	58
金东区	64	69	56	40	57	80	17
玉环市	65	54	23	52	75	62	49
瓯海区	66	61	79	74	48	16	23
平阳县	67	58	67	65	53	65	3
嵊泗县	68	15	76	16	82	55	33
越城区	69	88	29	48	67	15	45
秀洲区	70	14	26	86	74	43	41
萧山区	71	74	39	77	63	33	11
嵊州市	72	44	89	44	32	35	30
温岭市	73	38	35	78	69	57	12
下城区	74	23	40	89	—	1	82
嘉善县	75	35	54	66	85	29	62
余杭区	76	70	47	84	54	12	19
常山县	77	66	64	36	36	87	72
云和县	78	87	87	11	13	64	66
龙湾区	79	52	72	64	86	26	29
兰溪市	80	76	73	22	38	84	83
椒江区	81	73	45	71	78	19	47
洞头区	82	85	81	12	87	50	2
龙游县	83	81	36	53	47	71	88
江山市	84	60	69	35	34	77	89
南湖区	85	43	38	87	83	13	43

续　表

地区	绿色发展指数	资源利用指数	环境治理指数	治理能力指数	生态保护指数	增长质量指数	绿色生活指数
桐乡市	86	79	63	81	68	30	32
路桥区	87	24	53	83	76	58	40
慈溪市	88	78	19	88	77	23	54
岱山县	89	89	88	61	73	46	78

表 3—70　2019 年浙江省县（市、区）生态文明建设年度评价结果

地区	绿色发展指数	资源利用指数	环境治理指数	治理能力指数	生态保护指数	增长质量指数	绿色生活指数
上城区	80.81	83.21	76.69	87.64	—	80.21	80.16
下城区	78.94	80.29	76.69	78.77	—	86.90	79.28
江干区	79.69	81.20	76.63	87.75	67.29	79.51	80.11
拱墅区	80.80	84.16	76.69	84.68	70.02	83.72	80.94
西湖区	81.15	81.42	75.65	86.57	76.08	84.65	85.21
滨江区	79.78	81.12	76.69	84.25	68.87	86.37	79.51
萧山区	78.99	78.22	76.71	87.48	68.78	75.12	86.23
余杭区	78.90	78.70	76.56	84.40	70.31	77.80	85.39
富阳区	81.14	80.16	79.76	90.33	74.15	74.92	84.28
临安区	81.29	81.01	77.66	90.23	78.45	75.62	82.19
桐庐县	79.87	80.02	74.38	91.90	75.31	74.57	79.41
淳安县	79.67	78.76	74.16	92.26	79.02	66.86	84.35
建德市	79.46	79.31	74.58	89.73	77.55	70.60	82.34
海曙区	80.76	79.33	78.22	92.45	71.06	75.56	85.32
江北区	79.74	77.88	75.42	92.03	67.17	79.55	86.67
北仑区	79.66	79.42	73.82	92.01	69.47	75.11	86.01
镇海区	79.54	76.93	78.66	90.60	68.03	71.93	90.09
鄞州区	80.34	78.59	77.75	89.69	71.51	78.19	86.37
奉化区	79.40	76.72	77.88	90.75	73.49	70.53	85.59
象山县	81.08	79.16	83.53	91.80	71.54	71.96	83.00

续 表

地区	绿色发展指数	资源利用指数	环境治理指数	治理能力指数	生态保护指数	增长质量指数	绿色生活指数
宁海县	81.16	80.65	80.83	91.15	73.52	72.34	82.57
余姚市	80.09	79.15	78.66	88.55	72.51	75.15	84.27
慈溪市	77.66	78.04	78.74	81.52	65.60	75.92	82.90
鹿城区	80.11	78.07	79.98	88.39	69.34	77.99	85.19
龙湾区	78.63	79.28	74.55	89.41	63.38	75.59	84.46
瓯海区	79.09	78.91	74.07	87.74	71.24	77.14	85.15
洞头区	78.38	76.59	74.02	94.07	62.70	73.27	87.39
永嘉县	80.82	81.16	74.01	93.05	74.37	73.41	86.65
平阳县	79.06	79.08	74.79	89.26	70.64	71.68	87.35
苍南县	79.69	79.42	76.54	91.33	67.25	74.29	86.93
文成县	80.88	80.09	75.14	94.23	76.42	70.91	86.02
泰顺县	80.33	78.81	75.60	93.63	76.23	68.78	87.22
瑞安市	79.96	81.61	76.54	87.97	70.09	75.45	84.35
乐清市	79.31	79.00	74.03	90.32	69.23	77.03	86.36
南湖区	78.21	79.57	76.81	82.17	64.32	77.74	83.66
秀洲区	79.00	81.05	78.25	82.81	66.93	74.12	83.74
嘉善县	78.91	79.87	76.04	88.86	63.68	75.36	82.06
海盐县	80.17	78.86	80.05	90.73	65.17	76.77	84.46
海宁市	80.11	79.60	81.09	88.73	65.25	74.04	84.14
平湖市	79.26	78.89	78.79	88.59	63.72	74.91	83.71
桐乡市	78.04	77.97	75.19	85.57	67.65	75.20	84.45
吴兴区	80.22	79.67	76.13	90.14	73.25	75.64	84.70
南浔区	79.54	79.99	76.57	90.26	64.59	73.58	84.88
德清县	80.37	79.94	79.10	90.46	70.65	75.17	82.26
长兴县	80.94	79.41	81.27	92.18	70.83	74.57	83.27
安吉县	80.44	80.02	79.04	89.86	73.97	73.12	82.68
越城区	79.03	76.33	77.97	90.50	67.70	77.17	83.57

续　表

地区	绿色发展指数	资源利用指数	环境治理指数	治理能力指数	生态保护指数	增长质量指数	绿色生活指数
柯桥区	79.40	78.89	78.89	85.69	71.70	77.24	83.60
上虞区	80.05	79.23	79.25	90.64	68.22	76.29	83.43
新昌县	81.14	81.08	74.63	91.78	74.95	78.24	85.77
诸暨市	80.34	79.19	78.38	90.15	73.08	76.44	83.09
嵊州市	78.98	79.49	70.71	90.61	73.14	75.01	84.46
婺城区	79.26	78.16	76.31	89.91	71.61	74.67	82.54
金东区	79.21	78.74	75.88	90.78	70.01	70.21	85.71
武义县	80.30	80.50	77.39	93.00	74.83	68.62	80.22
浦江县	79.71	76.58	79.94	92.78	74.69	69.05	81.04
磐安县	79.52	79.31	72.94	94.63	76.01	69.85	80.18
兰溪市	78.56	78.09	74.48	92.60	72.42	69.03	79.26
义乌市	81.48	79.60	78.26	93.06	71.51	80.08	85.98
东阳市	80.48	79.80	78.63	91.98	71.84	74.98	81.62
永康市	79.52	77.52	79.41	90.54	72.95	70.68	81.90
柯城区	79.82	79.87	75.43	90.03	70.66	76.19	84.15
衢江区	79.99	80.45	76.45	91.08	72.00	70.66	84.65
常山县	78.81	78.82	75.19	91.45	72.93	68.77	80.40
开化县	80.67	79.66	77.15	91.74	78.30	71.35	83.02
龙游县	78.30	77.86	76.92	90.27	71.45	70.73	75.84
江山市	78.29	78.92	74.67	91.47	73.05	70.31	73.96
定海区	81.26	80.55	82.76	90.55	68.30	74.03	86.83
普陀区	79.31	79.83	73.49	93.39	68.95	72.76	83.12
岱山县	76.41	74.61	71.91	89.85	67.11	73.99	80.09
嵊泗县	79.05	81.02	74.27	93.23	64.40	72.84	84.40
椒江区	78.46	78.38	76.58	88.04	65.50	76.53	83.28
黄岩区	80.96	82.06	79.20	87.67	75.49	73.06	82.85
路桥区	78.02	80.21	76.04	84.68	66.00	72.41	83.92

续 表

地区	绿色发展指数	资源利用指数	环境治理指数	治理能力指数	生态保护指数	增长质量指数	绿色生活指数
三门县	81.09	82.66	75.57	95.93	71.90	71.27	80.83
天台县	81.32	80.08	78.24	94.13	74.49	72.84	84.46
仙居县	80.05	78.69	75.43	94.98	75.17	71.60	80.98
温岭市	78.97	79.67	77.11	86.70	67.48	72.75	86.15
临海市	81.05	78.88	79.17	94.16	73.33	72.84	84.70
玉环市	79.19	79.23	78.43	90.31	66.63	71.87	83.25
莲都区	80.47	79.39	78.74	93.12	73.48	73.31	79.76
青田县	80.82	81.24	76.84	95.63	73.16	70.75	80.11
缙云县	80.42	81.82	74.67	92.44	75.60	70.29	81.69
遂昌县	79.55	81.52	73.26	93.87	74.95	68.95	76.47
松阳县	79.50	80.17	74.09	92.49	75.93	70.38	77.97
云和县	78.74	76.48	72.50	94.08	75.83	71.69	81.09
庆元县	80.64	80.63	74.29	94.96	79.33	69.14	80.63
景宁县	80.50	79.96	75.94	94.65	77.57	70.28	79.12
龙泉市	80.60	80.80	74.89	94.55	78.06	71.77	78.17

第四章

「绿水青山就是金山银山」理念与污染治理

「绿水青山是生存之本」，我们赖以生存的环境绝不能因盲目追求GDP的增长而被肆意破坏。面对威胁人类生存的环境污染问题，必须在「绿水青山就是金山银山」理念指导下，对受到污染和破坏的环境进行综合治理，防止自然环境受到污染和破坏，加强对现在污染的治理和对未来环境问题的防范，保障生态文明建设的稳步推进，实现人类的永续发展。浙江省台州市「防控治」三位一体、打好净土保卫战的实践，成功探索了土壤污染防治工作的有效路径。

第一节
环境污染威胁人类生存

一、大气污染

全世界每年排入大气的有害气体总量为5.6亿吨，其中一氧化碳2.7亿吨、二氧化碳1.46亿吨、碳氢化合物0.88亿吨、二氧化氮0.53亿吨。2012年全球约有1260万人因在不健康环境中生活或工作而死亡，约占全球死亡人口总数的1/4。在全球103个国家和地区的3000多个监测空气质量的城市中，80%以上城市的空气质量超过世卫组织的建议标准，美国每年因大气污染死亡人数达5.3万多人，全世界超过80%的人口正在呼吸着被颗粒物严重污染的空气。欧洲环境局2016年11月发布的报告称，欧洲空气污染每年导致46.7万人过早死亡，每10个城市中就有9个城市的居民呼吸着有害气体。

2017年，中国废气中二氧化硫排放量为875.4万吨、氮氧化物排放量为1258.83万吨、烟（粉）尘排放量为796.26万吨。2019年，全国机动车4项污染物排放总量为1603.8万吨，其中一氧化碳、碳氢化合物、氮氧化物、颗粒物排放量分别为771.6万吨、189.2万吨、635.6万吨、7.4万吨，汽车是污染物排放总量的主要贡献者。目前，我国主要的大气污染物已由二氧化硫（SO_2）和总悬浮颗粒物（TSP）

的污染转为可吸入颗粒物（PM_{10}）和细颗粒物（$PM_{2.5}$）的污染，污染程度十分严重的区域有东北、西北、整个华北地区以及长江以南和四川盆地的部分地区，其中以华北地区最为突出。

现代城市家庭的室内空气污染远比室外严重。装修后的室内空气中有时可检测出500多种挥发性有机物，其中20多种是致癌物。“室内空气污染”被列为继“煤烟型”“光化学烟雾型”污染后的第三代空气污染问题。

大气污染既危害人体健康，又影响动植物生长，而且破坏经济资源，会改变地球的气候，造成全球变暖、臭氧层耗损、酸雨等全球环境问题，大气污染物主要通过呼吸道进入人体，还会通过接触和刺激体表进入人体。

二、水污染

全世界每年向江河湖泊排放的各类污水约4260亿吨，造成径流总量的14%被污染，污染5.5万亿立方米的淡水。在发展中国家，有超过200万人（其中大多数为儿童）每年死于与饮水不洁有关的疾病。在全世界的自来水中，测出的化学污染物有2221种之多，其中有些被确认为致癌物或促癌物。

2018年中国废污水排放总量达750亿吨。有关统计部门的统计显示，全国约有7亿人口饮用大肠杆菌超标的水，约有1.7亿人饮用受有机物污染的水。90%城市地下水不同程度遭到有机和无机有毒有害污染物的污染，江河水系有70%受到污染，流经城市90%以上的河段严重污染。在118个大中城市中，较重污染的城市占64%，较轻污染的城市占33%。全国25%的地下水体遭到污染，地表水中有68种抗生素、90种非抗生素医药成分。

水污染危害极大，污染物通过饮水和食物进入人体，影响人类的身体健康；水污染破坏水体中的生态平衡，影响水生动植物，进一步影响人类的生存；水污染破坏工农业生产，严重阻碍经济的持续增长。

三、土壤污染

土壤污染出现于发达工业国家。高速发展的工业化过程中的日本就发生了很多土壤污染事件，“富山骨痛病事件”由于矿山开发导致含镉废水、废渣污染土壤，使生产的农产品含有毒素危害人体健康；美国在2009年时仅需要治理和必须治理的土壤污染地区有1300处；欧洲有350万块土地受到污染威胁，严重污染需要治理的有50万块土地。欧盟因农药污染导致的损失每年至少1250亿欧元（约合1410亿美元）。

原环境保护部和原国土资源部的调查结果表明，中国土壤总的点位超标率为16.1%，有100多万平方千米土地受到污染，有近20万平方千米耕地被污染，超出林地、草地被污染面积的一半，经济发达地区的污染问题尤为突出，长三角地区至少10%的土壤丧失生产力。中国农村每年产生90亿吨污水、2.8亿吨垃圾，绝大部分没有处理。中国年化肥施用量约6000万吨、农药用量达337万吨，90%进入生态环境。

土壤保存了至少1/4的全球生物多样性，为生态系统和人类提供多种服务，帮助抵御和适应气候变化。土壤污染导致生产能力退化，影响到食品安全，对人类生命健康构成威胁；可引起大气、水的污染和生物多样性破坏，从而使整体环境污染加剧，对全球生态安全构成威胁。

四、固体废物污染

联合国发布的《2020年全球电子废弃物监测》报告指出，2019年，全球产生的电子废物（带电池或插头的废物）总量达到5360万公吨，其中亚洲约为2490万吨、美国为1310万吨、欧洲为1200万吨、非洲为290万吨、大洋洲为70万吨，2019年只有17.4%的电子垃圾被收集和回收。到2030年，全球电子垃圾将达到7400万吨。

世界银行的《垃圾何其多2.0》报告显示，2016年全球产生的塑料垃圾达2.42亿吨，占固体垃圾总量的12%。现在全球每年生产的塑料超过50%是一次性塑料制品，大部分不能有效处理。联合国发布的《全球环境展望6》显示，每年流入海洋的塑料垃圾高达800万吨。

2017年，中国一般工业固体废物产生量为331592万吨，综合利用量为181187万吨。2019年，全国196个大、中城市一般工业固体废物产生量达13.8亿吨、综合利用量8.5亿吨，工业危险废物产生量达4498.9万吨、综合利用量2491.8万吨，医疗废物产生量84.3万吨且得到了及时妥善处置。1979年全国城市生活垃圾清运量为2508万吨，2006年增加到1.48亿吨，2014年达到1.79亿吨，《2020年全国大、中城市固体废物污染环境防治年报》显示，2019年196个大、中城市生活垃圾产生量达23560.2万吨。

固体废物污染和垃圾泛滥带来了严重的影响，固体废物中有害气体和粉尘会污染大气；固体废物中的有害成分会向土壤迁移，污染土壤，对植物产生了间接污染；固体废物还会使水体遭受污染，富营养化进一步加剧；大气、土壤、水的污染，严重影响人们的身体健康。

五、重金属污染

全世界平均每年排入土壤中的铅约为500万吨、汞约为1.5万吨、铜约为340万吨、锰约为1500万吨、镍约为100万吨。澳大利亚的土壤中镉的含量为0.11～6.37毫克/千克。据对美国部分公路及城市的土壤监测，仅铅的含量就达到最大允许量的几十倍甚至几百倍。20世纪“八大公害”中的日本“水俣病事件”“富山骨痛病事件”就是重金属污染引起的恶性事件。

环保部门的统计显示，中国1/6的耕地受到重金属污染，重金属污染土壤面积至少有2000万公顷。《中国耕地地球化学调查报告(2015)》显示，中国重金属中至重度污染达到3488万亩，轻微至轻度污染达到7899万亩。中国环境监测总站资料显示，重金属污染中最严重的是镉污染、汞污染、铅污染和砷污染。一项研究指出，在全国多个县级以上市场随机采购样品，发现10％左右的市售大米镉含量超标。

重金属污染对环境破坏很大，严重污染土壤和水体。土壤或水体中含有的重金属引起的污染又通过食物链进入生态系统，进而对人体造成危害，容易在生态系统或生命体中富集。汞、镉、铅、钴、铊、锰、砷都可能引发癌症、结石、关节疼痛、神经错乱、健忘、失眠、头晕和头痛。

六、环境痕量污染物污染

环境痕量污染物是相对于常见的常量污染物的新型污染物总称，包括持久性有机污染物、内分泌干扰物、持久性毒害（有毒化学）污染物等，它通过食物链累积诱发生物突变或引起生态失衡构成对人类的健康风险。

20 世纪 80 年代，德国每天从空气中沉积落地的颗粒物中的 PCDD/Fs 质量浓度在 5～36 皮克（毒性当量）/立方米，希腊北部地区每天从空气中沉积落地的颗粒物中的 PCDD/Fs 和 PCBs 的平均值为 0.52 皮克/立方米和 0.59 皮克/立方米。

在我国经济最发达的京津地区、长江三角洲、珠江三角洲等地区，“三致”（致癌、致畸、致突变）有机污染物在地下水中有一定程度的检出，其中农药类的六六六、滴滴涕等有机污染指标检出率一般为10％～20％，部分地区为 30％～40％，有的甚至在 80％以上。

持久性有机污染物在自然环境中滞留时间长，极难降解，毒性极强，能导致全球性的传播，被生物体摄入后不易分解，并沿着食物链浓缩放大，不仅具有致癌、致畸、致突变性，而且还具有内分泌干扰作用。

七、噪声污染

1996 年，20％的欧盟人口生活在环境噪声大于 65 分贝的严重干扰区域，40％的人口生活在 55～65 分贝之间的中等干扰区域。2002 年，美国生活在 85 分贝以上噪声环境中的居民数量急剧增加。其他发达国家的一些城市部分地区全天噪声达到 75～85 分贝。在中国城市噪声中，城市交通干线噪声平均值超过 70 分贝的城市超过 3/4。20 世纪末中国曾对每年因道路交通噪声污染导致的经济损失进行过统计，高达人民币 216 亿元。

《2020 年全国生态环境质量简况》显示，2020 年开展昼间区域声环境监测的 324 个地级及以上城市等效声级平均为 54.0 分贝，开展昼间道路交通声环境监测的324个地级及以上城市等效声级平均为66.6分贝，开展城市功能区声环境监测的311个地级及以上城市中，各类功能区昼间达标率为94.6%，夜间达标率为80.1%。

噪声对人的危害是多方面的，对人的心理、生理都有影响。长期在噪声环境中工作的人，听力会下降，甚至产生噪声性耳聋。人们在高噪声环境下工作，高血压、动脉硬化和冠心病的发病率要高出低噪声环境下2～3倍。噪声使劳动生产率降低10%～50%。特强噪声会损伤仪器设备，严重的可使仪器设备失效。

八、辐射污染

我们生存的空间充斥着大量微观粒子的运动，它们从各种发射体发出，向各个方向传播，形成了辐射流。现代科技在生产、生活的各个领域广泛运用各种辐射为人类服务，对人类的生存不可或缺，但如果处置不当，对人体和设施造成危害时，就形成辐射污染。

当前，光污染问题随着经济的发展越来越突出。灯火通明的地区比夜晚保持黑暗的地区的乳腺癌发病率高出近两倍，人造光源带来危害不仅造成“昼夜不分”，更重要的是危及公共健康和野生动植物的生长，甚至导致安全问题的出现。电磁辐射是指能量在空间以电磁波的形式由辐射源发射到空间的现象，危害主要表现为对通信、电子设备的干扰，电磁污染会与正常通信信号发生冲突，形成电磁噪声，甚至造成通信中断。放射是自然界存在的一种自然现象，当人受到大量射线照射时，射线可以破坏细胞组织，对人体造成伤害，严重时会导致机体损伤，甚至可能导致死亡。如核电站发生事故，造成的核污染会严重破坏生态环境和影响人体健康。

第二节
加强污染治理

一、以制度建设推进污染防治攻坚战

近年来，全国生态环境质量总体改善，环境空气质量改善成果进一步巩固，水环境质量持续改善，海洋环境状况稳中向好，土壤环境风险得到基本管控，生态系统格局整体稳定，核与辐射安全有效保障，环境风险态势保持稳定。2019 年，通过深入推进生态环境保护督察、严格依法依规监管、落实生态环境领域改革举措、强化生态环境保护支撑保障措施，以改善生态环境质量为核心，推动污染防治攻坚战取得了关键进展。①

《“十四五”规划和 2035 年远景目标纲要》提出，健全现代环境治理体系。建立地上地下、陆海统筹的生态环境治理制度。全面实行排污许可制，实现所有固定污染源排污许可证核发，推动工业污染源限期达标排放，推进排污权、用能权、用水权、碳排放权市场化交易。完善环境保护、节能减排约束性指标管理。完善河湖管理保护机制，强化河长制、湖长制。加强领导干部自然资源资产离任审计。完善中

① 《2019 中国生态环境状况公报》，生态环境部官网，2020 年 6 月 25 日。http://www.mee.gov.cn/hjzl/sthjzk/zghjzkgb/202006/P020200602509464172096.pdf.

央生态环境保护督察制度。完善省以下生态环境机构监测监察执法垂直管理制度，推进生态环境保护综合执法改革，完善生态环境公益诉讼制度。加大环保信息公开力度，加强企业环境治理责任制度建设，完善公众监督和举报反馈机制，引导社会组织和公众共同参与环境治理。

二、污染治理

1. 当前污染治理的重点

污染治理是对人类生产和生活排放的各种外源性物质进入环境后超出环境本身自净作用所能承受的范围的污染物进行治理和管控。

随着工业化、城镇化进程的加快，废气、废水、固体废物大量进入环境，同时噪声和放射性辐射也会形成污染，直接或间接地对人类生产、生活和身体健康等产生了不良影响。《“十三五”规划纲要》《关于培育环境治理和生态保护市场主体的意见》《“十三五”生态环境保护规划》等提出，以提高环境质量为核心，大力推进污染物达标排放和总量减排。《中共中央 国务院关于全面加强生态环境保护 坚决打好污染防治攻坚战的意见》提出，全面加强生态环境保护，打好污染防治攻坚战，提升生态文明，建设美丽中国。当前，大气、水、土壤污染治理是污染治理的三大重点。

“十三五”期间，《“十三五”规划纲要》确定的 9 项约束性指标和污染防治攻坚战阶段性目标任务超额完成。2015—2020 年，全国地表水优良水质断面比例由 64.5%上升到 83.4%，劣Ⅴ类水质断面比例由 8.8%降至 0.6%；细颗粒物（$PM_{2.5}$）平均浓度降至 33 微克/立方米；全国 337 个地级及以上城市年均空气优良天数比例升至 87.0%。截至 2019 年，单位 GDP 二氧化碳排放降低 48.1%，已提前完成了 2015 年提出的下降40%～45%的目标。

“十四五”规划和2035年远景目标纲要提出，深入打好污染防治攻坚战，建立健全环境治理体系，坚持源头防治、综合施策，强化多污染物协同控制和区域协同治理，推进精准、科学、依法、系统治污，协同推进减污降碳，不断改善空气、水环境质量，有效管控土壤污染风险，加强环境噪声污染治理，重视新污染物治理。实施大气污染物减排、水污染防治和水生态修复、土壤污染防治与安全利用、城市污水垃圾处理设施、医疗废物处置和固废综合利用等环境保护工程。

2. 大气污染防治

大气污染日益严重，破坏了人类的生存环境，如不加控制有进一步恶化的可能，防治大气污染就成为普遍关注的问题。

20世纪50年代特别是80年代以来，我国经济快速发展，生产力水平大幅度提高，同时伴随而来的大气污染严重影响经济和社会的持续发展。1987年8月，我国制定了《中华人民共和国大气污染防治法》，1995年8月作了修正，2000年4月、2015年8月进行了修订，2018年10月进行了修正，着力控制大气污染，恢复良好的自然环境。2018年修正的《大气污染防治法》主线更加清晰、重点更加突出、内容更加完备、监管更加严密、处罚更加有力，还规定了民事赔偿责任和刑事责任，为大气污染防治工作全面转向以质量改善为核心提供了坚实的法律保障。2002年11月，国家质量监督检验检疫总局、卫生部、国家环境保护总局联合发布《室内空气质量标准》，为室内空气质量监测评价和装修材料的管理提供了科学依据。

2013年9月，国务院印发了《大气污染防治行动计划》（“大气十条”）。“大气十条”实施以来，全国城市环境空气质量总体改善，$PM_{2.5}$、PM_{10}、NO_2、SO_2和CO年均浓度均逐年下降，大多数城市空气重污染天数减少。但空气质量面临的形势依然严峻。

"十三五"规划纲要提出，制定城市空气质量达标计划，严格落实约束性指标；《"十三五"控制温室气体排放工作方案》提出，到2020年，单位国内生产总值二氧化碳排放比2015年下降18%；《"十三五"生态环境保护规划》《"十三五"挥发性有机物污染防治工作方案》强调分区施策改善大气环境质量，实施大气环境质量目标管理和限期达标规划。

党的十九大报告提出，坚持全民共治、源头防治，持续实施大气污染防治行动，打赢蓝天保卫战。

"十三五"期间，围绕打赢蓝天保卫战的决策部署，全国空气质量明显改善。产业结构绿色转型升级取得实质成效，能源结构进一步清洁化低碳化，交通运输体系进一步绿色化，面源污染得到有效整治。

《2020年全国生态环境质量简况》显示，2020年，全国大气环境质量持续改善。全国337个地级及以上城市空气平均优良天数比例为87.0%，202个城市环境空气质量达标，占全部地级及以上城市数的59.9%，$PM_{2.5}$年均浓度为33微克/立方米，PM_{10}年均浓度为56微克/立方米。

"十四五"规划和2035年远景目标纲要提出，加强城市大气质量达标管理，推进细颗粒物（$PM_{2.5}$）和臭氧（O_3）协同控制，地级及以上城市$PM_{2.5}$浓度下降10%，有效遏制O_3浓度增长趋势，基本消除重污染天气。持续改善京津冀及周边地区、汾渭平原、长三角地区空气质量，因地制宜推动北方地区清洁取暖、工业窑炉治理、非电行业超低排放改造，加快挥发性有机物排放综合整治，氮氧化物和挥发性有机物排放总量分别下降10%以上。

大气污染是工业文明的产物，源于燃煤、机动车尾气、工业废气、扬尘等污染物排放量的不断增大。对许多大中城市来说，机动车成为细颗粒物的首要来源。大气污染作为一个环境事件，反过来成为一个直接的经济问题，影响社会的安定，进而造成严重的政治问题，其深层的根源是文化问题。要解决大气污染问题，从法律层面看，必须改变中国社会自上而下的“有法不依，执法不严，违法不究”；从行政层面看，必须破除考核论产值、部门各为政、环评来做假、信息不公开、公众难参与、行政不问责所造成的治污僵局；从企业层面看，严格依据法规从事生产活动，实行清洁生产和节能减排；从公众层面看，践行低碳生活。

3. 水污染防治

水污染造成了环境的严重透支，对社会正常的生产和生活产生了极为不利的影响，水污染防治一直是环境污染治理的重点。

1984 年 5 月，我国制定了《中华人民共和国水污染防治法》，1996 年 5 月修正，2008 年 2 月修订，2017 年 6 月修改。确定了“坚持预防为主、防治结合、综合治理”的水污染防治原则，优先保护饮用水水源，严格控制工业污染、城镇生活污染，防治农业面源污染，积极推进生态治理工程建设，预防、控制和减少水环境污染和生态破坏。为保护人体健康和水的正常使用，我国先后颁布了一系列水环境质量标准，对水体中污染物或其他物质的最高容许浓度作出了规定。2017 年 6 月修改后，首次写入“河长制”以加强水环境保护。

2015 年 4 月，国务院印发了《水污染防治行动计划》（“水十条”）。“水十条”实施以来，全国水环境质量得到阶段性改善，污染严重水体较大幅度减少，饮用水安全保障水平持续提升，地下水超采得到严格控制，地下水污染加剧趋势得到初步遏制，近岸海域环境质量稳中趋好，京津冀、长三角、珠三角等区域水生态环境状况有所好转。2016 年 1 月，环境保护部、国家发改委、水利部等部门编制了《重点流域水污染防治“十三五”规划编制技术大纲》。

“十三五”规划纲要提出，加强重点流域、海域综合治理，严格保护良好水体和饮用水水源，加强水质较差湖泊综合治理与改善；推进水功能区分区管理，主要江河湖泊水功能区水质达标率达到 80%以上；

开展地下水污染调查和综合防治。

《“十三五”生态环境保护规划》《关于全面推行河长制的意见》《关于在湖泊实施湖长制的指导意见》《水利改革发展“十三五”规划》《“十三五”实行最严格水资源管理制度考核工作实施方案》《全国国土规划纲要（2016—2030年）》《重点流域水污染防治规划（2016—2020年）》等，提出了加强水生态治理与保护的措施。党的十九大报告提出，加快水污染防治，实施流域环境和近岸海域综合治理。

2018年4月，中共中央、国务院公布的《关于支持海南全面深化改革开放的指导意见》提出，全面实施河长制、湖长制、湾长制、林长制。

《2020年全国生态环境质量简况》显示，2020年，全国水环境质量持续改善。1940个国家地表水考核断面中，水质优良（Ⅰ～Ⅲ类）断面比例为83.4%，劣Ⅴ类断面比例为0.6%。大江大河干流和重要湖泊（水库）水质稳步改善，集中式生活饮用水水源达标率提高，管辖海域海水水质较好。

《“十四五”规划和2035年远景目标纲要》提出，完善水污染防治流域协同机制，加强重点流域、重点湖泊、城市水体和近岸海域综合治理，推进美丽河湖保护与建设，化学需氧量和氨氮排放总量分别下降8%，基本消除劣Ⅴ类国控断面和城市黑臭水体。开展城市饮用水水源地规范化建设，推进重点流域重污染企业搬迁改造。

水环境污染、水生态退化、水资源短缺问题也不是一朝一夕就能解决的，这需要全社会共同行动。我国在节约水资源、保护水环境问题上尽管有众多规章制度及部门负责管理，但效果不尽人意。要实现以水资源的持续利用来保障经济社会的持续发展，一是要在全社会形成新的水生态价值观，使全社会树立节水、爱水、护水的自觉意识，加快节水型社会建设的步伐；二是系统构建水资源管理制度体系和技术支撑体系，改变目前多部门治水的混乱格局；三是变革控制排污总量的思维，用经济手段、行政手段、法律手段引导企业改进技术，在源头上真正使污染物排放达到国家标准；四是严惩污染水环境行为，解决“违法成本低，守法成本高”问题，通过建立公益诉讼制度使公众有序参与环境保护；五是在经济和社会发展过程中，严格按生态规律进行建设，在空间格局、产业结构、生产方式、生活方式上，符合节约水资源、保护水环境的要求。

4. 土壤污染防治

土壤污染是一种“看不见的污染”，不像大气污染、水污染被公众特别关注，它具有累计性、隐蔽性和滞后性的特点，土壤污染不仅对生产和生活产生直接影响，而且治理周期较长、成本高，对土壤污染防治必须引起足够的重视。

我国在《环境保护法》《固体废物污染环境防治法》《土地管理法》《农业法》《基本农田保护条例》《土地复垦条例》等相关法律法规中涉及土壤污染防治，制定了《土壤环境质量标准》（1995 年）等近 50 项由五大类标准组成的土壤环境质量标准体系。从 1999 年开始，国土资源部中国地质局开展了多目标区域地球化学调查，完成调查面积 150.7 万平方千米，其中耕地面积 13.86 亿亩；2005—2013 年，环境保护部会同国土资源部开展首次全国土壤污染状况调查，调查面积 630 万平方千米；2012 年，农业部启动农产品产地土壤重金属污染调查，调查面积 16.23 亿亩；“十二五”期间，环境保护部试点研究制定全国土壤环境质量监测网建设方案。

2016 年 5 月，国务院印发了《土壤污染防治行动计划》（“土十条”）。“土十条”实施以来，全国土壤污染加重趋势得到初步遏制，土壤环境质量总体保持稳定，农用地和建设用地土壤环境安全得到基本保障，土壤环境风险得到基本管控。

《“十三五”规划纲要》《“十三五”生态环境保护规划》《污染地块土壤环境管理办法》《农用地土壤环境管理办法（试行）》等，就防治土壤环境污染提出了措施。党的十九大报告提出，强化土壤污染管控和修复。

2018年8月，十三届全国人大常委会第五次会议通过了《中华人民共和国土壤污染防治法》，预防土壤污染，保护未污染土壤和未利用地，建立农用地分类管理制度，实行建设用地土壤污染风险管控和修复名录制度，制定对违法行为详尽的处罚措施。土壤污染防治法的出台，填补了我国土壤污染防治法律的空白，进一步完善了环境保护法律体系，有利于将土壤污染防治工作纳入法制化轨道。

《2020年全国生态环境质量简况》显示，全国农用地土壤环境状况总体稳定。影响农用地土壤环境质量的主要污染物是重金属，其中镉为首要污染物，受污染耕地安全利用率达到90％左右，污染地块安全利用率达到90％以上。

《“十四五”规划和2035年远景目标纲要》提出，推进受污染耕地和建设用地管控修复，实施水土环境风险协同防控。

土壤污染治理牵涉面广，涉及方方面面的利益，是一项长期、综合、持久的工作。从国家环境管理的角度看，土壤污染治理必须结合大气污染、水污染防治系统地进行，用法律、行政、经济手段相结合的方法。要完善土壤污染防治法规，继续完善土壤环境质量标准体系，加强监管特别是对重点行业、农用地、建设用地的监管，严格执法，建立领导干部终身追责机制。据估算，我国土壤污染治理投资巨大，将形成十几万亿甚至几十万亿元的市场规模，如果没有统一的部署，经济利益的驱动难免形成无序竞争的市场，浪费有限的资源，不利于污染地块的治理与修复。从企业的社会责任看，企业必须严格依照国家相关法规建设和运营污染治理设施，将土壤污染防治纳入企业环境风险防控体系，承担因土壤污染造成的损害评估、治理与修复的法律责任。从公众的环境权利看，政府要尊重公众对环境状况等信息获得的权利，必须让公众对土壤环境状况有知情权和行使监督权，各部委的调查数据应该统一处理利用并向全社会公开、共享，充分发挥公众参与和公益诉讼在土壤污染防治中的积极作用。

5. 固体废物污染防治

近年来，固体废物污染已经成为环境污染的重要内容，固体废物污染防治工作已经为全社会广泛重视。

1995 年 10 月，八届全国人大常委会第五次会议通过了《中华人民共和国固体废物污染环境防治法》，2004 年 12 月修订，2020 年 4 月第二次修订。新修订的法律突出问题导向，健全固体废物污染环境防治长效机制，用最严格制度最严密法治保护生态环境。新修订的固体废物污染环境防治法明确固体废物污染环境防治坚持减量化、资源化和无害化原则，强化政府及其有关部门监督管理责任，完善了工业固体废物污染环境防治制度，强化产生者责任，明确国家推行生活垃圾分类制度，完善了建筑垃圾、农业固体废物等污染环境防治制度，完善了危险废物污染环境防治制度，对违法行为实行严惩重罚。

2018 年 6 月，中共中央、国务院印发了《关于全面加强生态环境保护 坚决打好污染防治攻坚战意见》，对全面禁止洋垃圾入境，开展“无废城市”建设试点等工作作出了全面部署。统筹推进固体废物“减量化、资源化、无害化”，是生态文明建设的迫切要求。

《2020 年全国大、中城市固体废物污染环境防治年报》显示，2019 年全国固体废物污染防治工作成效显著。生态环境部会同有关部门先后两次调整进口固体废物管理目录，大幅减少固体废物进口种类和数量，严格固体废物进口管理，筛选确定“11＋5”个“无废城市”建设试点城市和地区，编制印发了《“无废城市”建设试点实施方案编制指南》

《“无废城市”建设指标体系（试行）》等指导性文件，新修订的《中华人民共和国固体废物污染环境防治法》自 2020 年 9 月 1 日起施行。

《“十四五”规划和 2035 年远景目标纲要》提出，加强塑料污染全链条防治。

固体废物污染防治工作涉及政府、企业、公众三个层面。从政府管理角度看，要严格执法，严格固体废物进口管理和大幅减少固体废物进口种类和数量，继续推进“无废城市”建设，严格危险废物环境管理和废弃电器电子产品管理方面；从企业角度看，要继续减少一般工业固体废物、工业危险废物、医疗废物产生量；从公众角度看，提倡绿色生活，不断减少生活垃圾。

三、污染预防

环境保护的首要原则是预防，先防后治能够极大地节约资源，推进环境保护工作的顺利开展。《新常态下环境保护对经济的影响分析报告》指出，中国每年因环境污染和生态破坏造成的经济损失，约占当年 GDP 的 6％。

1. 开展战略和规划环境影响评价

战略环评涉及面广、评价范围大、程序复杂，针对的是战略层面，其目的在于把环境保护纳入整体发展的计划、决策和执行中，最大程度减少人类活动给环境带来的消极影响。规划环境影响评价是为了有效设定区域环境容量，在开发建设活动的源头预防环境问题的产生。

2009—2013 年，环境保护部对环渤海沿海地区、北部湾经济区沿海、成渝经济区、海峡西岸经济区、黄河中上游能源化工区进行了战略环评；2012—2013 年，环境保护部进行了西部大开发战略环评；2013 年，环境保护部启动了中部地区发展战略环评。环境保护部还制定了 9

项指导意见，提出资源开发与重点产业优化发展的调控方案和对策，为区域重大生产力布局和项目环境准入提供重要支撑；2015 年，环境保护部启动了京津冀、长三角、珠三角三大地区战略环评项目。

2009 年 8 月，国务院发布了《规划环境影响评价条例》；2015 年，国家建立了规划环评会商机制。规划环评为我国经济和社会的持续发展留下了丰厚的生态资源。

《“十三五”生态环境保护规划》指出，通过战略和规划环评，在空间上守住生态保护红线、行业上守住排放总量、项目上守住环境准入标准，就能从源头预防污染的产生。推进战略和规划环评，编制自然资源资产负债表，建立资源环境承载能力监测预警机制。

推进战略和规划环评，在区域层面可以统筹大气污染防治，在流域层面能够统筹生态保护，在园区层面进一步统筹环境保护基础设施建设和环境风险防范，进而从总体上促进国土空间整体开发格局、重点产业布局和城镇化空间布局的优化，调整产业结构，淘汰落后产能，加大资源综合利用程度，减少污染物排放总量，改善环境质量。

2. 严格项目环境影响评价

项目环境影响评价包括项目地址、项目类型、生产工艺、生产管理、污染治理和施工期的环境保护等。项目环评的对象一般是单个项目，涉及面和评价范围都较小，工作较为简单，通过分析、预测污染因子对环境可能产生的污染以及污染程度，找出防治对策，使环境可以接受。

严格项目环评对一定区域的经济和社会的持续发展有重大作用。通过“预防为主”的原则，项目环评从国家产业和技术政策上严格把关新建项目，严防产生新的污染源，强化建设项目的环境管理，提出新开发项目的环境保护预防对策和治理措施。

生态环境部提供的资料显示，2019 年，持续深化“放管服”改革，依法取消环评单位资质许可，出台了《建设项目环境影响报告书（表）编制监督管理办法》等配套文件，强化事中事后监管。发布了《生态环境部审批环境影响评价文件的建设项目目录（2019 年本）》，下放运输机场等九类项目环评审批权。全国审批环评报告书（表）项目 22 万个，涉及总投资约 18.6 万亿元；在线备案登记表项目 116.5 万个，平均用时仅需 10 分钟。

3. 注重环境标准引导

我国环境保护标准自 1973 年创立以来，经过 40 多年的发展和完善，已经形成了比较完整的环境保护标准体系。

我国的环境标准由五类三级组成。“五类”指五种类型的环境标准：环境质量标准、污染物排放标准、环境基础标准、环境监测方法标准及环境标准样品标准。“三级”指环境标准的三个级别：国家环境标准、环境保护部标准（环境保护行业标准）及地方环境标准。国家级环境标准和环境保护部级标准包括五类，由环境保护部负责制定、审批、颁布和废止。地方级环境标准只包括两类：环境质量标准和污染物排放标准。

在环境保准执行上，地方环境保护标准优先于国家环境保护标准执行。由于国家污染物排放标准分为跨行业综合性排放标准和行业性排放标准，有行业性排放标准的执行行业排放标准，没有行业排放标准的执行综合排放标准。

我国的环境保护标准已覆盖空气、水、土壤、固体废物与化学品、声与振动、生态、核与电磁辐射等领域。环保标准已经成为淘汰落后产能、环评审批和日常环境监管的有力依据，注重环境标准引导可以有力地促进技术创新和推进企业的转型升级，更好地做好污染预防工作。

《“十三五”生态环境保护规划》强调完善环境标准和技术政策体系。党的十九大报告提出，提高污染排放标准，强化排污者责任。

"十三五"期间，完成制修订并发布国家生态环境标准551项，包括4项环境质量标准、37项污染物排放标准、8项环境基础标准、305项环境监测标准、197项环境管理技术规范。其中配套"大气十条"的实施，发布了122项涉气标准。配套"水十条"的实施，发布了107项涉水标准。配套"土十条"的实施，发布了49项涉土标准和40项固体废物标准。

4. 推进产业结构调整

我国的产业结构一直不合理，当前产业结构的最大问题是落后产能大，产能过剩问题十分突出，主要集中在炼铁、炼钢、焦炭、铁合金、电石、电解铝、铜冶炼、铅冶炼、锌冶炼、水泥、平板玻璃、造纸、酒精、味精、柠檬酸、制革、印染、化纤、铅蓄电池等工业行业，这些行业能耗高、污染物排放量大，如果淘汰落后产能、处置僵尸企业、推动产业重组，就能推进供给侧结构性改革，更好地预防污染的产生。产业结构升级带来了单位产品主要污染物排放强度的大幅降低和资源能源效率的大幅提升。

产业结构升级能带来单位产品主要污染物排放强度的大幅降低和资源能源效率的大幅提升。《"十三五"生态环境保护规划》《重点生态功能区产业准入负面清单编制实施办法》《战略性新兴产业重点产品和服务指导目录》(2016版）等都强调，强化环境硬约束推动淘汰落后和过剩产能，降低生态环境压力。《关于加快推进环保装备制造业发展的指导意见》提出，大力发展环保装备制造业。

2019年，生态环境部积极主动服务"六稳"。出台了《关于进一步深化生态环境监管服务 推动经济高质量发展的意见》。积极主动服务京津冀协同发展等重大国家战略。长江经济带11省（市）及青海省"三线一单"（生态保护红线、环境质量底线、资源利用上线和生态环境准入清单）成果开始实施，19个省（区、市）"三线一单"编制形成初步成果。动态调整并持续调度国家、地方、利用外资重大项目“三本台账”。提前介入服务指导，开辟绿色通道，提高审批效率。支持服务企业绿色发展，印发《生态环境部、全国工商联关于支持服务民营企业绿色发展的意见》。启用国家生态环境科技成果转化综合服务平台，汇集科技成果 4000 多项，累计推介先进污染治理技术 1000 余项。推进园区环境污染第三方治理和清洁生产审核，开展环境综合治理托管服务模式试点，大力推进环保产业发展。生态环保扶贫工作成效明显。

“十四五”时期，我国将优化产业结构与布局，推进产业绿色转型，充分发挥生态环境保护对产业结构优化升级的倒逼作用。以落实“三线一单”为重点，发挥对项目环境准入的强制约束作用，淘汰落后产能，引导高污染企业有序退出，推进各类园区循环化改造、规范发展和提质增效。

5. 防控环境风险

在我国快速发展的工业化和城市化进程中，产业结构和产业布局不合理、经济发展过快、监管缺位，使得环境风险问题凸显，突发性环境事件频发，往往造成严重的环境污染和生态灾难事件。

《国家环境保护“十二五”规划》提出加强重点领域环境风险防控，《“十三五”规划纲要》提出要严密防控环境风险，《“十三五”生态环境保护规划》强调实行全程管控有效防范和降低环境风险，《核安全与放射性污染防治“十三五”规划及 2025 年远景目标》提出了推进核安全监管现代化建设，《禁止洋垃圾入境推进固体废物进口管理制度改革实施方案》提出了严格固体废物进口管理。

“十三五”时期，我国在防范化解生态环境风险取得了很大的成绩。《“十四五”规划和 2035 年远景目标纲要》提出，严密防控环境风险。建立健全重点风险源评估预警和应急处置机制。全面整治固体废物非法堆存，提升危险废弃物监管和风险防范能力。强化重点区域、重点行业重金属污染监控预警。健全有毒有害化学物质环境风险管理体制，完成重点地区危险化学品生产企业搬迁改造。严格核与辐射安全监管，推进放射性污染防治。建立生态环境突发事件后评估机制和公众健康影响评估制度。在高风险领域推行环境污染强制责任保险。

要建立环境风险防控体系。首先，要建立有效的环境风险防控机制，国家层面要建立环境风险防控和应急联动制度，企业层面要建立环境风险防控与应急管理制度，公众层面要建立公众环境风险知情与防范制度；其次，在防控环境风险中，政府要充分发挥主导作用，企业要充分承担风险防控的实施主体作用，同时还要充分发挥公众对环境风险防控的监督作用并使公众积极参与到这项工作中来；再次，要开展环境风险调查与评估，完善环境风险管理措施，建立环境事故处置和损害赔偿恢复机制；最后，要在有环境风险的区域建立环境风险防控设施，一旦遭遇突发性环境事件，能及时控制污染，避免造成更大的危害。

6. 加强环境基础设施建设

完善的环境基础设施可以保护生态环境、节约能源资源，是经济社会持续发展的重要基础。

工业化和城镇化的快速发展带来我国基础设施建设的大发展，但环境基础设施建设远远跟不上经济社会发展的步伐，我国在垃圾收集和处置、污水处理、园林绿化、生态保护区建设、湿地保护和建设等设施建设上的投入不能满足生产和生活的要求，加快环境基础设施建设成为污染预防的重要环节。

《"十三五"规划纲要》提出加强环境基础设施建设，《关于培育环境治理和生态保护市场主体的意见》《"十三五"生态环境保护规划》《"十三五"全国城镇污水处理及再生利用设施建设规划》《"十三五"全国城镇生活垃圾无害化处理设施建设规划》《全国国土规划纲要（2016—2030年）》《全国城市市政基础设施建设“十三五”规划》等，就加强环境基础设施建设，加快建设城镇垃圾和污水处理设施，建成现代化城市市政基础设施体系，提出了具体措施。党的十九大报告提出，加强固体废弃物和垃圾处置。

2021年2月，国务院印发的《关于加快建立健全绿色低碳循环发展经济体系的指导意见》提出，推进城镇环境基础设施建设升级，提升交通基础设施绿色发展水平。

《“十四五”规划和2035年远景目标纲要》提出，全面提升环境基础设施水平。构建集污水、垃圾、固废、危废、医废处理处置设施和监测监管能力于一体的环境基础设施体系，形成由城市向建制镇和乡村延伸覆盖的环境基础设施网络。推进城镇污水管网全覆盖，开展污水处理差别化精准提标，推广污泥集中焚烧无害化处理，城市污泥无害化处置率达到90%，地级及以上缺水城市污水资源化利用率超过25%。建设分类投放、分类收集、分类运输、分类处理的生活垃圾处理系统。以主要产业基地为重点布局危险废弃物集中利用处置设施。加快建设地级及以上城市医疗废弃物集中处理设施，健全县域医疗废弃物收集转运处置体系。

四、农村环境整治

随着工业由东部向中西部转移、由城市向农村转移，本就不堪重负的农村环境更是雪上加霜，严重影响食品安全，制约农村经济社会的持续发展。

近年来，国家不断加大农村环境整治的力度，出台了一系列政策，采取了一系列举措，农村环境“脏乱差”现象有所改变，农村环境连片整治工作取得一定的成效，区域性突出环境问题得到一定程度的缓解。

《关于全面推进农村垃圾治理的指导意见》《“十三五”生态环境保护规划》《“十三五”卫生与健康规划》《“十三五”促进民族地区和人口较少民族发展规划》《全国国土规划纲要（2016—2030年）》《全国农村环境综合整治“十三五”规划》《农村人居环境整治三年行动方案》《关于加快推进长江经济带农业面源污染治理的指导意见》《农业农村污染治理攻坚战行动计划》都提出了加快农业农村环境综合治理，继续推进农村环境综合整治。党的十九大报告提出，加强农业面源污染防治，开展农村人居环境整治行动。

《2019年各部门合力推进农村人居环境整治工作综述》指出，2019年是农村人居环境整治由典型示范向面上推开的关键一年。组织了各地深入学习推广浙江“千万工程”经验，对照《农村人居环境整治三年行动方案》分三类地区推进农村改厕，制定了《关于切实提高农村改厕工作质量的通知》，印发了《农村人居环境整治村庄清洁行动方案》《关于建立健全农村生活垃圾收集、转运和处置体系的指导意见》《关于推进农村生活污水治理的指导意见》《关于推进农村黑臭水体治理工作的指导意见》《农村生活污水处理设施水污染物排放控制规范编制工作指南（试行）》《关于做好2019年畜禽粪污资源化利用项目实施工作的通知》《关于促进畜禽粪污还田利用依法加强养殖污染治理的指导意见》《关于进一步做好当前生猪规模养殖环评管理相关工作的通知》《关于统筹推进村庄规划工作的意见》等，安排资金支持各地开展农作物秸秆综合利用、畜禽粪污资源化利用试点、农用地膜回收利用相关工作，开展了农村人居环境整治大检查，制定了《农村户厕建设技术要求（试行）》，在提升村容村貌、农村生活垃圾污水治理、农业生产废弃物资源化利用等方面也取得了显著成效，全国90%以上的村庄开展了清洁行动，农村卫生厕所普及率超过60%，农村生活垃圾收运处置体系覆盖全国84%以上的行政村，农村生活污水治理梯次推进。[①]

2021年1月，中共中央、国务院印发的《关于全面推进乡村振兴加快农业农村现代化的意见》提出，实施农村人居环境整治提升五年行动。

《“十四五”规划和2035年远景目标纲要》提出，改善农村人居环境，开展农村人居环境整治提升行动，稳步解决“垃圾围村”和乡村黑臭水体等突出环境问题，推进农村生活垃圾就地分类和资源化利用，以乡镇政府驻地和中心村为重点梯次推进农村生活污水治理，支持因地制宜推进农村厕所革命，推进农村水系综合整治，深入开展村庄清洁和绿化行动，实现村庄公共空间及庭院房屋、村庄周边干净整洁。

五、打击环境犯罪

环境犯罪是环境污染产生的一个重要原因，长期以来环境犯罪问题没有引起人们足够的重视，除非发生重大环境灾难被告人被追究刑事责任外，一般的污染环境行为仅仅被处以行政处罚。只有严厉打击环境犯罪，才能加强环境治理。

联合国环境规划署和国际刑警组织发布的《环境犯罪的崛起》报告显示，2014年全球环境犯罪价值为700亿～2130亿美元，2015年增加到910亿～2580亿美元；环境犯罪造成的经济损失是国际机构打击此类犯罪投入资金的1万倍；林业犯罪的总价值每年为500亿～1520亿

① 《2019年各部门合力推进农村人居环境整治工作综述》，中国政府网，2020年3月10日。http：//www.gov.cn/xinwen/2020－03/10/content_5489545.htm.

美元；过去10年，环境犯罪每年以5%～7%的速度增加，比全球GDP的增长速度快2～3倍；2013年，东南亚和太平洋地区每年电子垃圾的非法贸易额约为37.5亿美元；非法野生动植物贸易额每年为70亿～230亿美元；非法采矿涉及价值120亿～480亿美元。

2018年，我国各地侦破环境犯罪刑事案件8000余起，各级人民法院共受理社会组织和检察机关提起的环境公益诉讼案件1800多件。①

《“十三五”生态环境保护规划》提出推进环境司法，《最高人民法院、最高人民检察院关于办理环境污染刑事案件适用法律若干问题的解释》明确了应当认定为“严重污染环境”的18种情形，《环境保护行政执法与刑事司法衔接工作办法》强调进一步健全环境保护行政执法与刑事司法衔接工作机制。

2021年3月1日，《刑法修正案（十一）》正式施行，现行刑法中共有16条与环境相关的刑事责任：投放危险物质罪（第114条）、过失投放危险物质罪（第115条）、非法储存危险物质罪（第125条）、危险物品肇事罪（第136条）、非法经营罪（第225条）、提供虚假证明文件罪（第229条）、出具证明文件重大失实罪（第229条）、妨害公务罪（第277条）、破坏计算机信息系统罪（第286条）、污染环境罪（第338条）、非法处置进口的固体废物罪（第339条）、擅自进口固体废物罪（第339条）、走私废物罪（第152条）、非法占用农用地罪（第342条）、非法引进外来入侵物种罪（第344条）、环境监管失职罪（第408条）。②

---

① 《2018中国生态环境状况公报》，生态环境部官网，2019年5月29日。http://www.mee.gov.cn/hjzl/sthjzk/zghjzkgb/201905/p020190619587632630618.pdf.

② 《中华人民共和国刑法（实用版）》，中国法制出版社2021年版。

第三节
打好净土保卫战的台州实践[①]

一、浙江台州“防控治”“三位一体”，打好净土保卫战

台州市地处浙江省沿海中部，东濒东海，陆地总面积9411平方千米、领海和内水面积约6910平方千米，台州市的地理位置得天独厚，居山面海，平原丘陵相间，形成“七山一水二分田”的格局。总人口569万，其中市区人口152万。市区由椒江、黄岩、路桥3个区组成，辖临海、温岭、玉环3个县级市和天台、仙居、三门3个县。作为浙江省经济较为发达的城市，台州是我国有名的“原料药之都”“中国再生金属之都”“城市矿山”“中国制造业之都”，2020年，GDP达5262.7亿元。

改革开放之初，医化、废五金拆解、电镀等支柱行业在推动台州经济高速发展，为台州百姓赚得“金山银山”的同时，也因前期粗放的发展方式和不正确的生产经营模式，导致了台州局部区域重金属和有机物严重污染了土壤，进而影响农产品质量、人居环境安全和居民身体健康。

① 本案例由台州市生态环境局提供，陈昌笋、吴春平、孙冰有参与编辑。

生态环境的改变，引起了台州市委、市政府的高度重视。台州市全面贯彻落实“绿水青山就是金山银山”理念和《土壤污染防治行动计划》，坚持问题和目标导向，深入研究当前土壤污染变化趋势和现状，准确把握土壤污染存在的问题，运用系统思维和方法，进行顶层设计和集成创新，通过系统推进土壤污染综合防治先行区建设，全面建立起土壤污染防治体系，改善了土壤环境质量，保障了农产品质量和人居环境安全，探索了土壤污染“防控治”“三位一体”的台州模式，为全国土壤污染防治工作提供了一条可供借鉴的路径。

为切实加强土壤污染防治，改善土壤环境质量，台州市先行先试，全面启动土壤环境质量详查，“防控治”“三位一体”，统筹推进先行区建设工作。构建起党委领导、政府主导、环保牵头、部门联动、齐抓共管的土壤污染综合防治工作体系，基本完成先行区和“土十条”建设任务，全市受污染耕地安全利用率为98.55%、污染地块安全利用率为100%，没有发生因土壤污染引发的食用农产品超标事件和污染地块再开发利用环境事件。2019年7月全国土壤污染防治经验交流及现场推进会在台州市召开，《台州市推进土壤污染综合防治先行区建设》案例入选中央组织部《贯彻落实习近平新时代中国特色社会主义思想在改革发展稳定中攻坚克难案例》，同时入选生态环境部美丽中国先锋榜，连续两年获得浙江省土壤污染防治工作方案实施情况考核优秀。

二、注重建章立制，全方位建立工作体系，打造治土“推进器”

台州市专门成立以市长为组长、分管副市长为副组长、40个市级单位为成员的台州市土壤污染综合防治先行区建设工作领导小组，各县

（市、区）也成立相应的组织机构。市政府分别与9个县（市、区）政府签订土壤污染综合防治目标责任书，出台实施考核办法和责任分工方案，建立工作按季调度预警通报制度，并将先行区建设工作纳入县（市、区）党委政府“经济社会发展目标责任制”考核。台州市围绕源头预防、准入管理、项目实施、执法监管等环节，先行区建设期间，出台实施各类管理办法、技术规范、工作指南等24个，逐步建立土壤环境管理制度体系。

同时，台州市广泛开展宣传教育，凝聚社会法律共识。创编全国首部《治土攻略》，推出卡通人物“治土小卫士”，通过微信、微博、各大网络平台以及“六五世界环境日”“630浙江生态环境日”“宪法日”等主题宣传活动进行广泛宣传，获得生态环境部部长点赞，被生态环境部微信公众号连续转载5期，被各省、地市等多个公众平台转发，阅读量超过200多万次，推动依法治土深入人心。2019年以来，全市累计印制各类土壤污染防治宣传册（画）32951份，进行微信、微博、网站等新媒体宣传140次，报刊宣传36次，其他形式宣传18次，对272家重点监管企业负责人进行培训和问卷调查，问卷调查测试合格率为100%。

三、开展土壤详查，全方位摸清污染底数，构建基础“数据库”

台州市已完成289万亩农用地土壤污染状况详查，完成99.14万亩种植利用现状调查和农产品协同调查，在浙江省率先完成全市耕地土壤质量类别划分。基本完成1104家重点企业用地土壤污染状况调查，编制污染地块开发利用负面清单和优先管控目录，初步摸清全市重点行业企业分布及土壤污染风险。依托详查数据，建成全市行政区域内统一、多部门联动监管的台州市土壤环境信息化管理平台，建立土壤污染状况详查、农用地土壤环境监测和土地质量地质调查数据库，初步实现全市土壤环境质量状况共建共享、动态更新、预报预警。

台州在全市原有 474 个农用地土壤环境监测点和 34 个重点工业园区周边土壤国控特定点位的基础上，推进重点工业园区周边土壤及地下水监测网络和医化园区预测预警系统建设，建立健全全市园区土壤地下水自动监测监控体系。2020 年，在全市 5 个重点工业园区周边设立 80 个土壤及地下水长期监测点位，推进土壤污染防治和监管数字化转型，率先在椒江、黄岩、临海、仙居等地建设化工园区土壤（地下水）污染在线监测预测预警系统，实现土壤污染的预测、预警及溯源，达到发现污染快速追查问责与污染预测预警目的。

四、强化源头防控，全方位切断污染途径，消除污染“风险点”

台州市积极更新发布土壤环境重点监管单位名录，要求所有重点监管企业与当地政府签订土壤污染防治责任书，并建立包含土壤和地下水环境现状调查、设施防渗漏管理、有毒有害物质地下储罐备案、隐患排查、自行监测、风险管控与修复、拆除活动污染防治、突发环境事件处理等内容的土壤和地下水污染防治制度，强化提升企业土壤污染防治主体责任和管理水平。同时，依托土壤环境信息化管理平台，将重点监管企业基本信息和空间矢量信息输入管理平台，初步实现重点监管企业全生命周期多部门协同监管。截至目前，台州市累计完成重点监管企业自行监测 260 家、隐患排查 237 家、有毒有害物质地下储罐备案 111 个，完成 5 个尾矿库封库或整改，46 家固体废物堆存场所全部完成整改。

台州市通过抓住重点区域、行业和污染物的“牛鼻子”，抓好“调结构、优布局、强产业、全链条”，采取“关停一批、打击一批、整治一批、入园一批”的综合措施，采取物理隔离的方法从源头杜绝污染物与土壤的接触，有效降低了重点行业污染土壤风险，切断土壤污染途径。一是实施医化行业“退转升”和“四化四架空三隔离”，切断医化污染源。台州市主动改变以往末端治理的工作方法，抓好“调结构、优布局、强产业、全链条”，通过关停落后企业项目，实现“退”出污染；通过调整产业结构和产品结构，实现“转”出成效；出台实施医化行业土壤污染防控技术指南，通过实施管道化、密闭化、自动化、信息化和自来水管架空、物料管线架空、污水管线架空、废气管线架空的“四化四架空”建设，以及生产车间、储罐区、雨水沟等区域防腐防渗“三隔离”建设，实现“升”出水平，着力从源头上消除化工污染，提升行业综合竞争力。二是逐步聚集选址不合理涉重金属企业，合理规划工业园建设，按照“工艺全自动、设施全封闭、设备全架空、废水全分流”的要求，进行集中发展、集中治污，实现产业优化聚集、层次提升和环境综合治理的目标，降低土壤污染风险。三是在彻底清理场外非法拆解“毒瘤”的基础上，从2012年开始，逐步将全市所有44家国家批准的废五金定点拆解企业全部搬迁进入台州市金属资源再生产业基地，高标准打造全国一流的“圈区管理”示范园区。基地建立“原料入园—园内拆解加工完毕—成品出园”的封闭管理运行模式和管委会、海关、出入境检验检疫、生态环境、公安“五位一体”的全流程、全方位、全天候监管模式，实现拆解业管理、加工、污染的防控一体，杜绝拆解垃圾流出园区以外，造成污染。

五、实施控新治旧，全方位守住环境底线，打造土壤“安全区”

台州市出台实施《台州市重点行业企业用地土壤环境监督管理办法

（试行）》，建立建设用地开发利用多部门土壤环境协同监管机制，基本明确建设用地开发利用全过程监管流程，将土壤环境保护目标和土壤污染防治要求纳入城市总体规划、土地利用总体规划、控制性详细规划，严把建设用地开发利用环境安全准入关。明确230种用地性质变化情况中需开展土壤污染状况调查的情况50种，形成《土壤污染状况调查情况比对表（用地性质变更）》。规定疑似污染地块，污染地块和用途变更为住宅、公共管理与公共服务用地的地块未能提供生态环境部门可以开发利用通知的禁止流转，不予出具建设工程规划许可证。

台州市按年度建立台州市污染地块名录，将名录中地块输入全国污染地块系统，通报县（市、区）人民政府以及自然资源规划部门、住建部门，并向社会公开。出台实施《台州市污染土壤治理修复类项目实施管理评估办法（试行）》，委托第三方技术单位从工程进度、工程质量、污染防治、安全施工等方面，定期进行现场评估通报，严把工程质量关。全市累计开展用途变更地块调查115个，累计完成污染地块修复11个、正在实施修复污染地块3个，治理修复污染土壤14.68万立方米，为城市建设提供"净地"22万多平方米。

台州市建成全国首家省级受污染耕地安全利用观测研究站，重点开展受污染耕地分类管控实践和安全利用模式研究，并通过实施温岭市泽国镇和路桥区峰江街道受污染耕地分类管控试点，初步形成了台州市"轻中度污染农田以农艺调整和控制为主，重污染农田以禁种区划定、土地利用规划调整和种植结构调整为主"的受污染耕地安全利用模式。在此基础上，台州市制定实施农用地分类管控方案和受污染耕地适种及限种（禁种）农作物清单，推进受污染耕地安全利用和严格管控工作，全市已完成48494.36亩受污染耕地安全利用和严格管控任务。

第五章 『绿水青山就是金山银山』理念与生态保护

『绿水青山是生存之本』，维持我们生存的生态系统我们必须加以保护。最大限度地维持生态系统的平衡，才能使人类获得生存和发展所需的物质资料。面对全球性和区域性的生态危机，必须在『绿水青山就是金山银山』理念指导下，恢复过去对生态造成的破坏和预防未来可能出现的生态危机，提供更多优质的生态产品以满足人民日益增长的优美生态环境需要。要坚持保护优先、自然恢复为主，还自然以宁静、和谐、美丽。构建生态保护新体系的浙江省庆元县的实践，实现了发展思路转变，使GDP和GEP规模总量协同增长。

第一节
生态破坏截断发展之路

一、全球气候变暖

全球气候变化主要是温室气体增加导致的全球变暖。全球变暖是指由于人类的活动，温室气体大量排放，全球大气中二氧化碳、甲烷等温室气体浓度显著增加，使全球气温升高。主张全球变暖的科学家指出，20世纪后半叶北半球平均气温是过去1300年中最为暖和的50年；过去100年间，世界平均气温上升了0.74℃；全球范围冰川大幅度消融；世界各地暴雨、洪水、干旱、台风、酷热等气象异常事件频发；20世纪中期，全球海平面平均上升了17厘米。

《第三次气候变化国家评估报告》指出，1909—2011年，中国陆地区域平均增温0.9～1.5℃，略高于同期全球增温平均值，近60年来变暖尤其明显，地表温度平均气温升高1.38℃，平均每10年升高0.23℃，几乎为全球的两倍。近50年中国西北冰川面积减少了21%，西藏冻土最大减薄了4～5米。据预测，未来50—80年中国平均气温可能上升2～3℃。

全球性的气候变暖不仅会造成自然环境和生物区系的变化，对生态系统、经济和社会发展以及人类健康都将产生重大的有害影响。但也有科学家对全球变暖提出疑问，认为全球温室效应和人类工业活动没有必然联系。

二、臭氧层耗损与破坏

臭氧能吸收太阳辐射出的 99%紫外线，使地球万物免遭紫外线的伤害，被誉为地球的“保护伞”。

1974 年，美国化学家首先发现臭氧层遭到人类使用的制冷剂的破坏。1985 年英国科学家在南极哈雷湾观测站发现，在过去 10～15 年，每到春天，南极上空的臭氧浓度就会减少约 30%，有近 95%的臭氧被破坏。1998 年，臭氧“空洞”面积比 1997 年增大约 15%。日本环境厅发表的一项报告称，1998 年南极上空臭氧“空洞”面积已达 2720 万平方千米，比南极大陆还大 1 倍。美、日、英、俄等国家联合观测发现，近年来北极上空臭氧层也减少了 20%。观测发现，青藏高原上空的臭氧正在以每 10 年 2.7%的速度减少。除赤道外，1978—1991 年全球总臭氧每 10 年就减少 1%～5%。

臭氧层遭到破坏，使地面受到紫外线辐射的强度增加，给地球上的生命带来很大的危害。美国环境学家预测，如果不对损耗和破坏臭氧层采取措施，到 2075 年全球将有 1.5 亿人得皮肤癌，1800 多万人患白内障，300 多万人会死亡，农作物和水产品将分别减产 7.5%和 25%，光化学烟雾的发生率将增加 30%。

三、生物多样性减少

近百年来，由于人口的剧增和对资源的不合理开发，地球上大约有 11046 种动植物面临永久性消失的危险。物种的消失速度由大致每天 1

种加快到每小时 1 种，按此速率，2200 年就会再度出现生物大灭绝。1970—2000 年，物种的平均数量丰富性持续降低了约 40%。在今后二三十年内，地球上将有 1/4 的生物物种陷入绝境，到 2050 年约有半数动植物将从地球上消失。

2019 年 7 月，世界自然保护联盟公布的更新版《濒危物种红色名录》显示，名录中收录的 105732 个物种中，有 28338 个濒危物种面临灭绝威胁。发表在美国《科学》周刊上的一项研究指出，主要关注物种丰富程度的变化的“生物完整性指标”的安全范围是 100%～90%，全球生物多样性已降至这个阈值以下，仅为 84.6%。

中国是世界上生物多样性丧失最严重的地区之一。《中国生物多样性红色名录》评估结果显示，34450 种高等植物中，受威胁物种（极危、濒危和易危物种）3767 种，加上灭绝的共约占植物总数的 10.9%；4357 种脊椎动物中，受威胁脊椎动物共计 932 种，加上灭绝的共占被评估物种总数的 21.4%。

生物多样性减少将严重破坏人类社会赖以生存和发展的环境基础，影响生态系统的功能、气候、土壤肥力、空气、水和人类社会的经济活动及其他活动，直接影响人类的文化多样性。

四、酸雨蔓延

酸雨是快速工业化的产物，开始发生在北美和欧洲工业发达国家，随着经济全球化也向发展中国家蔓延。印度、东南亚、中国等地尤为明显。目前世界上主要有三大酸雨区：欧洲（以德、法、英等国为中心）、北美（包括美国和加拿大在内）和中国。

欧洲、北美这两个酸雨区的总面积为 1000 多万平方千米。欧洲大气化学监测网近 20 年的连续监测结果显示，欧洲雨水的酸度增加了

10%。美国15个州的酸雨pH<4.8，瑞典、丹麦、波兰、德国、加拿大等国的酸雨pH值为4.0～4.5。欧洲30%的林区因酸雨的影响而退化，酸雨造成美国75%的湖泊和大约一半的河流酸化，加拿大43%的土地和1.4万个湖泊呈酸性。

《2020年全国生态环境质量简况》显示，全国出现酸雨的区域面积约为46.6万平方千米，占国土面积的4.8%，主要分布在长江以南、云贵高原以东地区及包括浙江、上海的大部分地区及福建北部、江西中部、湖南中东部、广东中部、广西南部和重庆南部。465个监测降水的城市（区、县）中，酸雨频率平均为10.3%，全国降水pH年均值范围为4.39～8.43。酸雨、较重酸雨和重酸雨城市比例，分别为15.7%、2.8%和0.2%。酸雨类型总体仍为硫酸型。

酸雨会使土壤酸性增强，导致大量农作物与牧草枯死，破坏森林生态系统，使河水、湖水酸化成为"死河""死湖"，渗入地下使地下水长时期不能利用；严重腐蚀桥梁楼屋、船舶车辆，对人体健康造成严重危害。

五、城市热岛效应

城市热岛效应主要是随着城市化进程的加快，城市下垫面、人工热源、水气影响、空气污染、绿地减少、人口迁徙等多种因素的叠加产生的。

世界上1000多个不同规模的城市中出现了城市热岛现象。为了降低室内气温和使室内空气流通，人们使用空调、电扇等电器。2012年美国1/6的电力消费用于降温，仅此一项每年的电费高达400亿美元。近几十年来，由于城市化进程的加快，我国大中城市均出现了程度不同的城市热岛现象。

长期生活在热岛中心区的人们，会出现情绪烦躁不安、精神委靡、忧郁压抑、记忆力下降、失眠、食欲减退、消化不良、溃疡增多、胃肠疾病复发等状况，高温天气对人体健康也有不利影响，容易导致烦躁、中暑、精神紊乱等症状，特别是使心脏、脑血管和呼吸系统疾病的发病率上升，死亡率明显增加。

六、水资源短缺

地球上的水资源总量约为13.86亿立方千米，淡水仅占水资源总量的2.5%，约3500万立方千米，真正能够供人类利用的江河湖泊以及地下水中的一部分仅占地球总水量的约0.25%，且水资源分布严重不均。不到10个国家集中了全球约65%的淡水资源，严重缺水的国家和地区有80个，其人口约占世界人口总数40%。目前，全球有11亿人生活缺水，26亿人缺乏基本的卫生设施。

中国的水资源严重短缺。《中华人民共和国2020年国民经济和社会发展统计公报》显示，2020年全年水资源总量为30963亿立方米。中国的水资源人均占有量约为世界人均占有量的1/4，80%的水资源集中在长江以南，16个省份重度缺水，有6个省份处于极度缺水状态，600个城市中缺水的近400个，严重缺水的有108个。

水资源短缺严重影响了人类的生存和发展，关系到一个国家经济和社会的持续发展和长治久安。世界银行指出，目前水资源丰沛的地区可能会面临缺水，已经缺水的地区缺水状况会进一步恶化，淡水资源减少和水资源的不安全会增加发生冲突的风险，干旱引起的粮价暴涨有可能激发潜在的冲突。

七、能源和矿产资源濒临枯竭

能源和矿产资源是人类社会存在和发展的物质基础，人类所需能源的97%来自不可再生的矿物能源。20世纪以来，人类对矿物能源的消耗一直呈指数增长，油气储量日趋枯竭，一些重要矿产资源严重短缺。

据《BP世界能源统计年鉴2019》显示，截至2018年底，全球煤炭探明储量约10547.82亿吨，可开采约132年；石油探明储量约2441亿吨，可开采约50年；天然气探明储量约196.9万亿立方米，可开采50.9年；钴储量约569.9万吨，可开采42年；天然石墨储量约3.07亿吨，可开采342年；锂储量约1391.9万吨，可开采225年；稀土金属储量1.17亿吨，可开采701年。截至2018年底，中国煤炭探明储量1388.19亿吨，可开采38年；石油探明储量35亿吨，可开采18.7年；天然气探明储量6.1万亿立方米，可开采37.6年；天然石墨储量约7300万吨，可开采116年；锂储量约100万吨，可开采125年；稀土金属储量4400万吨，可开采367年。

据估算，中国40多种主要矿产探明储量人均占有量只有世界人均占有量的40%。许多矿产品位低，在45种主要矿产中已有10多种探明储量不能满足经济发展的需求，其中15种支柱性矿产中有6种（石油、天然气、铜、钾盐、煤、铁）后备探明储量不足。

由于全球经济的发展严重依赖能源和矿产资源的支撑，资源濒临枯竭的状况已难以继续支持经济和社会的持续发展，对全球能源安全、资源安全提出了前所未有的挑战。

八、森林锐减

在人类历史发展初期，全球森林总面积达76亿公顷，占陆地面积的1/2。1万年前，森林面积减少到62亿公顷，19世纪减少到55亿公顷。科技部发布的《全球生态环境遥感监测2019年度报告》显示，到2018年底，全球森林总面积为38.15亿公顷，约占全球陆地总面积的25.6%。联合国粮食及农业组织的《全球森林资源评估》显示，5个森林资源最丰富的国家（俄罗斯、巴西、加拿大、美国和中国）占森林总面积50%以上，10个国家或地区已经完全没有森林，54个国家的森林面积不到其国土总面积的10%。无节制的砍伐和自然灾害正在导致全球森林面积逐年减少，每年有近1300万公顷的森林被砍伐，每年约有730万公顷热带密闭林被开垦作农田，约有380万公顷稀疏林被用作耕地或作为薪柴砍伐，热带雨林有70%被毁掉。

4000年前，中国的森林覆盖率高达60%以上，战国末期森林覆盖率为46%，唐代约为33%，明初为26%，1840年前后约降为17%，20世纪初期降为8.6%。《中国森林资源报告（2014—2018）》显示，2018年，全国森林覆盖率为22.96%，森林面积2.2亿公顷，森林蓄积量175.6亿立方米。中国的森林面积虽占世界第5位，但人均森林面积仅相当于世界人均水平的约12%，居世界第119位，森林蓄积量仅为世界人均水平的12.6%，居世界第104位。

森林破坏带来了生物的多样性减少，导致水土流失，从而改变地貌，加剧温室效应，造成气候失调，加剧自然灾害的发生频率，破坏经济和社会的持续发展。

九、草地退化

全球草地总面积约为32亿公顷，约占世界陆地面积的20%，草地上生产了11.5%的人类食物，以及大量的皮、毛等畜产品，还提供许多药用植物、纤维植物和油料植物，并栖息着大量的野生动物，还是人类宝贵的生物基因库，对人类的物质、文化生活和生存环境都具有十分重要的地位和作用。

国家林业和草原局2018年7月公布的数据显示，中国有天然草原3.928亿公顷，约占全球草原面积12%。尽管中国草原面积居世界第一位，但90%以上天然草原退化、生物多样性减少。20世纪50年代以来，中国累计开垦了1334万公顷草原，至今草原生态总体恶化局面尚未根本扭转。

草地退化使草地生产能力明显下降，导致经济结构的畸形化，影响生态环境，导致各种自然灾害发生，生物多样性遭到严重破坏，畜牧业生产受到影响。

十、湿地减少

湿地是"地球之肾"、天然水库和天然物种库，拥有全球价值最高的生态系统。全球湿地总面积约为5.7亿公顷，占全球陆地面积的6%，经济合作与发展组织估算，20世纪全球失去了约50%的湿地。

第二次全国湿地资源调查结果显示，全国湿地总面积5360.26万公顷，占国土面积的比例为5.58%，2003—2013年湿地面积减少了339.63万公顷。20世纪50年代以来，沿海滩涂湿地面积已减少50%。全国湿地面积近年来每年减少约34万公顷，900多种脊椎动物、3700

多种高等植物生存受到威胁。

环境污染的加剧，使湿地净化水源的作用几乎丧失殆尽，农药及化肥的大量使用破坏了湿地生态系统丰富的生物资源和生物生产力，使得湿地生态环境恶化、生物多样性受损。

十一、土地荒漠化

据联合国统计，占全球 1/4 的土地严重荒漠化，全球每分钟会增加 11 公顷荒漠，每年变为荒漠的土地约 600 万公顷，50 亿公顷的干旱、半干旱土地中遭到荒漠化威胁的有 33 亿公顷。受土地荒漠化威胁的有 110 多个国家、10 亿多人，全球每年因土地荒漠化造成的经济损失超过 420 亿美元。

第五次全国荒漠化和沙化监测结果显示，截至 2014 年，中国荒漠化土地面积 261.16 万平方千米，约占国土面积的 27.20%；沙化土地面积 172.12 万平方千米，约占国土面积的 17.93%；有明显沙化趋势的土地面积 30.03 万平方千米，约占国土面积的 3.12%。

荒漠化使土地生物和经济生产潜力减少和丧失，意味着土地退化、生态恶化、经济衰退和人们生活质量的倒退，造成了可利用土地被蚕食、土壤贫瘠、生产力下降等，进而加深贫困程度，加剧自然灾害发生，制约经济发展和影响社会稳定。

十二、水土流失

全球土地水土流失面积高达 30%，每年损失的耕地达 500 万～700 万公顷，每年流失有生产力的表土 250 亿～400 亿吨，每年损失谷物约 760 万吨。欧洲受水蚀和风蚀影响的土地分别为约 1.15 亿公顷和约

4200 万公顷；北美约 9500 万公顷的土地受到土壤侵蚀的影响；非洲有约 5 亿公顷的土地（包括 65%的耕地）受到土地退化的影响；日本每年土壤流失约 2 亿立方米。

2018 年水土流失动态监测成果显示，中国水土流失面积 273.69 万平方千米，其中水力侵蚀面积 115.09 万平方千米、风力侵蚀面积 158.60 万平方千米。我国现有严重水土流失县 646 个，每年水土流失给中国带来的经济损失相当于 GDP 的 2.25%左右，流失的氮、磷、钾肥约 4000 万吨，相当于上一年全国化肥施用量。

水土流失极大地破坏农业生产条件，导致生态环境恶化，加剧洪涝和干旱灾害，污染水质，影响生态平衡，严重影响交通、电力、水利等基础设施的运行安全，加剧贫困。

第二节
加强生态保护修复

一、加大生态系统保护力度

生态系统是人类生存和发展空间，森林生态系统、草原生态系统、荒漠生态系统、海洋生态系统、淡水生态系统、湿地生态系统、农田生态系统、城市生态系统等的动态平衡才能使人与自然和谐发展。

《“十三五”规划纲要》提出坚持保护优先、自然恢复为主，推进自然生态系统保护与修复，构建生态廊道和生物多样性保护网络，全面提升各类自然生态系统稳定性和生态服务功能，扩大生态产品供给，筑牢生态安全屏障。

《“十三五”生态环境保护规划》提出，优先加强生态保护，维护国家生态安全，管护重点生态区域，保护重要生态系统，提升生态系统功能，修复生态退化地区，扩大生态产品供给。

党的十九大报告提出加大生态系统保护力度，《全国热带雨林保护规划（2016—2020年）》《国家沙漠公园发展规划（2016—2025年）》《全国沿海防护林体系建设工程规划（2016—2025年）》《关于统筹推进自然资源资产产权制度改革的指导意见》《天然林保护修复制度方案》等提出了加大生态系统保护力度。

《2019中国生态环境状况公报》显示，2019年，全国生态环境状况指数（EI）为51.3，生态质量一般，与2018年相比无明显变化。生态质量优和良的县域面积占国土面积的44.7%，一般的县域面积占22.7%，较差和差的县域面积占32.6%。

截至2018年底，全国森林面积居世界第5位，森林蓄积量居世界第6位，人工林面积长期居世界首位，草原生态系统恶化趋势得到遏制，水土流失及荒漠化防治效果显著，河湖、湿地保护恢复初见成效。

《全国重要生态系统保护和修复重大工程总体规划（2021—2035年）》提出，到2035年，通过大力实施重要生态系统保护和修复重大工程，全面加强生态保护和修复工作，与自然和谐共生的美丽画卷基本绘就。森林覆盖率达到26%，森林蓄积量达到210亿立方米，天然林面积保有量稳定在2亿公顷左右，草原综合植被盖度达到60%；确保湿地面积不减少，湿地保护率提高到60%；新增水土流失综合治理面积5640万公顷，75%以上的可治理沙化土地得到治理；海洋生态恶化的状况得到全面扭转，自然海岸线保有率不低于35%；以国家公园为主体的自然保护地占陆域国土面积 18% 以上，濒危野生动植物及其栖息地得到全面保护。

2020 年 8 月，自然资源部办公厅、财政部办公厅、生态环境部办公厅印发了《山水林田湖草生态保护修复工程指南（试行）》，全面指导和规范各地山水林田湖草生态保护修复工程实施，推动山水林田湖草一体化保护和修复。

《"十四五"规划和 2035 年远景目标纲要》提出，提升生态系统质量和稳定性。坚持山水林田湖草系统治理，着力提高生态系统自我修复能力和稳定性，守住自然生态安全边界，促进自然生态系统质量整体改善。完善生态保护和修复用地用海等政策。完善自然保护地、生态保护红线监管制度，开展生态系统保护成效监测评估。重要生态系统和保护工程包括：青藏高原生态屏障区、黄河重点生态区、长江重点生态区、东北森林带、北方防沙带、南方丘陵山地带、海岸带、自然保护地和野生动植物保护。

二、保护生物多样性

生物多样性是环境好坏的指示灯，生物多样性越丰富，生态环境越稳定，受破坏的机会越少。

我国积极参与了全球保护生物多样性行动，从《生物多样性公约》起草到《生物多样性公约》签署，我国都走在世界前列。生物多样性保护在国家总体发展定位中已放到了重要的位置，国家《"十二五"规划纲要》将生物多样性保护列为重要任务之一，《全国主体功能区规划》也特别将生物多样性保护列为国家重点生态功能区的 4 种类型之一，并在限制开发区中划分出 8 个生物多样性保护类型的国家重点生态功能区。"十二五"时期，成立了生物多样性保护国家委员会，发布了《中国生物多样性保护战略与行动计划（2011—2030年）》，在全国划定了35个生物多样性保护优先区域，启动了“联合国生物多样性十年中国行动（2011—2020年）”。近年来，中国在生物多样性保护上取得了巨大的成就，与法国共同发布了《中法生物多样性和气候变化北京倡议》，成立了中国生物多样性保护国家委员会，发布并实施了《中国生物多样性保护战略与行动计划（2011—2030年）》，深入开展“联合国生物多样性十年中国行动（2011—2020年）”；2020年2月，通过了《关于全面禁止非法野生动物交易、革除滥食野生动物陋习、切实保障人民群众生命健康安全的决定》；2020年起，长江流域332个水生生物保护区已经率先实现全面禁捕；2021年起，长江流域重点水域将实行10年禁捕；2020年6月，发布了《全国重要生态系统保护和修复重大工程总体规划（2021—2035年）》；通过特色生物资源开发、发展生态产业、企业合作共建、合作社托管分成等多种模式，实现了当地生物多样性保护、生物资源可持续利用与社会经济发展共赢；经过长期的实践，形成了“政府引导、企业担当、公众参与”的生物多样性保护机制。

《“十三五”规划纲要》提出维护生物多样性，《“十三五”生态环境保护规划》强调构建生物多样性保护网络和防范生物安全风险。

《全国湿地保护“十三五”实施规划》《全国动植物保护能力提升工程建设规划（2017—2025年）》等也提出保护生物多样性的措施。

《“十四五”规划和2035年远景目标纲要》提出，实施生物多样性保护重大工程，构筑生物多样性保护网络，加强国家重点保护和珍稀濒危野生动植物及其栖息地的保护修复，加强外来物种管控。

三、划定生态保护红线

划定生态保护红线能有效地预防未来的生态遭到破坏，维护生态安全和经济社会的持续发展。

生态保护红线包括生态功能保障基线（禁止开发区生态红线、重要生态功能区生态红线和生态环境敏感区、脆弱区生态红线）、环境质量安全底线（环境质量达标红线、污染物排放总量控制红线和环境风险防控红线）、自然资源利用上线（能源利用红线、水资源利用红线、土地资源利用红线等）。

2014年1月，环境保护部印发了首个生态保护红线划定的纲领性技术指导文件《国家生态保护红线——生态功能红线划定技术指南（试行）》，在此基础上环境保护部于2015年4月印发了《生态保护红线划定技术指南》，全国31个省（区、市）开展了生态保护红线划定。2017年5月，环境保护部办公厅、国家发改委办公厅印发了《生态保护红线划定指南》。2019年8月，生态环境部办公厅、自然资源部办公厅印发了《生态保护红线勘界定标技术规程》。

《"十三五"规划纲要》提出，落实生态空间用途管制，划定并严守生态保护红线，确保生态功能不降低、面积不减少、性质不改变。

《关于加强资源环境生态红线管控的指导意见》《"十三五"生态环境保护规划》《全国农业现代化规划（2016—2020年）》《全国国土规划纲要（2016—2030年）》《关于划定并严守生态保护红线的若干意见》等提出，要划定并严守生态保护红线，建立生态保护红线制度，使国土生态空间得到优化和有效保护，生态功能保持稳定，全面保障国家生态安全。"十四五"期间，通过划定并严守生态保护红线，守住自然生态安全边界。

我国初步划定的生态保护红线面积，约占陆域国土面积的25%，我国绝大部分重要物种和重要生态系统在红线内得到了有效保护。其中，各类自然保护地总面积占国土陆域面积的18%，提前实现"爱知目标"提出的到2020年达到17%的目标。2019年，在联合国气候行动峰会“基于自然的解决方案（NBS)”的活动中，中国提出的“划定生态保护红线，减缓和适应气候变化”成功入选联合国“基于自然解决方案”全球 15 个精品案例。

四、建立自然保护地体系

自然保护地一般分为国家公园、自然保护区、自然公园三类。自然保护地对涵养水源、保持水土、改善环境和保持生态平衡，保留各种类型的生态系统，为后代留下天然的“本底”，有巨大的作用。此外，自然保护地还能为研究、休闲旅游等活动提供场所。

《2020 年全国生态环境质量简况》显示，我国已建立国家级自然保护区 474 处，面积 98.61 万平方千米。建立风景名胜区 1051 处，其中，国家级风景名胜区 244 处，总面积约 10.66 万平方千米。建立国家地质公园 281 处，总面积约 4.66 万平方千米。建立国家海洋公园 67 处，总面积约 7371.6 平方千米。其中，建立东北虎豹、祁连山、大熊猫、三江源、海南热带雨林、武夷山、神农架、普达措、钱江源和南山 10 个国家公园体制试点区，总面积超过 22 万平方千米，约占我国陆域国土面积的 2.3%。

广东鼎湖山等 33 处自然保护区加入联合国“人与生物圈”保护网络，吉林向海等 46 处自然保护区列入国际重要湿地名录，福建武夷山等 35 处自然保护区同时划入世界自然遗产保护范围，200 多处自然保护区被列为生态文明和环境科普方面的教育基地。

《建立国家公园体制总体方案》提出建成统一规范高效的中国特色国家公园体制，《三江源国家公园总体规划》提出努力将三江源国家公园打造成中国生态文明建设的名片，《关于建立以国家公园为主体的自然保护地体系的指导意见》提出建成中国特色的以国家公园为主体的自然保护地体系。

《“十四五”规划和2035年远景目标纲要》提出，科学划定自然保护地保护范围及功能分区，加快整合归并优化各类保护地，构建以国家公园为主体、自然保护区为基础、各类自然公园为补充的自然保护地体系。严格管控自然保护地范围内非生态活动，稳妥推进核心区内居民、耕地、矿权有序退出。完善国家公园管理体制和运营机制，整合设立一批国家公园。

五、健全生态保护补偿机制

发达国家大都采用了生态补偿政策，成效显著。它不仅是环境与经济的需要，更是政治与战略的需要。我国生态补偿实践始于20世纪80年代的森林与自然保护区补偿工作，国家也陆续发布了一系列政策推动生态补偿的进行。

2016年4月，为进一步健全生态保护补偿机制，加快推进生态文明建设进程，国务院印发了《关于健全生态保护补偿机制的意见》，明确了“谁受益、谁补偿”的原则，以加快形成受益者付费、保护者得到合理补偿的运行机制。

2019年11月，国家发改委印发的《生态综合补偿试点方案》提出，通过创新森林生态效益补偿制度、推进建立流域上下游生态补偿制度、发展生态优势特色产业、推动生态保护补偿工作制度化。

《“十三五”生态环境保护规划》提出，加快建立多元化生态保护补偿机制，《“十三五”脱贫攻坚规划》提出建立健全贫困地区的生态保护补偿机制。

《“十四五”规划和2035年远景目标纲要》提出，健全生态保护补偿机制。加大重点生态功能区、重要水系源头地区、自然保护地转移支付力度，鼓励受益地区和保护地区、流域上下游通过资金补偿、产业扶持等多种形式开展横向生态补偿。完善市场化多元化生态补偿，鼓励各类社会资本参与生态保护修复。完善森林、草原和湿地生态补偿制度。推动长江、黄河等重要流域建立全流域生态补偿机制。建立生态产品价值实现机制，在长江流域和三江源国家公园等开展试点。制定实施生态保护补偿条例。

第三节
构建生态保护新体系的庆元实践[①]

一、浙江庆元积极构建生态系统生产总值新体系

庆元县地处浙江省丽水市西南部，东、南、西三面与福建省寿宁、政和、松溪三县交界，是一个九山半水半分田的山区县，下辖 3 个街道、6 个镇、10 个乡，总面积 1898 平方千米。庆元县位于百山祖国家公园核心区，境内有国家 4A 级旅游景区百山祖，国家级森林公园巾子峰，中国历史文化名村、省级历史文化保护区大济村，省级民俗文化村、百山祖大树王国三堆村，全国特色景观旅游名村举水月山村，红色军旅小镇斋郎村，江根乡双苗尖，神奇东溪龙井，以及中国香菇博物

① 本案例由庆元县发展和改革局提供，吴春平、孙冰有参与编辑。

馆、廊桥博物馆、百山祖自然博物馆等。

庆元的森林覆盖率达86.7%，居浙江省第一位。2004年中国环境监测总站根据卫星遥感数据对全国2348个县（市、区）的生态环境综合指数进行排序，庆元县名列第一。

2013年，浙江省委、省政府根据主体功能区定位，对丽水市作出“不考核GDP和工业总产值”决定，考核导向由注重经济总量、增长速度，转变为注重发展质量、生态环境和民生改善。身为国家主体功能区建设试点示范单位、国家重点生态功能区的庆元，充分考虑资源禀赋、功能布局、发展水平和工作特色，制定推行了促进绿色生态发展的全新考核办法，构建形成生态系统生产总值（GEP）新体系。

二、育珍贵树：蓄宝于山、藏富于民

庆元属亚热带季风区，气候温暖湿润、四季分明、雨量充沛，境内野生珍贵树种资源丰富，素有“华东古老植物摇篮”之称，是珍贵树种的生长“天堂”。在当前生态文明建设的大背景下，庆元县干部群众一以贯之践行习近平总书记“保护好生态就是最大政绩”的生态政绩观，一方面牢牢守护全国领先的生态环境，另一方面发挥生态优势，深挖“九山”潜力，做足“山上”文章，促进经济发展和百姓增收，积极响应浙江省委、省政府“千万珍贵树木发展行动”和“新植1亿株珍贵树五年行动”，变“普通树种”造林为“珍贵树种”造林，大力培育以楠木类为主的珍贵树种用材林，不断提升林分质量，着力打通“绿水青山”向“金山银山”转化通道。

珍贵树木，良种先行　植树造林，良种先行。庆元县以长坑国家珍贵树种良种基地为依托，广泛收集珍贵种质资源、潜心研究现代育苗技术，大力开展浙江楠、闽楠等乡土珍贵树种容器苗培育，先后8年从

“两湖、两广、两江”及云贵川等10多个省区收集保育了闽楠、浙江楠、红豆树、南方红豆杉、降香黄檀等珍贵树种57科662种；长期聘请浙江农林大学、亚林所等科研院资深教授担任技术专家，联合开展了“中国珍贵树种博览园”“楠木类、红豆树种质资源库”等科研项目研究；收集优良家系种质资源1109份（其中楠木类844份，红豆树265份），制定了光皮桦、浙江楠、闽楠、红豆树、木荷、马尾松6个树种的容器育苗技术规程企业标准；引进无纺布轻基质流水线等先进育苗生产设备；建成集“良种生产、良种繁育、种源收集和试验示范林营造”于一体的林木良种基地3232亩，年育苗能力达350万株，成为浙江省主要骨干调剂苗圃之一。

政府主导，全民参与 坚持把发展珍贵树种造林作为“一把手”工程，健全工作机制，完善考核制度，形成统一领导、各方联动、条块结合、齐抓共管的工作格局。加强组织协调，完善县、乡、村三级联动体系，把珍贵树种发展与美丽林相、城市绿化、乡村美化相结合统筹谋划。出台补助政策，把面上造林、点上示范与零星散种共同推进，对营造珍贵树种的单位和个人，县政府按照1∶4给予配套补助400元/亩，对曹岭至县城等主要公路沿线1000米范围内的采伐迹地，全部规划营造珍贵彩色林，县财政给予每亩3000元的补助。县4套班子领导连续15年坚持春节上班第一天带领全县机关干部参加义务植树，连续7年给市民赠送以珍贵彩色为主的苗木140万株。

长短结合，以短养长 针对市场上杉木中小径材销路不畅、价格低迷和大径材供不应求的现状，以全县20多万亩杉木人工用材林改造为重点，选择立地条件优、长势好的林分，通过“砍小留大、砍密留疏、砍劣留优、分布均匀”的抚育间伐措施，保留30%的目的树，大力培育胸径26厘米以上、材长2米以上的杉木大径材，并积极探索大径材林中套种浙江楠、闽楠等珍贵树种新模式，前期通过大径材培育、砍伐、销售获取效益，确保珍贵树种后期培育资金投入，实现短期效益与长远发展的双赢。

突出重点，统筹推进 在珍贵树种发展中，明确以浙江楠、闽楠等庆元本土楠属为培育重点，编制完成了《庆元中国楠木城建设总体规划》，把中国楠木城建设作为打造全域森林旅游、建设美丽大花园的重要内容加以推进。规划以老城区和屏都新区为城市绿地建设核心，通过楠木公园、楠木街道、楠木小区等建设，力争形成以楠木为主打树种的城市绿地新格局。以庆元大道为建设廊道，通过廊道两侧的楠木景观林建设，打造楠木景观大道。通过楠木森林公园、楠木风情村、楠木古道、楠木博物馆、野生楠木资源等特色区域打造，深度挖掘、合理再造楠木文化底蕴。

2012年以来，庆元按照加快实现"蓄宝于山，藏富于民"的总体目标，深入实施"千万珍贵树木发展行动"和"新植1亿株珍贵树五年行动"，全县累计营造浙江楠、闽楠、红豆杉等珍贵树种基地1.3万亩；结合木材战略储备林项目实施，采取林分密度控制、抚育技术选择、立地环境优化等多个方面集成现有相关技术，培育杉木大径材基地5万亩，亩均新增经济效益2000多元，为广大群众打造了一座座"金山银山"。坚持造林与造景并举，绿化与彩化同步，启动美丽林相改造工程。累计实施通道沿线林相改造1.35万亩、彩色健康森林7580亩、森林抚育25万亩、木材战略储备林2.23万亩。全县森林质量明显提升、森林景观更加优美、森林蓄积量持续增加，活立木总量达1322万立方米，比10年前增加476万立方米，年增47.6万立方米。森林覆盖率86.06%，增加0.06%，继续保持全省第一。

三、创新林权抵押贷款的"庆元模式"

庆元县地处浙江西南部，林业用地面积251.7万亩，占土地总面积的87.6%，人均占有林地面积11.5亩，林木就是百姓手中最大的资源。以每亩山林价值1000元计算，理论上能够盘活的资产总量超过25亿元，按照70%的抵押率计算，能融资约17.5亿元，可以极大地缓解林农和林业企业的资金短缺现状。然而，林业生产周期长、见效慢的特性使广大农民长期困守着“金山银山”过苦日子，难以走上致富路。为解决资金问题，改变落后的“砍树换钱”观念，倡导“靠山不吃山”的新型理念，2007年以来，庆元大胆探索，勇于创新、敢于实践，深入开展了以解决山区农民创业“钱从哪里来”为核心的集体林权制度改革，率先在全国启动“林权IC卡”创建工作，并率先在全省推行林权抵押贷款，引入了“林权”这一新型抵押物，成立担保公司，建起林农与银行之间的新桥梁，林权抵押贷款应运而生，打破了传统观念和传统模式的束缚，使农民第一次拥有了真正意义上的抵押资产。

多模式开展林权抵押贷款，破解涉农融资瓶颈 一是专业担保机构抵押贷款模式。在“林权抵押”这项惠民政策推出初期，金融部门对于这项新生事物认识不清、顾虑重重，加上对于山林是外行，到底值不值钱、值多少钱、能否抵押等等心中没底。针对这种情况，庆元县委、县政府高度重视，经过深入调研和分析，2008年10月由县政府出资200万元，注册资金3000万元，成立了庆元县和兴林权抵押担保有限公司，在农民与银行之间充当“中间人”、履行担保义务，有效消除了金融部门的顾虑，推进了林权抵押贷款工作的快速发展。2014年4月16日，庆元紧紧抓住丽水成为全国首个农村金融改革试点机遇，率先开展农村产权制度改，以和兴林权抵押担保有限公司为基础，成立了全省首家政府出资的综合性融资担保公司——庆元县兴农融资担保有限公司，注册资金1亿元。兴农融资担保有限公司为农民担保的抵押物从林权拓展到农民房产权、集体土地承包经营权、宅基地使用权，2017年又拓展了公益林收益权质押业务。此外，庆元还在林权抵押贷款主要乡镇成立了

7 家以贷款担保为主要业务的农民专业合作社，为林农提供家门口的贷款担保服务。7 家农民专业合作社分别和当地信用社签订协议，只要向当地信用社存入 10 万元保证金，就可以为林农提供总计 100 万元的林权抵押贷款作担保，这样一来就方便了林农贷款。自此，庆元建立了以政府出资的综合性融资担保公司为主、专业合作社发起的合作性担保组织为辅的担保体系，创新更多市场主体进行多层次的担保服务。二是银行林权直接抵押贷款模式。正是看中兴农融资担保有限公司担保在农村金融市场巨大的影响力，致力于守住农村市场份额或是开拓农村市场的金融机构开始与兴农融资担保有限公司谈判，并最终携手推出“风险共担”新模式。兴农融资担保有限公司原先只和农村信用联社有担保合作，通过主动向其他银行提供审计报告、资本担保实力、准备金提取比例等关键数据，让银行了解担保公司风险管理能力，现已与农商行、中国银行、稠州商业银行、泰隆村镇银行和中国农业银行建立担保合作关系，有了更多的合作银行后，庆元农民的抵押贷款选择更多，方式更多，利率更低。目前，在享受贴息优惠后，庆元农民产权抵押贷款月利率低至 3.6～4.3 厘，为当地农民增收致富再添新的强劲动力。

建立风险共担机制，推进金融创新 2015 年 2 月 5 日，庆元县兴农融资担保有限公司与庆元县农村信用合作联社签订一份担保合作协议。协议中明确约定，自 2015 年 2 月 5 日起，银担按 1∶9 风险分担。这看似简单的条款却是一次“零的突破”，原本代偿风险 100％由融资性担保公司承担的惯例就此被打破，开启银担“风险共担”新模式。为了进一步提高担保公司和各银行合作机制，实现担保公司持续成长提供契机，双方建立风险共担机制，目前已与庆元泰隆村镇银行、浙江农村商业银行签订风险共担机制，从 2018 年 10 月 29 日起，如果发生不良贷款，需代偿本息的 80％由担保公司承担，其余 20％本息由银行承担，双方有权、有义务向债务人按损失比例追偿，融资性担保行业终于走出一条“风险共担”二八新模式。现已与温州银行庆元支行、稠州商业银行及中国农业银行达成风险共担口头协议，并在积极申报审批中。与浙江省担保集团有限公司签订风险共担模式，风险比例 2∶4∶4 模式，担保费按代偿比例上缴。风险共担模式不断在改进，有利于林权抵押贷款有序健康发展。

完善不良资产处置链条，推进林权抵押贷款有序健康发展 林权抵押贷款既拓宽了信贷资金支持“三农”经济的渠道，也为地方林农和林业经营者解决了生产经营周转资金不足的困难，有力地促进了林业经济的发展。但由于抵押物的特殊性及相关配套措施的不完善，林权抵押贷款仍存在一系列不容忽视的风险。随着担保量的增加，不良贷款余额也随之增大，林权不良贷款阻碍了林权抵押贷款健康有序发展。2017 年 7 月 11 日，经过淘宝网司法拍卖的公开竞价，庆元成功变现处置首宗林权不良资产，林权抵押贷款这项农村金融改革终于补齐了“抵押物无障碍流通”这一最后拼图，突破了长期以来林权不良贷款资产处置变现难的瓶颈，对进一步规范庆元县林权抵押贷款行为，保障抵押权人的合法权益，稳步推进林权抵押贷款健康有序发展具有重要意义。

随着“林权 IC 卡”的推行，林权抵押贷款发放额猛增，截至 2018 年 12 月，庆元累计发放林权抵押贷款 20.51 亿元，其中通过“兴农”办理的林权抵押贷款余额 15.8 亿元，银行直接抵押贷款余额 4.71 亿元。“林权 IC 卡”彻底终结了效率低下的传统林业管理模式。点点鼠标，庆元任何一块林地，面积多少，长着什么，价值多少，全部一清二楚。有了这套系统，对农民林权评估所花时间，直接从 15 天压缩到半个小时。凭借手上一张小小的“林权 IC 卡”，农民就能从银行贷到急需的发展资金。庆元县在推进农村产权制度改革中，大胆探索，不断创新，着力解决影响和制约农村发展难题，促进了林业产品生态价值的实现。深化林权抵押贷款创新，成为农民创业解决生产发展资金方式之一，对扩大三农资金有效供给具有重要意义。

四、庆元百山祖：避暑名山的低碳世界

百山祖景区位于庆元县百山祖乡境内，为国家4A级旅游景区、浙江省生态旅游示范区，是浙江凤阳山—百山祖国家级自然保护区的重要组成部分。百山祖最高峰海拔1856.7米，属武夷山系洞宫山脉，为浙江省第二高峰，被誉为“百山之祖”，并且是瓯江、闽江、赛江的发源地，素称“三江之源”。区内自然资源丰富，有着丰富的旅游资源，以“名山、名树、名兽、名峡、名水、名人、名地”七名著称。百山祖景区是庆元县首个按照4A级景区标准打造的集“山、水、林、潭”于一体，以低碳旅游为主题的景区。景区内分布有百山祖冷杉、低碳休验区、神秘百瀑沟、古道杜鹃谷等主要景点。“养心山水间，情醉百山祖”，这里是理想的避暑天堂、养生乐土、休闲胜地。

“践行低碳”是百山祖景区的主题　百山祖拥有良好的生态，空气质量非常高，负氧离子高达20.04万个/立方厘米。在策划设计阶段，低碳、环保成为首要考虑因素，确定通过低碳运营、低碳排放、低碳营造、低碳用材、增加碳汇等方面植入低碳基因；大力引导居民低碳生活方式；建设上，就地取材、大量使用环保材料和采用新技术，如排烟管道恒温加热、水幕调温等，实现建筑低碳；交通上，机动车辆拒入景区，景区内使用环保车辆、多人骑行车等方式实行低碳交通；能源使用中，大量使用水能、太阳能、风能、沼气能，并坚持能源循环利用，景区主要路段采用“风光”互补路灯，打造生活燃料低碳之乡；景区游览上，开发低碳体验游产品，打造“没有塑料制品污染的景区”，酒店提倡不使用一次性洗漱用品，推行“环保食品上山、垃圾分拣下山”低碳行为奖励。

“红绿文化”是百山祖景区的发展之魂　充分利用百山祖植物种类多样的优势，精心打造百山祖自然博物馆，游览线路沿途不同树种上分挂标识和知识宣传牌，建设生态走廊、生态百路之路、动物通道、生态鸟巢等，普及科学知识，引导游客保护生态，爱护地球家园。百山祖景区作为庆元生态的示范地、香菇鼻祖吴三公的故居地和廊桥文化的展示地，正打造成为承载庆元乡土文化的聚集地。同时，景区内的斋郎村保留有“斋郎战斗”的战场遗址和纪念碑、指挥部遗址，是当年红军挺进浙闽边区后以少胜多、以弱胜强的光辉战例，打开了进入浙西南开辟游击根据地的通道，被粟裕将军称为“关键性一仗”。

“精品精致”是百山祖景区的基础保障　百山祖旅游景区作为庆元县旅游产业的龙头景区，是庆元县政府主导实施开发、实质性启动旅游大项目中的第一个。百山祖旅游景区建设肩负着重要责任和使命，开发建设按照“精致精品”的要求，高起点规划，高标准建设。在建设中，一直坚持精心策划、创意设计和高标准施工，用心思考，注重细节，精心布局。

在实现自然生态多样性保护的基础上，庆元旅游经济协调发展并持续向好。2017 年，全县旅游收入 19.25 亿元，同比增长 31.62%，旅游收入增幅连续 5 年位居全市前三。百山祖景区全年接待游客人数 29.73 万人次，增幅 10.02%，综合收入 6502.89 万元，同比增长 14.04%。疗休养市场为旅游注入新鲜血液，2017 年累计接待上海、杭州、南京等外地团队游客 395 个团、12298 人次，较 2016 年同期增幅 122%，“地接奖励”由 2016 年的 22 万元增加至 2017 年的 39.27 万元，进一步激发了旅游企业工作积极性，做旺旅游人气。随着交通基础设施的改善和人民生活水平的提高，百山祖景区的低碳世界将渐入佳境，生态产品的价值也正徐徐变现。

第六章 『绿水青山就是金山银山』理念与经济发展

『金山银山是发展之源』，没有强大经济支撑，发展就成为无源之水，生存也就失去了基础。面对环境与发展的困惑，必须在『绿水青山就是金山银山』理念指导下，在保护生态环境的同时，构建高效和谐的生态环境经济系统，打造绿色国土空间开发格局，发展低碳经济，建立循环经济体系。浙江省丽水市莲都区以『生态经济化』优先发展内生性产业的成功实践，打开了『绿水青山』向『金山银山』的转换通道。

第一节
优化国土空间开发格局

一、打造绿色国土空间开发格局

1. 优化国土空间开发格局

国土空间是国家主权管辖范围内的地域空间，包括陆地、陆上水域、内水、领海及其底土和上空，是经济社会发展的物质基础。

优化国土空间开发格局是在“绿水青山就是金山银山”理念的指导下，按照人口资源环境相均衡、经济社会生态效益相统一的原则，控制开发强度，调整空间结构，促进生产空间集约高效、生活空间宜居适度、生态空间山清水秀，给自然留下更多修复空间，给农业留下更多良田，给子孙后代留下天蓝、地绿、水净的美好家园。

英美实施的是不编制国家空间规划的地方空间规划主导模式，1947年英国颁布了《城乡规划法》对国土空间规划起到了重要作用，美国则通过《国家环境政策法》《全国高速公路网规划》等法律和规划对全国的规划发挥控制和引导作用；德国实施的是空间发展战略的国家空间规划模式，2006年德国出台了《德国空间发展理念和战略》，提出增长与创新、保障公共服务、保护资源和塑造文化景观3个规划理念；日本实施的是综合发展型的国家空间规划模式，日本第六次国土规划提出塑造可持续的城乡生产和生活圈，形成抗灾能力强的可塑性国土。

2010 年 12 月，国务院印发了《全国主体功能区规划》，对优化国土空间开发的内容作了明确、详细的规定。国土空间划分为优化开发区域、重点开发区域、限制开发区域和禁止开发区域四类主体功能区，规定了相应的功能定位、发展方向和开发管制原则。优化开发区域包括环渤海、长三角、珠三角 3 个区域；重点开发区域包括冀中南地区、太原城市群、呼包鄂榆地区、哈长地区、东陇海地区、江淮地区、海峡西岸经济区、中原经济区、长江中游地区、北部湾地区、成渝地区、黔中地区、滇中地区等 18 个区域；限制开发区域包括限制开发的农产品主产区和限制开发的重点生态功能区，前者有东北平原主产区、黄淮海平原主产区、长江流域主产区等七大优势农产品主产区及其 23 个产业带，后者有大小兴安岭生态功能区等 25 个国家重点生态功能区；禁止开发区域包括国务院和有关部门正式批准的国家级自然保护区、世界文化自然遗产、国家级风景名胜区、国家森林公园和国家地质公园等。

2017 年 1 月，国务院印发的《全国国土规划纲要（2016—2030 年）》提出，以培育重要开发轴带和开发集聚区为重点建设竞争力高地，以现实基础和比较优势为支撑建设现代产业基地，以发展海洋经济和推进沿海沿边开发开放为依托促进国土全方位开放，打造高效规范的国土开发开放格局。通过分类分级推进国土全域保护、构建陆海国土生态安全格局，打造安全和谐的生态环境保护格局。

《住房城乡建设事业"十三五"规划纲要》《全国生态保护"十三五"规划纲要》《"十三五"生态环境保护规划》《全国城市生态保护与建设规划（2015—2020 年）》《国土资源"十三五"规划纲要》《全国土地整治规划（2016—2020 年）》《关于建立资源环境承载能力监测预警长效机制的若干意见》《关于统一规划体系更好发挥国家发展规划战略导向作用的意见》《关于在国土空间规划中统筹划定落实三条控制线的

指导意见》《长三角生态绿色一体化发展示范区总体方案》等，都就打造绿色国土空间开发格局作出了规范。

《“十四五”规划和2035年远景目标纲要》提出，优化国土空间开发保护格局，立足资源环境承载能力，发挥各地区比较优势，促进各类要素合理流动和高效集聚，推动形成主体功能明显、优势互补、高质量发展的国土空间开发保护新格局。首先，完善和落实主体功能区制度。顺应空间结构变化趋势，优化重大基础设施、重大生产力和公共资源布局，分类提高城市化地区发展水平，推动农业生产向粮食生产功能区、重要农产品生产保护区和特色农产品优势区集聚，优化生态安全屏障体系，逐步形成城市化地区、农产品主产区、生态功能区三大空间格局。细化主体功能区划分，按照主体功能定位划分政策单元，对重点开发地区、生态脆弱地区、能源资源富集地区等制定差异化政策，分类精准施策。加强空间发展统筹协调，保障国家重大发展战略落地实施。其次，开拓高质量发展的重要动力源。以中心城市和城市群等经济发展优势区域为重点，增强经济和人口承载能力，带动全国经济效率整体提升。以京津冀、长三角、粤港澳大湾区为重点，提升创新策源能力和全球资源配置能力，加快打造引领高质量发展的第一梯队。在中西部有条件的地区，以中心城市为引领，提升城市群功能，加快工业化城镇化进程，形成高质量发展的重要区域。破除资源流动障碍，优化行政区划设置，提高中心城市综合承载能力和资源优化配置能力，强化对区域发展的辐射带动作用。再次，提升重要功能性区域的保障能力。以农产品主产区、重点生态功能区、能源资源富集地区和边境地区等承担战略功能的区域为支撑，切实维护国家粮食安全、生态安全、能源安全和边疆安全，与动力源地区共同打造高质量发展的动力系统。支持农产品主产区增强农业生产能力，支持生态功能区把发展重点放到保护生态环境、提供生态产品上，支持生态功能区人口逐步有序向城市化地区转移并定居落户。

优化能源开发布局和运输格局，加强能源资源综合开发利用基地建设，提升国内能源供给保障水平。增强边疆地区发展能力，强化人口和经济支撑，促进民族团结和边疆稳定。健全公共资源配置机制，对重点生态功能区、农产品主产区、边境地区等提供有效转移支付。

《“十四五”规划和2035年远景目标纲要》提出，强化国土空间规划和用途管控，划定落实生态保护红线、永久基本农田、城镇开发边界以及各类海域保护线。完善生态安全屏障体系。以国家重点生态功能区、生态保护红线、国家级自然保护地等为重点，实施重要生态系统保护和修复重大工程，加快推进青藏高原生态屏障区、黄河重点生态区、长江重点生态区和东北森林带、北方防沙带、南方丘陵山地带、海岸带等生态屏障建设。加强长江、黄河等大江大河和重要湖泊湿地生态保护治理，加强重要生态廊道建设和保护。全面加强天然林和湿地保护，湿地保护率提高到55％。科学推进水土流失和荒漠化、石漠化综合治理，开展大规模国土绿化行动，推行“林长制”。科学开展人工影响天气活动。推行草原森林河流湖泊休养生息，健全耕地休耕轮作制度，巩固退耕还林还草、退田还湖还湿、退围还滩还海成果。

优化国土空间开发格局的主要路径是通过重构区域发展总体战略，健全区域协调发展机制，推动区域协调发展，打造流域经济带，加大扶持特殊地区发展的力度，不同开发区域采取不同的办法。优化开发区域主要是优化经济结构，降低资源消耗，加强环境保护，推动科技创新等；重点开发区域主要是继续提高工业化、城镇化发展水平，注重经济增长和吸纳人口，调整产业结构，降低资源消耗，加强环境保护等；限制开发的农产品主产区和主要是提高农业综合生产能力，限制开发的重点生态功能区主要是提高对于生态功能的保护和对提供生态产品能力；禁止开发的区域主要是保护自然文化资源的原真性和完整性。

2. 推动区域协调发展

在根据主体功能区的定位和发展方向而制定的区域发展总体战略下，必须重视区域的协调发展。中国的经济和社会发展水平差距很大，但以行政区划治理区域模式造成了相互割据的局面，要使有限的资源得到更合理的应用，必须依据市场经济规律的要求和区域历史的传统，突破行政区的限制，打造新经济圈和新经济带。

中国沿海地区经济发达，打造环渤海经济圈、东海经济圈、南海经济圈能使东部地区继续引领全国经济的发展；积极打造长江经济带，提升长三角、长江中游、成渝三大经济区功能，修复长江生态环境，推动长江上中下游协同发展、东中西部互动合作，有效促进上、中、下游地区之间互补互促的横向经济联系，实现流域经济一体化；建立以黄河为纽带、以新亚欧大陆桥为依托的区域经济区对于实施区域协调发展战略有重要作用，建设黄河经济带，对于发挥其自然资源、历史文化、产业合作等方面优势，实现区域平衡发展、促进民族团结、开展精准扶贫等有着重要的意义。

《推动共建丝绸之路经济带和21世纪海上丝绸之路的愿景与行动》《关于深化泛珠三角区域合作的指导意见》《“十三五”生态环境保护规划》《东北振兴“十三五”规划》《“十三五”脱贫攻坚规划》《“十三五”国家信息化规划》《促进中部地区崛起“十三五”规划》《国家人口发展规划（2016—2030年）》《全国国土规划纲要（2016—2030年）》《国家教育事业发展“十三五”规划》《西部大开发“十三五”规划》《兴边富民行动“十三五”规划》《关于加强长江经济带工业绿色发展的指导意见》《长江经济带生态环境保护规划》《粤港澳大湾区发展规划纲要》《西部陆海新通道总体规划》《关于支持深圳建设中国特色社会主义先行示范区的意见》《长江三角洲区域一体化发展规划纲要》等提出，促进区域绿色协调发展，推进区域一体化。中共中央、国务院决定设立河北雄安新区，党的十九大报告强调实施区域协调发展战略，《关于建立更加有效的区域协调发展新机制的意见》提出促进区域协调发展。

《“十四五”规划和2035年远景目标纲要》提出，优化区域经济布局促进区域协调发展。深入实施区域重大战略、区域协调发展战略、主体功能区战略，健全区域协调发展体制机制，构建高质量发展的区域经济布局和国土空间支撑体系。通过加快推动京津冀协同发展、全面推动长江经济带发展、积极稳妥推进粤港澳大湾区建设、提升长三角一体化发展水平、扎实推进黄河流域生态保护和高质量发展，深入实施区域重大战略，聚焦实现战略目标和提升引领带动能力，推动区域重大战略取得新的突破性进展，促进区域间融合互动、融通补充。通过推进西部大开发形成新格局、推动东北振兴取得新突破、开创中部地区崛起新局面、鼓励东部地区加快推进现代化、支持特殊类型地区发展、健全区域协调发展体制机制，深入实施区域协调发展战略，在发展中促进相对平衡。

3. 加快城市群发展

城市群可以发挥每个城市的优势，释放每个城市的发展潜力，有效地缓解有限的自然地理资源限制，使各城市的资源得到更合理的配置，生产要素充分使用，促进基础设施互联互通、产业协调发展、城乡统筹发展、公共服务共享，尤其可建立健全跨区域生态环境保护联动机制，共构生态屏障，促进绿色发展。

城市群是城市发展到成熟阶段的最高空间组织形式。当今世界六大城市群，是以纽约为中心的美国东北部大西洋沿岸城市群、以芝加哥为中心的北美五大湖城市群、以东京为中心的日本太平洋沿岸城市群、以伦敦为中心的英伦城市群、以巴黎为中心的欧洲西北部城市群、以上海为中心的中国长江三角洲城市群，已经成为国家、大洲乃至全世界经济、政治中枢和重要的交通枢纽，引领和支撑着全球的经济发展。改革开放以来，中国经济的快速发展形成了大量的城市群，国家级城市群有长三角城市群、珠三角城市群、京津冀城市群、中原城市群、长江中游城市群、哈长城市群、成渝城市群、辽中南城市群、山东半岛城市群、海峡西岸城市群、关中城市群等，区域性城市群有豫皖城市群、冀鲁豫城市群、鄂豫城市群、徐州城市群、北部湾城市群、琼海城市群、晋中城市群、呼包鄂城市群、兰西城市群、宁夏沿黄城市群、天山北坡城市群、黔中城市群、滇中城市群，这些城市群对全国经济和区域经济的发展起到引领作用。

《“十三五”规划纲要》提出，优化提升东部地区城市群，培育中西部地区城市群，形成更多支撑区域发展的增长极，通过把城市群建设作为优化国土空间开发格局的主体形态，构筑绿色、高效、协调的国土空间开发格局。

《“十四五”规划和2035年远景目标纲要》提出，推动城市群一体化发展，建设现代化都市圈，优化提升超大特大城市中心城区功能，完善大中城市宜居宜业功能，推进以县城为重要载体的城镇化建设。优化提升京津冀、长三角、珠三角、成渝、长江中游等城市群，发展壮大山东半岛、粤闽浙沿海、中原、关中平原、北部湾等城市群，培育发展哈长、辽中南、山西中部、黔中、滇中、呼包鄂榆、兰州—西宁、宁夏沿黄、天山北坡等城市群。建立健全城市群一体化协调发展机制和成本共担、利益共享机制，统筹推进基础设施协调布局、产业分工协作、公共服务共享、生态共建环境共治。优化城市群内部空间结构，构筑生态和安全屏障，形成多中心、多层级、多节点的网络型城市群。

4. 建设生态文明试验区

早在20世纪90年代中期，全国生态示范创建工作就已经开始。从生态示范区到生态村、环境优美乡镇、生态县、生态市、生态省的生态示范系列创建活动呈现出蓬勃发展的态势。生态文明示范工程试点、海洋生态文明建设示范区、水生态文明建设试点、国家生态文明建设试点示范区、国家生态文明先行示范区、生态保护与建设示范区、国家生态文明建设示范区、水生态文明城市建设工作广泛开展。2015 年，建立各级森林公园、湿地公园、沙漠公园 4300 多个。16 个省（区、市）开展生态省建设，1000 多个市（县、区）开展生态市（县、区）建设，114 个市（县、区）获得国家生态建设示范区命名。

《生态文明体制改革总体方案》明确提出，要“将各部门自行开展的综合性生态文明试点统一为国家试点试验，各部门要根据各自职责予以指导和推动”。《“十三五”规划纲要》指出，要“设立统一规范的国家生态文明试验区”。

2016 年 8 月，中共中央办公厅、国务院办公厅印发了《关于设立统一规范的国家生态文明试验区的意见》及《国家生态文明试验区（福建）实施方案》。《关于设立统一规范的国家生态文明试验区的意见》提出，要以改善生态环境质量、推动绿色发展为目标，以体制创新、制度供给、模式探索为重点，设立统一规范的国家生态文明试验区。福建省、江西省和贵州省被列为首批国家生态文明试验区。2017 年 9 月，中共中央办公厅、国务院办公厅印发了《国家生态文明试验区（江西）实施方案》和《国家生态文明试验区（贵州）实施方案》。2019 年 5 月，中共中央办公厅、国务院办公厅印发了《国家生态文明试验区（海南）实施方案》。

2017 年 9 月，环境保护部发布公告，北京市延庆区等 46 个市县被命名为第一批国家生态文明建设示范市县，同时被命名的还有 13 个“绿水青山就是金山银山”实践创新基地。2018 年 12 月，生态环境部发布公告，山西省芮城县等 45 个市县被授予第二批国家生态文明建设示范市县称号，同时还公布了 16 个“绿水青山就是金山银山”实践创新基地。2019 年 9 月，生态环境部修订了《国家生态文明建设示范市县建设指标》《国家生态文明建设示范市县管理规程》，制定了《“绿水青山就是金山银山”实践创新基地管理规程（试行）》。2019 年 11 月，生态环境部发布公告，北京市密云区等 84 个市县被授予第三批国家生态文明建设示范市县称号，同时还公布了 23 个地区为“绿水青山就是金山银山”实践创新基地。2020 年，浙江省通过生态环境部组织的国家生态省建设试点验收，成为中国首个生态省。2020 年 10 月，生态环境部发布公告，北京市门头沟区等 87 个市县被授予第四批国家生态文明建设示范市县称号，同时还公布了 35 个“绿水青山就是金山银山”实践创新基地。

《“十三五”生态环境保护规划》提出，推进国家生态文明试验区建设，积极推进绿色社区、绿色学校、生态工业园区等“绿色细胞”工程。

《“十四五”规划和 2035 年远景目标纲要》提出，深化生态文明试验区建设。

二、融通城乡

1. 城乡的“生态位”

现代城市、城镇、乡村与传统意义上的城市、城镇、乡村有所不同。在“自然—社会—经济”这个复合生态系统中，城市、城镇、乡村的“生态位”各不相同，有着不同的结构、功能和发展规律，要根据各自的特点，建设生态环境良好、安全指数高、生活便利舒适、社会文明程度高、经济富裕、美誉度高的城市、城镇和乡村。

在生态文明建设的进程中，要促进经济社会的绿色发展，必须通过实施主体功能区战略，构建符合生态要求的城市化、城镇化格局，建设秀美乡村，通过信息流、人流、物流、资金流融通城乡。

城市是以服务业和非农业人口集聚形成的人工生态系统，主要功能是管理、服务、创新、协调、集散、生产。中心城市具有综合、主导功能，引领全国或区域的环境、经济、政治、文化、社会发展。

城镇是具有一定规模工商业的以非农业人口为主的居民点和工业产业园区。城镇居民点以居住为主，主要功能是管理、服务、协调等，作为城乡交流的平台，带动农村经济的发展；工业产业园区是一种新型城镇，汇集了各种生产要素，包括各类经济开发区等，其功能主要是管理、服务、集聚，不同于传统意义上的城镇。

乡村的主要功能是生产和服务，一方面作为农业生产的基地为人类提供食物和休闲服务，另一方面作为农业人口的聚居区域也是一个相对完整的自然生态系统和人工生态系统的结合体。

2021 年 1 月，中共中央、国务院印发的《关于全面推进乡村振兴加快农业农村现代化的意见》提出，加快县域内城乡融合发展。推进以人为核心的新型城镇化，促进大中小城市和小城镇协调发展。把县域作为城乡融合发展的重要切入点，强化统筹谋划和顶层设计，破除城乡分割的体制弊端，加快打通城乡要素平等交换、双向流动的制度性通道。统筹县域产业、基础设施、公共服务、基本农田、生态保护、城镇开发、村落分布等空间布局，强化县城综合服务能力，把乡镇建设成为服务农民的区域中心，实现县乡村功能衔接互补。壮大县域经济，承接适宜产业转移，培育支柱产业。加快小城镇发展，完善基础设施和公共服务，发挥小城镇连接城市、服务乡村作用。推进以县城为重要载体的城镇化建设，有条件的地区按照小城市标准建设县城。积极推进扩权强镇，规划建设一批重点镇。开展乡村全域土地综合整治试点。推动在县域就业的农民工就地市民化，增加适应进城农民刚性需求的住房供给。鼓励地方建设返乡入乡创业园和孵化实训基地。

《“十四五”规划和 2035 年远景目标纲要》提出，以县域为基本单元推进城乡融合发展，强化县城综合服务能力和乡镇服务农民功能。健全城乡融合发展体制机制，发挥国家城乡融合发展试验区、农村改革试验区示范带动作用。

2. 智慧城市建设和提升城市品质

智慧城市是智能化的数字城市，是数字城市功能的一种延伸、拓展和升华，它通过物联网把物理城市与数字城市无缝联结起来，利用云计算技术对实时感知的大数据进行处理并提供智能化服务。当前，智慧城市的应用项目主要是智慧公共服务、智慧城市综合体、智慧政务城市综合管理运营平台、智慧安居服务、智慧教育文化服务、智慧服务应用、智慧健康保障体系建设和智慧交通。

2012年12月，住房和城乡建设部正式发布了《关于开展国家智慧城市试点工作的通知》，并印发了《国家智慧城市试点暂行管理办法》和《国家智慧城市（区、镇）试点指标体系（试行）》两个文件，推进我国智慧城市建设。2014年8月，国家发改委等八部委联合印发了《关于促进智慧城市健康发展的指导意见》。2016年11月，国家发改委、中央网信办、国家标准委发布了《关于组织开展新型智慧城市评价工作务实推动新型智慧城市健康快速发展的通知》，同时下发《新型智慧城市评价指标（2016）》，评价指标包括惠民服务、精准治理、生态宜居、智能设施、信息资源、网络安全、改革创新、市民体验8个一级指标和21个二级指标、54个二级指标分项。

目前，全球启动或在建的智慧城市达1000多个，中国已制定智慧城市建设计划或正在开展相关工作的城市约有500个。北京、上海、广州、深圳、杭州、重庆、武汉等城市成为2017—2018年度中国最具影响力智慧城市。

世界银行的预测显示，建成一个百万人口以上的智慧城市，如果投入一定，城市的发展红利将因实施全方位的信息管理能增加2.5～3倍，用持续发展的目标建设智慧城市发展红利将可达4倍左右，智慧城市引领未来城市发展的方向。

智慧城市是智慧地球的重要内容之一，它是建设生态文明城市的重要管理手段，也是建设生态文明城市的重要内容。一是可以催生和带动新产业发展，促进经济结构向信息服务业的低碳转型；二是促进传统行业转型升级，增强企业核心竞争力；三是提高公共管理水平，提升居民生活质量，推进新型城镇化进程。

《“十四五”规划和2035年远景目标纲要》提出，转变城市发展方式、推进新型城市建设、提高城市治理水平、完善住房市场体系和住房保障体系，推动城市空间结构优化和品质提升。

3. 特色城镇建设

城镇上连中心城市，下接乡村，对承接产业资本转移、优化资源配置、保护生态环境、调整区域产业结构、转移农村富余劳动力有大中城市所不能发挥的重要作用。城镇化是“以城带镇”“以镇带村”，其生产方式极大地影响着乡村的生态环境。传统城镇化是工业文明的产物，是一条与生态文明建设背道而驰的发展之路。当前，对城镇化的理解存在着严重的误区，“城镇化＝进城”的错误导向不仅造成环境与生态难以估量的损失，而且使转嫁城市危机的乡土社会出现没落，农业开始衰退，农民陷入贫困。

伴随工业化的城镇化在中国已走进死胡同，必须赋予城镇化以新内涵，走特色城镇化之路。生态文明的城镇化是要对工业文明下的城镇化进行脱胎换骨的革命，在中国的广大城镇形成一条超越传统模式的具有本地特色的城镇化之路。

特色城镇建设的核心是人与自然的共生和谐，从根本上保护广大农民的利益，在公正的制度下享受公共产品，保障我国的粮食安全，保护生态环境。建设特色城镇不是追求城镇的扩大，而是符合自然生态循环的规律，建立一个区域生态循环系统和智慧城镇，带动传统乡村社会的回归进而向生态农村的发展。当前，城镇化的重点是将“生产—交换—消费—分解—还原—再生”环节重新贯通起来，形成一种“低耗高效”生态产业发展模式，带动农业经济的发展和生态农业的推广。尤其要注意承接产业资本转移的城镇型工业开发区的发展，通过大力发展生态工业，走清洁生产之路，发展循环经济，用生态文明的发展模式破解工业文明“先污染后治理”的发展规律。

《关于深入推进新型城镇化建设的若干意见》《“十三五”国家科技创新规划》《关于加快美丽特色小（城）镇建设的指导意见》《“十三五”促进民族地区和人口较少民族发展规划》《全国国土规划纲要（2016—2030年）》《中共中央　国务院关于深入推进农业供给侧结构性改革　加快培育农业农村发展新动能的若干意见》《关于规范推进特色小镇和特色小城镇建设的若干意见》《关于建立特色小镇和特色小城镇高质量发展机制的通知》等，就新型城镇化、特色村镇建设提出了规范性的意见。

2021 年 2 月，国务院印发的《关于加快建立健全绿色低碳循环发展经济体系的指导意见》提出改善城乡人居环境。相关空间性规划要贯彻绿色发展理念，统筹城市发展和安全，优化空间布局，合理确定开发强度，鼓励城市留白增绿。建立“美丽城市”评价体系，开展“美丽城市”建设试点。增强城市防洪排涝能力。开展绿色社区创建行动，大力发展绿色建筑，建立绿色建筑统一标识制度，结合城镇老旧小区改造推动社区基础设施绿色化和既有建筑节能改造。

《“十四五”规划和 2035 年远景目标纲要》提出，全面形成“两横三纵”城镇化战略格局，完善新型城镇化战略，提升城镇化发展质量。坚持走中国特色新型城镇化道路，深入推进以人为核心的新型城镇化战略，以城市群、都市圈为依托促进大中小城市和小城镇协调联动、特色化发展，使更多人民群众享有更高品质的城市生活。坚持存量优先、带动增量，统筹推进户籍制度改革和城镇基本公共服务常住人口全覆盖，健全农业转移人口市民化配套政策体系，加快推动农业转移人口全面融入城市，形成疏密有致、分工协作、功能完善的城镇化空间格局。按照区位条件、资源禀赋和发展基础，因地制宜发展小城镇，促进特色小镇规范健康发展。实施新型城镇化建设工程包括都市圈建设、城市更新、城市防洪排涝、县城补短板、现代社区培育、城乡融合发展。

4. 秀美乡村建设

乡村生态经济体系的构建是秀美乡村建设的关键。要大力发展生态农业，提高农业产业化、市场化的程度，全面转变乡村经济增长方式。要发展集多种产业于一体的生态旅游休闲产业的场所，要促进乡村产业结构的优化和升级，大力推广集美丽乡村建设、农业旅游、农产消费为一体的现代农业旅游区——国家农业公园，以拓展第一、二产业市场，并为其他服务业发展带来机遇。田园综合体建设是当前乡村建设的重点，实现乡村生产生活生态"三生同步"、一二三产业"三产融合"、农业文化旅游"三位一体"，探索乡村经济社会全面发展的新模式、新业态、新路径，建设以农民合作社为主要载体，农民能充分参与和受益，集循环农业、创意农业、农事体验于一体的田园综合体，才能为乡村的发展奠定好经济基础。

《"十三五"规划纲要》提出，要"加快建设美丽宜居乡村"，党的十九大报告提出实施乡村振兴战略。《关于深入推进新型城镇化建设的若干意见》《"十三五"规划纲要》《关于深入推进新型城镇化建设的若干意见》《全国农业现代化规划（2016—2020年）》《中共中央　国务院关于深入推进农业供给侧结构性改革　加快培育农业农村发展新动能的若干意见》《促进乡村旅游发展提质升级行动方案（2018年—2020年）》《国务院关于促进乡村产业振兴的指导意见》《关于推进农村生活污水治理的指导意见》《关于实施乡村振兴战略的意见》《乡村振兴战略规划（2018—2022年）》《数字乡村发展战略纲要》《关于加强和改进乡村治理的指导意见》等，提出了美丽乡村建设的目标和措施。

2021 年 2 月，国务院印发的《关于加快建立健全绿色低碳循环发展经济体系的指导意见》提出，改善城乡人居环境。建立乡村建设评价体系，促进补齐乡村建设短板。加快推进农村人居环境整治，因地制宜推进农村改厕、生活垃圾处理和污水治理、村容村貌提升、乡村绿化美化等。继续做好农村清洁供暖改造、老旧危房改造，打造干净整洁有序美丽的村庄环境。

中国乡村自古以来以美著称，但由于肩负传承传统文化重责的士绅阶层在农民运动中被无情消灭使文化传承被中断，加之工业文明的侵袭，造成了中国乡土社会的瓦解，进而造成乡村文化的凋敝。要使乡村的经济社会发展步入绿色发展的轨道，必须重建乡土社会。要重新认识与定位乡村文明在当代的价值和功能，重构乡村文明的理论体系；保护日益萧条的村庄和关怀乡村文明的留守者，恢复和保护集传统智慧、文化和技术于一体的生产方式，发展自然社区组织拓展乡村公共服务的渠道，建立政府主导、多方参与的社会共治模式。通过提升农业文明中的优秀生态文化，构建和谐的乡村文化体系，以提高农民群众的生态文明素养，引导农民破除陈规陋习，培育乡村文明新风。通过实施生态人居提升工程，提高村民生活品质。

当前，乡村污水和垃圾的治理是美丽乡村建设的重点。要根据各地的实际情况因地制宜治理乡村水环境，开展生活污水处理，实现水资源的合理配置和高效利用，减少农业生产废弃物污染。

三、开发和保护海洋

1. 海洋在人类绿色发展中的地位凸显

海洋和沿海生态系统提供的生态服务价值，远远高于陆地生态系统所提供的价值。海洋是21世纪人类生存与发展的资源宝库和实现绿色发展的重要动力源，在解决气候变化、能源供给、粮食安全等问题上能发挥重大作用。合理开发海洋资源，对于保障海洋生态安全、缓解资源约束状况、促进经济增长方式转变、保障人类的持续发展有重要作用。

2. 开发海洋资源

2015年8月，国务院印发《全国海洋主体功能区规划》，为谋划海洋空间开发，规范开发秩序，提高开发能力和效率，构建陆海协调、人海和谐的海洋空间开发格局，提供了基本依据和重要遵循。

《“十三五”规划纲要》提出，要通过“坚持陆海统筹，发展海洋经济，科学开发海洋资源，保护海洋生态环境，维护海洋权益，建设海洋强国”来“拓展蓝色经济空间”。

资源约束是我国经济持续发展一大瓶颈，突破陆域资源紧缺的局限和制约，合理开发海洋资源，为经济社会发展提供新的资源和发展空间，才能确保整个国民经济又好又快发展和维护海洋权益。

《“十三五”规划纲要》提出，要优化海洋产业结构，发展海洋科学技术，推进智慧海洋工程建设，创新海域海岛资源市场化配置方式，深入推进全国海洋经济发展试点区建设，有效维护领土主权和海洋权益，加强海上执法机构能力建设，积极参与国际和地区海洋秩序的建立和维护，进一步完善涉海事务协调机制，制定海洋基本法。

《“十三五”生态环境保护规划》《全国海水利用“十三五”规划》《关于促进海洋经济发展示范区建设发展的指导意见》《全国海洋经济发展“十三五”规划》《国家级海洋牧场示范区建设规划（2017—2025年）》《关于建设海洋经济发展示范区的通知》等提出，通过开发海洋资源，促进海洋经济创新发展。

《“十四五”规划和2035年远景目标纲要》提出，坚持陆海统筹、人海和谐、合作共赢，协同推进海洋生态保护、海洋经济发展和海洋权益维护，加快建设海洋强国，积极拓展海洋经济发展空间。

3. 保护海洋环境

保护和改善海洋环境，防治污染损害，对于保护海洋资源和维护生态平衡，促进经济和社会的持续发展有重要作用。

《中华人民共和国海洋环境保护法》于 1982 年 8 月通过，1999 年 12 月修订，2013 年 12 月修正，2016 年 11 月修改，2017 年 11 月修改，规定了保护和改善海洋环境、保护海洋资源、防治污染损害的基本准则。

2014 年 11 月，国家海洋局印发了《国家级海洋保护区规范化建设与管理指南》，用以指导国家级海洋保护区完善基础设施、加强管理能力建设。

《“十三五”规划纲要》提出要“加强海洋资源环境保护”，深入实施以海洋生态系统为基础的综合管理。《全国国土规划纲要（2016—2030 年）》提出，构建海洋生态安全格局，加大海洋环境保护力度。《“十四五”规划和 2035 年远景目标纲要》提出，探索建立沿海、流域、海域协同一体的综合治理体系，打造可持续海洋生态环境。

在海洋保护区建设上，我国以海洋自然保护区、海洋特别保护区、海洋公园为主体的网络体系初步形成，建成了典型海洋生态系统、珍稀濒危海洋生物、海洋自然历史遗迹及自然景观等海洋保护区，其中国家级海洋自然保护区 14 处、国家级海洋特别保护区 58 处（国家级海洋公园 33 处），有效缓解和控制了海洋生态系统的恶化。

4. 建设海洋生态文明

海洋生态文明建设是我国生态文明总体建设的一个重要组成部分，对于我国提升绿色发展能力、转变发展方式、向海洋进军有重要意义。建设海洋生态文明示范区，才能统筹海洋经济发展与合理开发海洋资源、保护海洋生态环境，打造经济发展与海洋资源、海洋环境和海洋生态相协调的海洋空间开发格局。

《关于开展“海洋生态文明建设示范区”建设工作的意见》，就推动沿海地区海洋生态文明示范区建设提出了明确意见和目标；《海洋生态文明示范区建设管理暂行办法》和《海洋生态文明示范区建设指标体系（试行）》具体规定了规范海洋生态文明示范区建设工作的办法和具体指标；《国家海洋局海洋生态文明建设实施方案（2015—2020年）》为“十三五”时期海洋生态文明建设提供了时间表和路线图。

《“十四五”规划和2035年远景目标纲要》提出，建设现代海洋产业体系，围绕海洋工程、海洋资源、海洋环境等领域突破一批关键核心技术，培育壮大海洋工程装备、海洋生物医药产业，推进海水淡化和海洋能规模化利用，提高海洋文化旅游开发水平，建设海洋牧场，发展可持续远洋渔业，建设一批高质量海洋经济发展示范区和特色化海洋产业集群，全面提高北部、东部、南部三大海洋经济圈发展水平，以沿海经济带为支撑深化与周边国家涉海合作。积极发展蓝色伙伴关系，深度参与全球海洋治理，推动构建海洋命运共同体。

2013年，威海市、日照市、长岛县、象山县、玉环县、洞头县、厦门市、晋江市、东山县、珠海横琴新区、徐闻县和南澳县成为我国首批国家级海洋生态文明建设示范区。2015年，盘锦市、大连市旅顺口区、青岛市、烟台市、南通市、东台市、嵊泗县、惠州市、深圳市大鹏新区、北海市、三亚市和三沙市为第二批国家级海洋生态文明建设示范区。设立国家级海洋生态文明建设示范区，目的在于发展海洋经济、利用海洋资源、保护海洋生态环境、发展海洋生态文化、建立海洋生态机制、维护海洋生态安全，实现“水清、岸绿、滩净、湾美、物丰”。

第二节
发展绿色经济

一、绿色经济推进绿色发展

传统的经济发展方式造成了环境污染和生态破坏，消耗了大量的能源和资源，给经济和社会的持续发展带来了严峻的挑战，在走向生态文明的过程中，当前人类社会正在经历一场经济发展方式的变革，发展绿色经济就成为这场变革的基础。

绿色经济是以节约能源资源为目标、以生态科技为基础、以市场为导向、以新能源革命为依托的经济发展模式，其宗旨是经济发展必须与自然环境、人类社会的发展相协调，其核心是人力资本、生态资本、人造资本、社会资本存量不断增加，实现绿色 GDP 的稳步增长。发展绿色经济并不只是单纯追求生态而付出其他方面的极大代价，而是实现经济效益和生态效益的有机统一。

生态文明的经济建设就是实现经济的绿色化。从微观看，发展绿色经济就是要加速淘汰落后产能和工艺，用技术创新和工艺创新促进绿色企业的发展，推动绿色产品的有效供给，同时大力提倡绿色生活，形成资源节约、环境友好的绿色生活方式和绿色消费模式；从中观看，发展绿色经济就是要使部门经济、地区经济、集团经济绿色化，通过产业结构、技术结构、规模结构的绿色化，实现产业的绿色升级、分类和分布，探索绿色经济结构的演化规律，揭示经济与自然、社会之间的绿色联系；从宏观看，发展绿色经济就是要不断降低国民经济中能源资源消耗多、环境污染重的行业比重，推动整个宏观经济的绿色化进程。

2009 年 3 月，联合国环境署发布了《全球绿色新政政策纲要》，呼吁各国实施绿色新政；2011 年发布的《迈向绿色经济：通向可持续发展和消除贫困的各种途径——面向政策制定者的综合报告》认为，2009—2050 年，每年将全球生产总值的 2%投资于主要经济部门中，便可实现绿色经济转型。

我国发展绿色经济取得了较大进展，传统产业的改造提升速度加快，绿色、循环、低碳发展得到强化，节能环保产业逐渐成为新的增长点和新兴支柱产业，绿色消费策应供给侧改革拉动经济增长，经济发展的绿色含量不断提高。2017 年中国环保企业接近 4 万家，就业人数超过 300 万人，环保产业营业收入达 1.35 万亿元，环保产业对国民经济的直接贡献率达到 2.4%，环保产业的服务领域覆盖了水气渣治理、环境的资源再生利用、环境服务业、绿色产品、土壤修复、仪器装备等。

《工业绿色发展规划（2016—2020）》《关于开展绿色制造体系建设的通知》《“十三五”国家战略性新兴产业发展规划》《加快推进再生资源产业发展的指导意见》《“十三五”节能环保产业发展规划》《“十三五”国家信息化规划》《信息通信行业发展规划（2016—2020 年）》《煤炭工业发展“十三五”规划》《“十三五”促进民族地区和人口较少民族发展规划》《中共中央　国务院关于深入推进农业供给侧结构性改革加快培育农业农村发展新动能的若干意见》等，都提出发展绿色生产模式，推行绿色生产方式，走绿色发展之路。《中国制造 2025》《机器人产业发展规划（2016—2020 年）》《促进中小企业发展规划（2016—2020 年）》《轻工业发展规划（2016—2020 年）》《纺织工业发展规划

（2016—2020 年）》《建材工业发展规划（2016—2020 年）》《石化和化学工业发展规划（2016—2020 年）》《煤炭工业发展“十三五”规划》《稀土行业发展规划（2016—2020 年）》《有色金属工业发展规划（2016—2020 年）》《产业技术创新能力发展规划（2016—2020 年）》《民用爆炸物品行业发展规划（2016—2020 年）》《增材制造产业发展行动计划（2017—2020 年）》《促进新一代人工智能产业发展三年行动计划（2018—2020 年）》等从不同角度强调了推进绿色发展的中国工业发展道路。

2021 年 2 月，国务院印发的《关于加快建立健全绿色低碳循环发展经济体系的指导意见》指出，建立健全绿色低碳循环发展经济体系，促进经济社会发展全面绿色转型，是解决我国资源环境生态问题的基础之策。通过健全绿色低碳循环发展的生产体系、健全绿色低碳循环发展的流通体系、健全绿色低碳循环发展的消费体系、加快基础设施绿色升级、构建市场导向的绿色技术创新体系、完善法律法规政策体系，全方位全过程推行绿色规划、绿色设计、绿色投资、绿色建设、绿色生产、绿色流通、绿色生活、绿色消费，使发展建立在高效利用资源、严格保护生态环境、有效控制温室气体排放的基础上，统筹推进高质量发展和高水平保护，建立健全绿色低碳循环发展的经济体系，确保实现碳达峰、碳中和目标，推动我国绿色发展迈上新台阶。到 2025 年，产业结构、能源结构、运输结构明显优化，绿色产业比重显著提升，基础设施绿色化水平不断提高，清洁生产水平持续提高，生产生活方式绿色转型成效显著，能源资源配置更加合理、利用效率大幅提高，主要污染物排放总量持续减少，碳排放强度明显降低，生态环境持续改善，市场导向的绿色技术创新体系更加完善，法律法规政策体系更加有效，绿色低碳循环发展的生产体系、流通体系、消费体系初步形成。到 2035 年，绿色发展内生动力显著增强，绿色产业规模迈上新台阶，重点行业、重点产品能源资源利用效率达到国际先进水平，广泛形成绿色生产生活方式，碳排放达峰后稳中有降，生态环境根本好转，美丽中国建设目标基本实现。

《关于加快建立健全绿色低碳循环发展经济体系的指导意见》还提出促进绿色产品消费和倡导绿色低碳生活方式促进绿色经济的发展。加大政府绿色采购力度，扩大绿色产品采购范围，逐步将绿色采购制度扩展至国有企业。加强对企业和居民采购绿色产品的引导，鼓励地方采取补贴、积分奖励等方式促进绿色消费。推动电商平台设立绿色产品销售专区。加强绿色产品和服务认证管理，完善认证机构信用监管机制。推广绿色电力证书交易，引领全社会提升绿色电力消费。严厉打击虚标绿色产品行为，有关行政处罚等信息纳入国家企业信用信息公示系统。厉行节约，坚决制止餐饮浪费行为。因地制宜推进生活垃圾分类和减量化、资源化，开展宣传、培训和成效评估。扎实推进塑料污染全链条治理。推进过度包装治理，推动生产经营者遵守限制商品过度包装的强制性标准。提升交通系统智能化水平，积极引导绿色出行。深入开展爱国卫生运动，整治环境脏乱差，打造宜居生活环境。开展绿色生活创建活动。

《关于加快建立健全绿色低碳循环发展经济体系的指导意见》提出，要完善法律法规政策体系，强化法律法规支撑，健全绿色收费价格机制，加大财税扶持力度，大力发展绿色金融，完善绿色标准、绿色认证体系和统计监测制度，培育绿色交易市场机制，加快建立健全绿色低碳循环发展的经济体系。

《“十四五”规划和 2035 年远景目标纲要》提出，加快发展方式绿色转型。坚持生态优先、绿色发展，推进资源总量管理、科学配置、全面节约、循环利用，协同推进经济高质量发展和生态环境高水平保护。大力发展绿色经济，坚决遏制高耗能、高排放项目盲目发展，推动绿色转型实现积极发展。壮大节能环保、清洁生产、清洁能源、生态环境、基础设施绿色升级、绿色服务等产业，推广合同能源管理、合同节水管理、环境污染第三方治理等服务模式。推动煤炭等化石能源清洁高效利用，推进钢铁、石化、建材等行业绿色化改造，加快大宗货物和中长途货物运输“公转铁”“公转水”。推动城市公交和物流配送车辆电动化。构建市场导向的绿色技术创新体系，实施绿色技术创新攻关行动，开展重点行业和重点产品资源效率对标提升行动。建立统一的绿色产品标准、认证、标识体系，完善节能家电、高效照明产品、节水器具推广机制。深入开展绿色生活创建行动。构建绿色发展政策体系，强化绿色发展的法律和政策保障。实施有利于节能环保和资源综合利用的税收政策。大力发展绿色金融。健全自然资源有偿使用制度，创新完善自然资源、污水垃圾处理、用水用能等领域价格形成机制。推进固定资产投资项目节能审查、节能监察、重点用能单位管理制度改革。完善能效、水效“领跑者”制度。强化高耗水行业用水定额管理。深化生态文明试验区建设。深入推进山西国家资源型经济转型综合配套改革试验区建设和能源革命综合改革试点。

绿色经济的发展方向是新的“五通一平”，“五通”是指通新零售、新制造、新金融、新技术、新能源，“一平”是指一个公平创业和竞争的环境，未来是知识的驱动，更是智慧和数据的驱动。

从改变经济发展的能源结构角度看，发展绿色经济就是要发展低碳经济；从生产过程、产品和服务看，发展绿色经济就是要推进清洁生产，实行节能减排；从资源利用程度看，发展绿色经济就是要大力发展循环经济；从资源节约的角度看，发展绿色经济就是要发展共享经济。

二、低碳经济改变能源结构

低碳经济是一种通过发展低碳能源技术，建立低碳能源系统、低碳产业结构、低碳技术体系，倡导低碳消费方式的经济发展模式。低碳经济以低碳排放、低消耗、低污染为特征，技术创新和制度创新是低碳经济的核心。低碳经济将打造全新的生态系统，对政府行为、企业活动、民众生活产生巨大的影响。

从当前看，低碳经济是要造就低能耗、低污染的经济，减少温室气体的排放；从长远看，低碳经济是打造一个持续发展的人类社会生产方式和消费方式的重要途径。欧盟持续引领向低碳经济的转变，据《BP世界能源展望（2018 年版）》显示，到 2040 年，欧盟通过渐进转型，碳排放将比 2016 年下降超过 35%，单位 GDP 碳排放是世界平均值的 50%，所消费的能源约为其在 1975 年的消费量，而 GDP 规模是 1975 年的 3 倍，非化石能源能满足 40%的能源需求，高于世界平均水平的 25%。

中国的经济是以煤为主要能源的"高碳经济"，近几十年来的经济高速发展是在人口数量巨大、人均收入低、能源强度大、能源结构不合理的条件下实现的，它给中国的资源和环境造成了严重的透支。

中国是世界最大的煤炭生产国和消费国，能源消费主要依靠煤炭。从能源消费构成来看，2019 年，我国煤炭消费量占能源消费总量的 57.7%，天然气、水电、核电、风电等清洁能源消费量占能源消费总量的 23.4%，石油约占我国能源消费总量的 18.9%。中国能源以燃煤为主不仅燃料消耗量大、消耗强度高，而且能源利用率低。

中国发展低碳经济，从外部因素看，是为了履行《巴黎协定》和与其他国家合作共同应对气候变化的长期挑战，在政治上体现崛起的发展中大国对世界应负起的责任。从内部因素看，发展低碳经济，可以促进技术创新，调整产业结构，形成一个新的经济增长极，使有限的能源投入能有更多的产出，转变经济增长方式，推动经济持续发展。

发展低碳经济必须以先进的低碳技术作为支撑。要使化石能源得到高效清洁利用和大力发挥新能源，实现传统产业低碳化，实现工业热电联产和工业余热、余压、余能的综合利用，大力发展生产工艺节能技术，建设低碳城市，建立低碳交通运输体系。“十三五”期间，在28个城市开展了气候适应城市试点工作，开展了3批共6个省区81个城市低碳省市试点建设，强化应对气候变化和生态环境保护工作统筹协调。

《“十三五”控制温室气体排放工作方案》《“十三五”控制温室气体排放工作方案部门分工》提出，通过低碳引领能源革命，打造低碳产业体系，推动城镇化低碳发展，加快区域低碳发展。《清洁能源消纳行动计划（2018—2020年）》提出，要建立清洁能源消纳的长效机制。

《“十四五”规划和2035年远景目标纲要》提出，实施重大节能低碳技术产业化示范工程，开展近零能耗建筑、近零碳排放、碳捕集利用与封存（CCUS）等重大项目示范。

“十四五”期间，我国在应对气候变化、推动经济社会绿色转型发展方面，突出以降碳为源头治理的“牛鼻子”，编制“十四五”应对气候变化专项规划，以2030年前二氧化碳排放达峰倒逼能源结构绿色低碳转型和生态环境质量协同改善。[①] 到2030年，中国单位国内生产总值二氧化碳排放将比2005年下降65%以上，森林蓄积量将比2005年增加60亿立方米。

当前，许多国家承诺要大幅度消减碳排放量并在未来实现“净零排放”。虽然全球碳排放仍将继续，但不会增加，排放可以被大气等量吸收而达到平衡。欧盟、日本、韩国等110多个国家承诺到2050年实现碳中和，中国表示到2060年实现碳中和。

---

① 章轲：《“十四五”生态环保如何规划？环境部敲定十大政策着力点》，第一财经，2020年11月18日。https：//www.yicai.com/news/100841851.html.

三、推进清洁生产和节能减排降低投入减少排放

1. 清洁生产

清洁生产是指把综合性预防的战略持续地应用于生产过程、产品和服务中，以提高效率和降低对人类安全和环境造成的风险。清洁生产是关于产品和制造产品过程中预防污染的一种创造性的思维方法。清洁生产对产品的生产过程持续运用整体预防的环境保护策略，其实质是一种物耗和能耗最小的人类生产活动的规划和管理，将废物减量化、资源化和无害化，或消灭于生产过程之中。

清洁生产的过程包括三个方面：对生产过程而言，它包括节约能源和原材料，淘汰有毒有害材料，减少"三废"和有害物质的产生量；通过综合利用和循环利用，以减少废物和有害物质的排放量。对产品来讲，清洁生产是从原料的提取到产品的最终处置减少对人类和环境的有害影响。对服务来说，清洁生产是指将预防性环境战略结合到生产工艺、技术和产品等的设计和提供的服务中。因此，清洁生产的实质，是贯彻预防为主的原则，从生产设计、能源与原材料选用、工艺技术与设备维护管理等社会生产和服务的各个环节实行全过程控制，从生产源头上减少资源的浪费，促进资源的循环利用，控制污染产生，实现经济效益、社会效益与环境效益的统一。

1993 年，中国开始启动清洁生产工作；2002 年 6 月 29 日，通过了《中华人民共和国清洁生产促进法》，2012 年 2 月 29 日修改。2003 年国务院办公厅转发了国家发改委等部门的《关于加快推行清洁生产的意见》，相关清洁生产标准也相继推出，中央财政也设立了清洁生产专项资金，极大地推进了清洁生产工作的开展。《中华人民共和国国民经济和社会发展第十三个五年规划纲要》提出，实施重点行业清洁生产

改造。

《清洁生产审核暂行办法》《重点企业清洁生产审核程序的规定》《工业清洁生产评价指标体系编制通则》《工业企业清洁生产审核技术导则》《工业清洁生产推行“十二五”规划》《国家重点行业清洁生产技术导向目录》《“十三五”规划纲要》《天然气发展“十三五”规划》《中共中央　国务院关于深入推进农业供给侧结构性改革　加快培育农业农村发展新动能的若干意见》《煤炭深加工产业示范“十三五”规划》等，对实施清洁生产作出了规定。

清洁生产是促进经济增长方式转变，提高经济增长质量和效益的有效途径和客观要求，是防治工业污染的必然选择和最佳模式，也是企业树立良好社会形象的内在要求。“十四五”时期，我国将支持绿色技术创新，推进清洁生产，发展环保产业，推进重点行业和重要领域绿色化改造，推动能源清洁低碳安全高效利用，发展绿色建筑，开展绿色生活创建活动。

2. 节能减排

节能减排就是节约能耗、减少污染物排放。中国是世界上产值能耗最高的国家之一。降低能耗是推进生态文明建设的重大举措，是推进经济结构调整，转变增长方式的必由之路。

1997 年 11 月《中华人民共和国节约能源法》通过，2007 年 10 月修订，2016 年 7 月修改，旨在推动全社会节约能源，提高能源利用效率。2011 年 8 月，国务院印发了《“十二五”节能减排综合性工作方案》，进一步明确了节能减排总体要求和主要目标。《“十三五”规划纲要》《住房城乡建设事业“十三五”规划纲要》《“十三五”生态环境保护规划》《“十三五”国家战略性新兴产业发展规划》《“十三五”节能减排综合工作方案》《“十三五”全民节能行动计划》《石油发展“十三五”规划》《能源发展“十三五”规划》《建筑节能与绿色建筑发展“十三五”规划》《建筑业发展“十三五”规划》《工业节能与绿色标准化行动计划（2017—2019 年）》《半导体照明产业“十三五”发展规划》《关于扩大生物燃料乙醇生产和推广使用车用乙醇汽油的实施方案》《国家节水行动方案》等，都就节约能源、控制排放、推进绿色发展作出了规定。

《2020 年全国生态环境质量简况》显示，2020 年单位国内生产总值二氧化碳排放同比下降 1.0%，比 2015 年下降 18.8%，完成“十三五”单位国内生产总值二氧化碳排放下降 18%的目标。

“十三五”期间，全国单位 GDP 二氧化碳排放持续下降，基本扭转了二氧化碳排放总量快速增长的局面，截至 2019 年底，碳排放强度比 2015 年下降 18.2%，提前完成了“十三五”约束性目标。碳强度比 2005 年降低 48.1%，非化石能源占能源消费比重达到 15.3%，提前完成了中国向国际社会承诺的 2020 年目标。中国规模以上企业单位工业增加值能耗 2019 年比 2015 年累计下降超过 15%，相当于节能 4.8 亿吨标准煤，节约能源的成本，大约节约了 4000 亿元。中国绿色建筑占城镇新建民用建筑比例达到 60%，通过城镇既有居民居住建筑的节能改造，提升建筑运行效率，有效地改善了人居环境，惠及 2100 多万户居民。2010 年以来，中国新能源汽车快速增长，销量占全球新能源汽车 55%，目前中国也是全球新能源汽车保有量最多的国家。2019 年与 2016 年相比，全国万元国内生产总值用水量由 81 立方米降至 60.8 立方米，万元工业增加值用水量由 52.8 立方米降至 38.4 立方米，农田灌溉水有效利用系数由 0.542 提高到 0.559。

《“十四五”规划和 2035 年远景目标纲要》提出，全面提高资源利用效率。坚持节能优先方针，深化工业、建筑、交通等领域和公共机构节能，推动 5G、大数据中心等新兴领域能效提升，强化重点用能单位节能管理，实施能量系统优化、节能技术改造等重点工程，加快能耗限额、产品设备能效强制性国家标准制修订。实施国家节水行动，建立水资源刚性约束制度，强化农业节水增效、工业节水减排和城镇节水降损，鼓励再生水利用，单位GDP用水量下降16%左右。加强土地节约集约利用，加大批而未供和闲置土地处置力度，盘活城镇低效用地，支持工矿废弃土地恢复利用，完善土地复合利用、立体开发支持政策，新增建设用地规模控制在2950万亩以内，推动单位GDP建设用地使用面积稳步下降。提高矿产资源开发保护水平，发展绿色矿业，建设绿色矿山。

在节能减排工作中，要发挥政府主导作用，强化企业主体责任，加强机关单位、公民等各类社会主体的责任，促使公民自觉履行节能和环保义务。

四、循环经济充分利用资源

循环经济是一种与环境友好的经济发展模式，它是在生态文明理念的指导下，按照清洁生产的方式，对能源及其废弃物实行综合利用的经济活动过程。

循环经济要求把经济活动组织成一个“资源—产品—再生资源”的反馈式流程，以“低开采、高利用、低排放”为特征。所有的物质和能源要能在这个不断进行的经济循环中得到合理和持久的利用，以把经济活动对自然环境的影响降低到尽可能小的程度。

“减量化（Reduce）、再利用（Reuse）、再循环（Recycle）”的“3R”原则是循环经济最重要的实际操作原则。“减量化”是指减少进入生产和消费过程的物质量，从源头上节约资源使用和减少污染物排放；“再利用”是指要提高产品和服务的利用效率，产品和包装器以初始形式多次使用，减少一次用品的污染；“再循环”是指物品完成使用功能后能够重新变成再生资源。

在发达国家，循环经济正成为一股潮流和趋势。面对经济发展中的高消耗、高污染和资源环境的约束问题，中国正在寻求经济增长模式的全面转变，大力发展循环经济。

近十多年来，中国的循环经济快速发展。《贵阳市建设循环经济生态城市条例》是我国第一部循环经济领域的地方法规。《关于加快循环经济发展的若干意见》《循环经济评价指标体系》《循环经济发展评价指标体系（2017 年版）》《中华人民共和国循环经济促进法》《"十二五"循环经济发展规划》《循环经济发展战略及近期行动计划》《"互联网+"绿色生态三年行动实施方案》《关于加快发展农业循环经济的指导意见》《"十三五"规划纲要》《全国农业现代化规划（2016—2020 年）》《"十三五"生态环境保护规划》《"十三五"国家战略性新兴产业发展规划》《"十三五"节能减排综合工作方案》《"十三五"促进民族地区和人口较少民族发展规划》《全国国土规划纲要（2016—2030 年）》《循环发展引领行动》等，就大力发展循环经济作出了详细的规定。

2021 年 2 月，国务院印发的《关于加快建立健全绿色低碳循环发展经济体系的指导意见》提出提升产业园区和产业集群循环化水平。科学编制新建产业园区开发建设规划，依法依规开展规划环境影响评价，严格准入标准，完善循环产业链条，推动形成产业循环耦合。推进既有产业园区和产业集群循环化改造，推动公共设施共建共享、能源梯级利用、资源循环利用和污染物集中安全处置等。鼓励建设电、热、冷、气等多种能源协同互济的综合能源项目。鼓励化工等产业园区配套建设危险废物集中贮存、预处理和处置设施。

发展循环经济，在企业层面积极推行清洁生产，在工业集中地区或开发区建立生态工业园区，同时有计划、分步骤地在一些地方开展循环经济的试点工作。截至 2015 年 6 月，国家发改委同有关部门已经累计确定了5批100个园区循环化改造示范试点园区、6批49个国家“城市矿产”示范基地和5批100个餐厨废弃物资源化利用和无害化处理试点城市（区）。2005—2013年，循环经济发展取得了一定的进展，全国资源消耗强度改善34.7%、废物排放强度改善46%，污染物处置率上升74.6%，循环经济综合发展指数从2005年的基数100上升到2013年的137.6。

2018年，中国的单位GDP能耗下降到0.52吨标准煤/万元，比1953年降低43.1%。2019年，中国的废弃资源综合利用业销售收入总额达到4576.7亿元，同比增长12.01%，废弃资源综合利用业利润总额达到237.4亿元，同比增长9.30%。

《“十四五”规划和2035年远景目标纲要》提出，构建资源循环利用体系。全面推行循环经济理念，构建多层次资源高效循环利用体系。深入推进园区循环化改造，补齐和延伸产业链，推进能源资源梯级利用、废物循环利用和污染物集中处置。加强大宗固体废弃物综合利用，规范发展再制造产业。加快发展种养有机结合的循环农业。加强废旧物品回收设施规划建设，完善城市废旧物品回收分拣体系。推行生产企业“逆向回收”等模式，建立健全线上线下融合、流向可控的资源回收体系。拓展生产者责任延伸制度覆盖范围。推进快递包装减量化、标准化、循环化。开展60个大中城市废旧物资循环利用体系建设。

五、共享经济节约资源

在经济发展过程中，不同的人拥有不同的资源，这种资源在不用时会闲置，造成资源的浪费。共享经济将社会上的各种资源重新配置、整合和优化，使其发挥最大作用。

共享经济作为未来经济的3个趋势（共享经济、社群经济、虚拟经济）之一，是一种全新的经济模式，人们通过互联网共享能源、信息和实物，使用权代替了所有权，共享价值代替了交换价值。

互联网等信息通信技术的创新应用为共享经济的发展提供了条件，区块链打造新型平台经济，开启共享经济新时代。当前，发展共享经济，能助力大众创新，激发创新活力，促进灵活就业，扩大有效供给，灵活配置资源，打造经济发展的新增长点。从资源节约的角度看，共享经济能大幅度提高现有资源存量的使用率、提升自然资源的使用效率。当前，共享经济正逐步渗透包括知识、技能、信息资源等服务领域。

共享经济的崛起，在产品、空间、知识、劳务、技能、资金、生产能力等方面催生了一个全新的服务业，是推动经济社会持续和联动发展的重要力量。随着对个人闲置资源、企业闲置资源、公共闲置资源的不断分享，共享经济跨领域、多层次整合资源的优势会越来越明显，突破资源、环境的困境，将闲置资源与外部市场的有效需求对接起来，大幅提升综合承载力，改变人们的生活方式，影响人们的思想方式，带来巨大的商业变革和社会变革。①

《中国共享经济发展报告（2020）》显示，2019 年我国共享经济市场交易规模为 32828 亿元，位居前三的生活服务、生产能力、知识技能领域分别为 17300 亿元、9205 亿元和 3063 亿元；共享经济参与者人数约 8 亿，参与提供服务者人数约 7800 万，平台企业员工数为 623 万；共享经济直接融资规模为 714 亿元；网约车客运量占出租车总客运量的比重达到 37.1%，在线外卖收入占全国餐饮业收入的比重达到 12.4%，共享出行服务支出占城乡居民交通支出的比重为 11.4%，共享住宿收

① 倪云华、虞仲轶：《共享经济大趋势》，机械工业出版社 2015 年版；周颖、张遥、王存福等：《生产要素分享激发经济新增长点》，《经济参考报》2016 年 9 月 28 日。

入占全国住宿业客房收入的比重达到7.3%，共享物流收入占公路物流总收入的比重达到1.65%。2016—2019年，网约车用户在网民中的普及率由32.3%提高到47.4%，在线外卖用户普及率由30%提高到51.6%，共享住宿用户普及率由5%提高到9.7%，共享医疗用户普及率由14%提高到21%。

《关于深入实施“互联网+流通”行动计划的意见》《国家教育事业发展“十三五”规划》《“十三五”促进就业规划》《循环发展引领行动》《关于促进分享经济发展的指导性意见》《关于做好引导和规范共享经济健康良性发展有关工作的通知》提出，创新消费理念，大力发展分享经济，支持发展就业新形态。

第三节
生态经济化的莲都实践①

一、浙江莲都“点绿成金”发展绿色经济

莲都区地处浙西南腹地、瓯江中游，是浙江省丽水市唯一的市辖区。全区总面积1502平方千米，辖5个乡、4个镇、6个街道。莲都

① 本案例由丽水市自然资源和规划局莲都分局、莲都区农业农村局提供，吴春平、孙冰有参与编辑。

山水隽秀、风光旖旎，八百里瓯江最瑰丽河段穿流其间，为国家级生态示范区、省级生态区。境内耕地 17 万亩、林地 180 万亩、水域 7 万亩，生物资源 1000 多种，享有“休闲之乡”“摄影之乡”“油画之乡”“水果之乡”等美誉。2020 年，莲都区实现 GDP 总值 406.97 亿元。

近年来，丽水市莲都区始终牢记习近平总书记“绿水青山就是金山银山，对丽水来说尤为如此”的重要嘱托，以“生态经济化”优先发展内生性产业的思路，全力推进城市共建、经济共融、福祉共享，奋力打开“绿水青山”向“金山银山”的转换通道。

二、画好“山水画”，做强做优生态旅游战略支柱产业

“走在莲都山水间，犹如水墨画中行。”青山绿水的原生态，小桥流水的古村落，质朴热情的老乡亲，处处散发着莲都区美丽乡村特有的气质和韵味。

莲都区以“生态＋”带动“旅游＋”“文化＋”“农耕＋”，以农文旅融合催生新业态、激发新活力，打造瓯江山水诗之路黄金旅游带、瓯江文创产业带，积极创建国家全域旅游示范区。莲都区立足“一市一区”独特体制条件，科学编制乡村振兴战略、美丽乡村建设等总体规划，以规划引领城乡一体化、市区一体化发展，重构乡村发展形态，串珠成链，如今莲都区已经形成了全域大花园的美丽大格局，实现美丽乡村向美丽经济的转化。

莲都区建设项目统筹安排实施监管，建立健全财政支持“三农”投入稳定增长的保障机制，美丽乡村建设投入逐年增长，建成“瓯江滨水”（S328 省道丽浦线）、“通济古堰・桂花飘香”（新 50 省道）、“G25 长深高速莲都段”、“括苍古韵・秀丽好溪”（新 330 国道线）、“秀丽宣

平”（港前线）、“九龙桃碧”（桃碧线）6 条美丽风景线，覆盖 11 个乡镇（街道），覆盖率 78.6%。累计创成省级美丽乡村示范乡镇 6 个、省级特色精品村 15 个，新时代美丽乡村达标村 55 个、精品村 18 个。在这秀丽轻盈的山水之间，一个个“高颜值”生态宜居的美丽乡村次第呈现，点绿成金，蕴藏着绿色发展的动能，也积蓄起莲都区从“美丽生态”向“美丽经济”不断迸发的充足底气。

三、写好“水经注”，跳出“以水治水”的传统思维

绿水青山、美丽乡村是莲都的一张“金名片”，这里空气质量优良率多年达到 90%以上，集中式饮用水源地和交接断面水质达标率均为 100%，是浙江乃至华东地区重要的生态屏障。

为保护生态环境，莲都区编制实施《莲都区生态文明示范区建设规划》，印发《莲都区省级生态文明建设示范区创建方案》，农村生活污水有效治理建制村全覆盖，已建成污水设施全部完成运维移交，30 吨以上农村生活污水治理设施 69 个，累计完成标准化运维处理设施 23 个、标准化运维率 33.33%。实现农村生活垃圾集中收集处理建制村全覆盖，垃圾分类覆盖率 85%，建成农村生活垃圾减量化资源化站房 28 座，改造农村公厕 480 座。农村无害化卫生厕所普及率达 99.4%。全境消除劣Ⅴ类水体，创成“清三河”达标区，成功夺得浙江省五水共治“大禹鼎”。

莲都把水产业培育成为新的经济增长点，实现水产健康养殖示范比重 66.85%。以水经济激活水资源、优化水生态，积极创建瓯江国家河川公园。

好生态带来好风景，瓯江最美生态河川景观、丽水巴比松画派之“古堰画乡”、“地球之肾”之九龙国家湿地公园、千年畲乡风情、万古

丹霞地貌之东西岩景区等地吸引了大量游客前来赏玩休憩。

四、念好“山字经”，大力发展山地特色生态经济

莲都区群山环抱，有林地面积175余万亩，森林覆盖率76.84%，为国家森林城市、国家园林城市。山地经济是莲都主要经济之一。

莲都区大力建设生态农产品品牌，新增海拔600米以上绿色有机农林产品基地6.39万亩，绿色优质农产品比例60.42%，主要农产品质量安全省级监测合格率100%、合格产品处置率100%，农产品追溯管理覆盖率100%，累计培育“丽水山耕”背书产品133个，“丽水山耕”合作主体165家，“丽水山耕”品牌认证产品8个，实现“丽水山耕”农产品销售额12.27亿元。涌现了“处州蜂业”“梅峰茶叶”“轩德皇菊”“百兴菇业”“蔡状元茶”等特色品牌，先后斩获浙江蓝莓之最、浙江十佳桃、丽水枇杷之冠等荣誉称号，处州白莲入选浙江省优秀农产品“最具历史价值十强品牌”，实现“丽水山耕”品牌农产品年销售额9.8亿元。

莲都有国家一级保护动物黑麂、云豹、黄腹角雉等5纲37目76科400多种野生动物。

近年来，随着保护的力度不断加大，野生动物的活动范围也不断扩大，损坏农作物、伤害家畜、人员以及毁坏生产生活设施情况日益频繁和突出。如何协调好经济发展与野生动物保护之间的关系成为守住生态经济“金饭碗”的关键，莲都区充分发挥“绿水青山就是金山银山”理论重要萌发地和先行实践地的优势，统筹生态经济发展，在丽水市率先投保野生动物肇事公众责任保险，“政府部门投保、保险公司理赔、受灾群众受益”野生动物肇事公众责任保险既保障了群众利益，又促进了生态文明建设。

五、依托绿水青山，赚来金山银山

丽水市是全国首个生态产品价值实现机制试点市。丽水市莲都区党委、政府切实扛起强农、惠农、富农责任，以“绿起来”首先带动“富起来”，进而加快实现“强起来”。实现了 GDP 和 GEP 规模总量协同较快增长、GDP 和 GEP 之间转化效率较快增长。

2020 年前三季度，莲都区城乡居民收入持续增长，其中农村常住居民人均可支配收入 20161 元，比全市平均水平（17860 元）多 2301 元，同比增长 6.0%。脱贫攻坚有力有效，前三季度全区低收入农户人均可支配收入 9404 元，增幅 14.2%。农村低保标准达到每人每月 850 元。安全生产形势稳定，应急救援体系和能力不断加强，创成省级“无信访积案区”，平安建设实现“十四连冠”。

第七章

『绿水青山就是金山银山』理念与绿色产业

『金山银山是发展之源』，没有绿色产业的发展，就无法奠定绿色经济的产业基础。随着现代信息技术在经济和社会发展各个领域广泛应用，带来了社会发展前所未有的挑战，新技术本身的产业化和所赋能的产业大量涌现，推动绿色经济新兴产业的不断崛起，使产业结构的变迁符合经济和生态的发展规律。浙江省湖州市吴兴区的产业绿色化发展的实践，是『绿水青山就是金山银山』理念引领高质量绿色发展的重要创举。

第一节
绿色产业奠定绿色经济基础

一、发展现代产业体系，推动经济体系优化升级

《“十四五”规划和2035年远景目标纲要》提出，坚持把发展经济着力点放在实体经济上，加快推进制造强国、质量强国建设，促进先进制造业和现代服务业深度融合，强化基础设施支撑引领作用，构建实体经济、科技创新、现代金融、人力资源协同发展的现代产业体系。

深入实施制造强国战略　坚持自主可控、安全高效，加强产业基础能力建设，提升产业链供应链现代化水平，推动制造业优化升级，实施制造业降本减负行动，增强制造业竞争优势，推动制造业高质量发展。重点从高端新材料、重大技术装备、智能制造与机器人技术、航空发动机及燃气轮机、北斗产业化应用、新能源汽车和智能（网联）汽车、高端医疗装备和创新药、农业机械装备提升制造业核心竞争力。

发展壮大战略性新兴产业　聚焦新一代信息技术、生物技术、新能源、新材料、高端装备、新能源汽车、绿色环保以及航空航天、海洋装备等战略性新兴产业，加快关键核心技术创新应用，构筑产业体系新支

柱；在类脑智能、量子信息、基因技术、未来网络、深海空天开发、氢能与储能等前沿科技和产业变革领域，前瞻谋划未来产业，布局一批国家未来产业技术研究院，实施产业跨界融合示范工程。推动战略性新兴产业融合化、集群化、生态化发展，战略性新兴产业增加值占 GDP 比重超过 17%。

促进服务业繁荣发展 聚焦产业转型升级和居民消费升级需要，推动生产性服务业融合化发展，加快生活性服务业品质化发展，深化服务领域改革开放，扩大服务业有效供给，提高服务效率和服务品质，构建优质高效、结构优化、竞争力强的服务产业新体系。

建设现代化基础设施体系 统筹推进传统基础设施建设，加快建设新型基础设施，建设现代化综合交通运输体系，建设清洁低碳、安全高效的现代能源体系，加强水利基础设施建设。交通建设强国工程包括战略骨干通道、高速铁路、普速铁路、城市群和都市圈轨道交通、高速公路、港航设施、现代化机场、综合交通和物流枢纽，现代能源体系建设工程包括大型清洁能源基地、沿海核电、电力外送通道、电力系统调节、油气储运能力，国家水网骨干工程包括重大引调水、供水灌溉、防洪减灾工程。

加快数字化发展 打造数字经济新优势，充分发挥海量数据和丰富应用场景优势，加强关键数字技术创新应用，加快推动数字产业化，推进产业数字化转型，促进数字技术与实体经济深度融合，壮大经济发展新引擎；加快数字社会建设步伐，适应数字技术全面融入社会交往和日常生活新趋势，提供智慧便捷的公共服务，建设智慧城市和数字乡村，构筑美好数字生活新图景，促进公共服务和社会运行方式创新，构筑全民畅享的数字生活；提高数字政府建设水平，将数字技术广泛应用于政府管理服务，加强公共数据开放共享，推动政务信息化共建共用，提高数字化政务服务效能，推动政府治理流程再造和模式优化；营造良好数字生态，建立健全数据要素市场规则，营造规范有序的政策环境，加强网络安全保护，推动构建网络空间命运共同体。

二、发展绿色产业

1. 绿色产业、生态产业和环保产业

绿色产业是指利用绿色科技，在产品的设计、生产、服务、流通、回收等过程中节约资源使用和减少污染物体排放的产业，涉及第一、二、三产业，既包括产业链前端的绿色装备制造、产品设计和制造，也包括产业链末端的绿色产品采购和使用。

生态产业是指以高科技含量、高附加价值、低耗能、低污染，具有自主创新能力为特征的有机产业群为核心，以科技创新、人才培育、资本运营、信息共享甚至现代物流等高效运转的产业辅助系统为支撑，以自然生态环境优美、基础设施良好、能源与社会保障稳定、法律和社会诚信完善的产业发展环境为依托的相互协调、相互制约并具有高度开放性的全新产业，包括生态农业、工业和服务业。

环保产业是以防治环境污染、保护自然资源为目的的技术开发、产品生产和流通、信息服务等的产业，包括环保产品生产、洁净产品生产、环境保护服务、资源循环利用、自然生态保护等。2018 年，中国环保产业统计范围内企业营业收入总额达 13183.7 亿元，营业利润总额为 1088.8 亿元

环保产业呈线性，为特定目标服务；生态产业呈链状，强调循环理念下整个经济活动对资源的综合利用；绿色产业呈面状，包括了生态产业和环保产业。

《“十三五”生态环境保护规划》提出，扩大生态产品供给，推进绿

色产业建设，构建生态公共服务网络。

《“十三五”国家战略性新兴产业发展规划》提出，节能环保、新能源、生物等领域新产品和新服务的可及性大幅提升；把握全球能源变革发展趋势和我国产业绿色转型发展要求，着眼生态文明建设和应对气候变化，以绿色低碳技术创新和应用为重点，引导绿色消费，推广绿色产品，大幅提升新能源汽车和新能源的应用比例，全面推进高效节能、先进环保和资源循环利用产业体系建设，推动新能源汽车、新能源和节能环保等绿色低碳产业成为支柱产业。

2. 绿色产业的分类

发展绿色产业，是发展绿色经济、培育绿色发展新动能的重要内容和基础，也是推进生态文明建设在经济领域的重要举措。2019 年 2 月，国家发改委等七部门联合印发了《绿色产业指导目录（2019 年版）》，首次清晰界定了绿色产业的具体内容，作为国家权威的绿色产业分类目录，为绿色产业的发展奠定了良好的基础。《目录》首次从产业的角度全面界定了全产业链的绿色标准与范围，将绿色产业划分为六大类别，一级分类下又细分为 30 项二级分类以及 211 项三级分类。

节能环保产业　一级分类下分高效节能装备制造（15 项三级分类）、先进环保装备制造（8 项三级分类）、资源循环利用装备制造（9 项三级分类）、新能源汽车和绿色船舶制造（3 项三级分类）、节能改造（6 项三级分类）、污染治理（14 项三级分类）、资源循环利用（8 项三级分类）共 7 项二级分类。

清洁生产产业　一级分类下分产业园区绿色升级（4 项三级分类）、无毒无害原料替代使用与危险废物治理（4 项三级分类）、生产过程废气处理处置及资源化综合利用（4 项三级分类）、生产过程节水和废水处理处置及资源化综合利用（4 项三级分类）、生产过程废渣处理处置及资源化综合利用（4 项三级分类）共 5 项二级分类。

清洁能源产业 一级分类下分新能源与清洁能源装备制造（12 项三级分类）、清洁能源设施建设和运营（10 项三级分类）、传统能源清洁高效利用（3 项三级分类）、能源系统高效运行（7 项三级分类）共 4 项二级分类。

生态环境产业 一级分类下分生态农业（11 项三级分类）、生态保护（5 项三级分类）、生态修复（13 项三级分类）共 3 项二级分类。

基础设施绿色升级 一级分类下分建筑节能与绿色建筑（6 项三级分类）、绿色交通（10 项三级分类）、环境基础设施（6 项三级分类）、城镇能源基础设施（3 项三级分类）、海绵城市（5 项三级分类）、园林绿化（6 项三级分类）共 6 项二级分类。

绿色服务 一级分类下分咨询服务（4 项三级分类）、项目运营管理（8 项三级分类）、项目评估审计核查（5 项三级分类）、监测检测（6 项三级分类）、技术产品认证和推广（8 项三级分类）共 5 项二级分类。

3. 生态产业的环节和功能

（1）生态产业的环节

生态产业是按照“管理—生产—交换—消费—分解—还原—再生”七个环节进行的。一是要建立生态意识和文明观念并进行相应的制度建设；二是依据资源禀赋在最少耗能和最低排放温室气体及污染物的前提下从事生态化生产；三是在生产资料和产品的物质交换过程中防止二次、三次乃至 N 次污染；四是建立生态化价值取向的消费观念和绿色生活方式；五是加强生产过程、生产环境和生活环境的有益微生物分解功能和还原能力；六是一定要将分解后的有机物质投入环境并使之再生，将无机物质重复循环利用，最大可能地促进资源的再生和循环利用。

（2）生态产业的结构

从产业结构上说，生态产业是以生态学基本原理为指导，以生态系统中物质循环与能量转化的规律为依据，以“自然—社会—经济”生态系统的动态平衡为目标，以生物为劳动对象，以农林牧渔自然资源（土地资源、气候资源、水资源、生物资源）为劳动资料，以生物技术和生态工程技术为劳动手段的经济部门。生态产业包括以下部门：

服务部门 包括生态信息业、生态管理业、生态教育业、生态保健医疗业、生态咨询业、生产资料供应业、生态技术研究。

生产部门 包括生态农业、生态林业、生态畜牧业和生态工业。

交换部门 包括运输、仓储、贮藏、商场、销售等。

加工消费部门 包括有机食品、绿色食品、绿色产品、绿色纤维、生态住宅、生态旅游业等。

分解部门 包括生态建设、环境保护、环境恢复、有益微生物分解工程、污水垃圾处理工程、废品回收工程等。

还原部门 将分解后的部分物质还原于自然，促进大自然的物质循环。

再生部门 将可利用的物质重新加工利用，将难以分解的物质分成最小的物质单位，或改性或重新利用。

（3）生态产业的生态功能

从生态功能上说，生态产业是维护“自然—社会—经济”生态系统的动态平衡，使“生产者（绿色植物）—消费者（草食动物、肉食动物）—分解者（微生物，主要是细菌和真菌）”三者之间的物质循环与能量转化达到动态平衡，从而提高整个生态圈的生产能力、消费能力与还原能力。

第二节
加快新型绿色产业发展步伐

一、新能源产业

人类社会的发展，是以消耗大量的能源为基础的。能源是工业的粮食，是国民经济的命脉。能源问题是重大的经济和社会问题，涉及外交、环境、安全问题。新能源革命是生态文明建设的基石和内容之一，大力发展新能源产业，能奠定绿色经济发展的产业基础，促进产业升级，推动经济社会持续发展。

由于常规能源的有限性和使用过程中对环境产生的影响，人们将把目光进一步投向新能源。随着科技的发展和政策的扶持，海洋能、风能、生物质能、地热能、太阳能、氢能等新能源的使用将超过常规能源的比重，可燃冰、页岩气、煤层气、细菌能、核聚变能、干热岩等更加高效，清洁的能源不断显现，并显示出极好的发展前景。全球能源互联网的建设，将使能源的消费结构更合理。

从三次产业划分看，新能源产业还是属于生态工业的一部分。按照《绿色产业指导目录（2019年版）》，新能源产业涉及清洁能源产业下的4项二级分类32项三级分类：①新能源与清洁能源装备制造，包括风力发电装备制造、太阳能发电装备制造、生物质能利用装备制造、水力发电和抽水蓄能装备制造、核电装备制造、非常规油气勘查开采装备制造、海洋油气开采装备制造、智能电网产品和装备制造、燃气轮机装备制造、燃料电池装备制造、地热能开发利用装备制造、海洋能开发利用装备制造。②清洁能源设施建设和运营，包括风力发电设施建设和运营、太阳能利用设施建设和运营、生物质能源利用设施建设和运营、大型水力发电设施建设和运营、核电站建设和运营、煤层气（煤矿瓦斯）抽采利用设施建设和运营、地热能利用设施建设和运营、海洋能利用设施建设和运营、氢能利用设施建设和运营、热泵建设和运营。③传统能源清洁高效利用，包括清洁燃油生产、煤炭清洁利用、煤炭清洁生产。④能源系统高效运行，包括多能互补工程建设和运营、高效储能设施建设和运营、智能电网建设和运营、燃煤发电机组调峰灵活性改造工程和运营、天然气输送储运调峰设施建设和运营、分布式能源工程建设和运营、抽水蓄能电站建设和运营。

新能源革命将会带来人类社会生活的巨大变革，将从根本上改变人类社会的生产方式和消费方式，使人与自然更加和谐。

《BP 世界能源统计年鉴 2019》显示，2018 年中国可再生能源消费增长 29%，占全球增长的 45%，非化石能源中太阳能发电增长 51%、风能 24%、生物质能及地热能 14%、水电 3.2%，核能发电量增长 19%，能源强度下降 2.2%。

“十三五”以来，可再生能源装机年均增长大约 12%，新增装机年度占比超过 50%，总装机占比稳步提升，成为能源转型的重要组成和未来电力增量的主体，其中风电和太阳能发电等新能源发展迅速，成为可再生能源发展主体，截至 2019 年新能源装机在可再生能源总装机当中占比达到 55.2%，常规水电和抽水蓄能稳步发展，水电总装机在可再生能源总装机中占 44.8%。到 2030 年，我国的非化石能源占一次能源消费比重将达到 25%左右，风电、太阳能发电总装机容量将达到 12

亿千瓦以上。

《“十三五”规划纲要》《能源技术革命创新行动计划（2016—2030年）》《页岩气发展规划（2016—2020 年）》《生物质能发展“十三五”规划》《电力发展“十三五”规划》《风电发展“十三五”规划》《煤层气（煤矿瓦斯）开发利用“十三五”规划》《“十三五”国家战略性新兴产业发展规划》《可再生能源发展“十三五”规划》《“十三五”促进民族地区和人口较少民族发展规划》《能源技术创新“十三五”规划》《太阳能发展“十三五”规划》《能源生产和消费革命战略（2016—2030）》《全国国土规划纲要（2016—2030 年）》《地热能开发利用“十三五”规划》《关于促进储能技术与产业发展的指导意见》等，从全局和各个领域规划了大力发展新能源，促进绿色经济的发展。

2021 年 2 月，国务院印发的《关于加快建立健全绿色低碳循环发展经济体系的指导意见》提出，推动能源体系绿色低碳转型。坚持节能优先，完善能源消费总量和强度双控制度。提升可再生能源利用比例，大力推动风电、光伏发电发展，因地制宜发展水能、地热能、海洋能、氢能、生物质能、光热发电。加快大容量储能技术研发推广，提升电网汇集和外送能力。增加农村清洁能源供应，推动农村发展生物质能。促进燃煤清洁高效开发转化利用，继续提升大容量、高参数、低污染煤电机组占煤电装机比例。在北方地区县城积极发展清洁热电联产集中供暖，稳步推进生物质耦合供热。严控新增煤电装机容量。提高能源输配效率。实施城乡配电网建设和智能升级计划，推进农村电网升级改造。加快天然气基础设施建设和互联互通。开展二氧化碳捕集、利用和封存试验示范。

二、生态科技产业

信息技术和高新技术带来经济社会发展格局的重大转变，新材料、新能源、新工艺、新装备、新软件的开发和利用，改变了传统产业的高能耗、高污染、低产出的发展状况，推动低能耗、低污染、高产出的新兴产业的发展，减少污染排放，解决生态环境保护中的瓶颈问题，保障生态系统服务功能的持续供给，推动经济结构的优化和经济增长方式的转变。

现代科学技术的发展越来越呈现出鲜明的生态特征，建设生态文明，并在其引导下发展科学事业，从而使得科学精神与生态理念相融合，实现科学发展的生态化转变。数字化等信息技术的广泛应用，为人们构建了虚拟的空间，技术的具体应用也实现了生态化转变。只有建立与生物圈生态联系密切的、符合生态价值评价的绿色科学技术，使科学技术与生态意识、生态文明综合为一体，才能使生命进化和意识进化相统一，增进人类的福祉。

现代科学技术发展日新月异，信息技术和高新技术的运用，极大地节约了自然资源和劳动力资源，使各种生产要素的流动更为方便。电子计算机、云计算、大数据的发展使存储处理信息成为可能，人类智能和人工智能的结合使信息增值有了更广阔的前景，以科技创新为支撑的绿色发展成为世界各国的战略选择。美国发布的《2016—2045 年新兴科技趋势报告》把物联网、机器人与自动化系统、智能手机与云端计算、智能城市、量子计算、虚拟现实和增强现实、数据分析、人类增强、网络安全、社交网络、先进数码设备、先进材料、太空科技、合成生物科技、增材制造（3D 打印）、医学、能源、新型武器、食物与淡水科技、对抗全球气候变化科技列为最值得关注的科技。

“十三五”期间，重大科研项目推进有序，在生态环境科技投入上仅中央财政投入就超过 100 亿元；科技体制改革进展顺利，先后制定了《关于深化生态环境科技体制改革实施激发科技创新活力的实施意见》《关于落实深化科技项目评审、人才评价、机构评估改革的实施办法》

等，大力推动生态环境科技管理“放管服”；科技成果转化成效明显；科研组织实施机制不断创新，以“1＋X”模式组建“国家大气污染防治攻关联合中心”“国家长江生态环境保护修复联合研究中心”，联合全国500多家优势科研单位、8000名科研人员，形成“大兵团联合作战”的协作攻关模式，形成了高水平的联合攻关团队；在环境科技方面取得了很多科研成果，水环境领域形成重点行业水污染全过程控制系统与应用等八大标志性成果，建成流域水污染治理、流域水环境管理和饮用水安全保障三大技术体系，土壤环境领域开展了铬、砷重金属污染地块修复工程示范，生态保护领域形成生态保护红线划定技术方法体系，固废领域上大宗工业固废建材化利用、生活垃圾焚烧发电、重金属安全处置等方面取得了一批关键技术突破，环境基准领域首次发布了我国保护水生生物镉和氨氮水质基准。

《“十三五”规划纲要》提出，发挥科技创新在全面创新中的引领作用，为经济社会发展提供持久动力。党的十九大报告提出，加快建设创新型国家。《能源技术革命创新行动计划（2016—2030年）》《“十三五”生态环境保护规划》《国家环境保护“十三五”科技发展规划纲要》《国家科技重大专项“十三五”发展规划》《“十三五”生物产业发展规划》《国家重大科技基础设施建设“十三五”规划》《“十三五”国家社会发展科技创新规划》《“十三五”科技军民融合发展专项规划》《“十三五”国家技术创新工程规划》《新一代人工智能发展规划》《促进新一代人工智能产业发展三年行动计划（2018—2020）》《关于全面加强基础科学研究的若干意见》《积极牵头组织国际大科学计划和大科学工程方案》等，就我国科技的发展制定了详尽的规划。各行业领域的“十三五”规划也就发展绿色科技提出了相应的目标和具体措施。

2021年2月，国务院印发的《关于加快建立健全绿色低碳循环发展经济体系的指导意见》提出，鼓励绿色低碳技术研发，加速科技成果转化。实施绿色技术创新攻关行动，围绕节能环保、清洁生产、清洁能源等领域布局一批前瞻性、战略性、颠覆性科技攻关项目。培育建设一批绿色技术国家技术创新中心、国家科技资源共享服务平台等创新基地平台。强化企业创新主体地位，支持企业整合高校、科研院所、产业园区等力量建立市场化运行的绿色技术创新联合体，鼓励企业牵头或参与财政资金支持的绿色技术研发项目、市场导向明确的绿色技术创新项目。积极利用首台（套）重大技术装备政策支持绿色技术应用。充分发挥国家科技成果转化引导基金作用，强化创业投资等各类基金引导，支持绿色技术创新成果转化应用。支持企业、高校、科研机构等建立绿色技术创新项目孵化器、创新创业基地。及时发布绿色技术推广目录，加快先进成熟技术的推广应用。深入推进绿色技术交易中心建设。

《“十四五”规划和2035年远景目标纲要》提出，坚持创新驱动发展，全面塑造发展新优势。通过整合优化科技资源配置、加强原创性引领性科技攻关、持之以恒加强基础研究、建设重大科技创新平台，强化国家战略科技力量；通过激励企业加大研发投入、支持产业共性基础技术研发、完善企业创新服务体系，提升企业技术创新能力；通过培养造就高水平人才队伍、激励人才更好发挥作用、优化创新创业创造生态，激发人才创新活力；通过深化科技管理体制改革、健全知识产权保护运用体制、积极促进科技开放合作，完善科技创新体制机制。

三、生态农业

1. 生态农业的概念

生态农业是指在保护、改善农业生态环境的前提下，遵循生态学、生态经济学规律，运用系统工程方法和现代科学技术，集约化经营的农业发展模式。生态农业是一个农业生态经济复合系统，将农业生态系统同农业经济系统综合统一起来，以取得最大的生态经济整体效益，生态农业是农、林、牧、副、渔各业综合起来的大农业，又是农业生产、加工、销售综合起来，适应市场经济发展的农业。

2. 生态农业的发展与变迁

生态农业以生态学理论为主导，运用系统工程方法，以合理利用农业自然资源和保护良好的生态环境为前提，因地制宜地规划、组织和进行农业生产的一种农业，被认为是继“化工农业”之后世界农业发展的一个重要阶段。其主要途径是通过提高太阳能的固定率和利用率、生物能的转化率、废弃物的再循环利用率等，促进物质在农业生态系统内部的循环利用和多次重复利用，以尽可能少的投入，求得尽可能多的产出，并获得生产发展、能源再利用、生态环境保护、经济效益与社会效益相统一等综合性效果，使农业生产始终处于良性循环的系统中。它不单纯着眼于单年的产量和经济效益，而且追求经济、社会、生态效益的高度统一，使整个农业生产步入绿色发展的良性循环轨道。

生态农业不同于一般农业，它通过生态方式避免了“大农药”、“大化肥”、除草剂、添加剂、农膜、转基因构成的“化工农业”六大弊端，而且通过适量施用化肥和低毒高效农药等，突破了传统农业的局限性，但又保持其精耕细作、施用有机肥、间作套种等优良传统。可以说，生态农业既是有机农业与“无机农业”相结合的综合体，又是一个庞大的综合系统工程和高效的、复杂的人工生态系统以及先进的农业生产体系。从另一角度来讲，我国的生态农业包括农、林、牧、副、渔和某些乡镇企业在内的多成分、多层次、多部门相结合的复合农业系统，因为生物体的集合与其物理和化学环境组成了生态系统，生态系统是大而复杂的生态学系统，有时包括成千上万生活在各种不同环境中的生物种类。

20世纪70年代我国采取的主要措施是实行粮、豆轮作，混种牧草，混合放牧，增施有机肥，采用生物防治，实行少免耕，减少化肥、农药、机械的投入等；80年代创造了许多具有明显增产增收效益的生态农业模式，如稻田养鱼、养萍，林粮、林果、林药间作的主体农业模式，农、林、牧结合，粮、桑、渔结合，种、养、加结合等复合生态系统模式，鸡粪喂猪、猪粪喂鱼、鱼塘泥作果树的肥料等有机废物多级综合利用的模式。

当前，我国生态农业建设面积达1000万公顷，生态农业涵盖了生态农业户、生态农业村、生态农业乡、生态农业县乃至生态农业省，实施生态农业建设示范项目的县、乡、村遍布全国30个省、区、市，数量已达4000多个。

《2021年世界有机农业统计年鉴》显示，全球有机生产的土地已经超过7230万公顷。截至2019年底，全球有机市场规模达到了1060亿欧元，美国（447亿欧元）、德国（120亿欧元）和法国（113亿欧元）居前三位；全球有机生产者达到310万人。印度（136.6万人）、乌干达（21万人）和埃塞俄比亚（20.4万人）居前三位；全球共有7230万公顷土地按照有机方式进行管理，澳大利亚（3570万公顷）、阿根廷（370万公顷）和西班牙（240万公顷）居前三位。

目前，以模仿森林种植食物的森林生态农业正在全球兴起。森林生态农业通过多物种、多层次、立体的生态化设计，结合多年生和一年生作物，使阳光得到充分利用，实现水和养分良性循环。树、灌木、地表植物构成了简单的森林生态农业层次，大型乔木层、小型乔木层、灌木层、攀缘植物、草本植物层、地被层、根际植物组成了复杂些的森林生态农业层次。森林生态农业一方面发挥生产食物的经济功能，另一方面发挥着净化空气、涵养水源、修复土壤的环保功能，同时也显示出营造和美化社区、增进人们沟通的社会功能。

3. 生态农业的发展模式

生态农业的发展模式根据地区不同、环境不同也有所不同。

食物链型　这是一种按照农业生态系统的能量流动和物质循环规律而设计的一种良性循环的农业生态系统，一个生产环节的产出是另一个生产环节的投入，使系统中的废弃物多次循环利用，从而提高能量的转换率和资源利用率，获得较大的经济效益，并有效地防止农业废弃物对农业生态环境的污染，如“种植业内部物质循环”“养殖业内部物质循环”“种养加结合”的物质循环等利用模式。

互利共生型　这是根据生物种群的生物学、生态学特征和生物之间的互利共生关系而合理组建的农业生态系统，使处于不同生态位置的生物种群在系统中各得其所，使太阳能、水分和矿物质营养元素能得到充分利用，提高资源的利用率和土地生产力，实现高产、优质、高效、低耗，具有良好的经济效益和生态效益，如“果林地立体间套模式”“农田立体间套模式”“水域立体养殖模式”“农户庭院立体种养模式”等。

资源开发利用与环境治理模式　这是把农业生产活动纳入生态循环链内，使参与生态系统的生物共生和物质循环，适度投入、高产出、少废物、无污染、高效益，从而保护和改善农业生态环境与生产条件，实现生态、经济和社会效益协调发展。

综合型　这是以当地生态系统和自然景色为基础，以农业高新技术产业化开发为中心，以农产品加工为突破口，以农业旅游观光服务为手段，在生态农业建设中融合进旅游观光，将一、二、三次产业有机地结合起来，“农业观光园模式”“农村公园模式”等属于这一类。“田园综合体”作为一种乡村新型产业，以农民合作社为主要载体，农民能充分参与和受益，集循环农业、创意农业、农事体验于一体，以生产、产业、经营、生态、服务、运行六大体系为支撑，实现农村生产生活生态“三生同步”、一二三产业“三产融合”、农业文化旅游“三位一体”，是农村经济社会全面发展的新模式、新业态、新路径。

4. 生态农业的分类

按照《绿色产业指导目录（2019 年版）》，广义的生态农业涉及生态环境产业下的生态农业、生态保护、生态修复 3 项二级分类中的全部 29 项三级分类，以及基础设施绿色升级下的海绵城市、园林绿化 2 项二级分类中的 7 项三级分类。

生态农业 包括：现代农业种业及动植物种质资源保护；绿色有机农业；农作物种植保护地、保护区建设和运营；森林资源培育产业；林下种植和林下养殖产业；碳汇林、植树种草及林木种苗花卉；林业基因资源保护；绿色畜牧业；绿色渔业；森林游憩和康养产业；农作物病虫害绿色防控。

生态保护 包括：天然林资源保护；动植物资源保护；自然保护区建设；生态功能区建设维护和运营；国家公园、世界遗产、国家级风景名胜区、国家森林公园、国家地质公园、国家湿地公园等保护性运营。

生态修复 包括：退耕还林还草和退牧还草工程建设；河湖与湿地保护恢复；增殖放流与海洋牧场建设和运营；国家生态安全屏障保护修复；重点生态区域综合治理；矿山生态环境恢复；荒漠化、石漠化和水土流失综合治理；有害生物灾害防治；水生态系统旱涝灾害防控及应对；地下水超采区治理与修复；采煤沉陷区综合治理；农村土地综合整治；海域、海岸带和海岛综合整治。

海绵城市 城市水体自然生态修复。

园林绿化 包括：公园绿地建设、养护和运营；绿道系统建设、养护管理和运营；附属绿地建设、养护管理和运营；道路绿化建设、养护管理；区域绿地建设、养护管理和运营；立体绿化建设、养护管理。

5. 生态农业建设的基本路径

中国的生态农业建设，重要的是需要变革传统的农业观念，改革单一的“谷物大田耕作制”，走“混合饲养型耕作制”之路，把农田生态系统和畜牧业生态系统结合起来，实行以食品加工业为导向的农业结构的调节机制。生态农业建设必须把良种和土壤作为一个整体系统考虑，自觉地回归到“水土肥种、密保管工”上来。

发展高效生态农业是生态文明建设的重要内容。一是要循环利用工农业废弃物，结合当地的农业生态适宜度，种植人工牧草，发展菌草业，扩展食品多样性。二是要充分利用可再生资源（农作物秸秆和农产品加工剩余的废弃物，如木质素、纤维素等）来发展微生态与微生物产业，尤其注重发展发酵蛋白产业，扩充蛋白质来源。三是要努力发展白色农业——微生物资源产业化的工业型新农业，包括高科技生物工程的发酵工程和酶工程。四是要积极发展蓝色农业——在水体中开展的水产农牧化的产业，包括所有近岸浅海海域、潮间带以及潮上带室内外水池水槽内开展的虾、贝、藻、鱼类的养殖业。五是发展种养结合的家庭农场，充分合理地利用农业资源，使农业系统中的食物链达到最佳优化状态，从而提高农业生态系统的自我调节能力，达到经济效益、生态效益、社会效益三者的有机统一，促进生态农业的发展。此外，要重视生态系统碳汇的重要作用，力争2025年全国森林覆盖率达到24.1%，逐步提高森林碳汇，提升草原、湿地碳汇，为实现国家的碳中和目标服务。

《全国农业现代化规划（2016—2020年）》《“十三五”生态环境保护规划》《“十三五”国家战略性新兴产业发展规划》《全国农村经济发展“十三五”规划》《全国国土规划纲要（2016—2030年）》《“十三五”农业科技发展规划》《中共中央　国务院关于深入推进农业供给侧结构性改革　加快培育农业农村发展新动能的若干意见》《全国农村沼气发展“十三五”规划》《全国农业可持续发展规划（2015—2030）》《西北干旱区农牧业可持续发展规划（2016—2020）》《全国生猪发展规划

（2016—2020）》《全国种植业结构调整规划（2016—2020 年）》《全国草食畜牧业发展规划（2016—2020 年）》《“十三五”全国农业农村信息化发展规划》《全国饲料工业“十三五”发展规划》《全国农产品加工业与农村一二三产业融合发展规划（2016—2020 年）》《全国农垦扶贫开发“十三五”规划》《农业生产安全保障体系建设规划（2016—2020 年）》《全国草原保护建设利用“十三五”规划》《农业资源与生态环境保护工程规划（2016—2020 年）》《全国苜蓿产业发展规划（2016—2020）》《“十三五”渔业科技发展规划》《全国农垦经济和社会发展第十三个五年规划》《“十三五”全国草原防火规划》《种养结合循环农业示范工程建设规划（2017—2020）》《关于创新体制机制推进农业绿色发展的意见》等规划提出，大力发展生态农业，加快转变农业发展方式，建设美丽宜居乡村。

2021 年 1 月，中共中央、国务院印发的《关于全面推进乡村振兴加快农业农村现代化的意见》提出，推进农业绿色发展。实施国家黑土地保护工程，推广保护性耕作模式。健全耕地休耕轮作制度。持续推进化肥农药减量增效，推广农作物病虫害绿色防控产品和技术。加强畜禽粪污资源化利用。全面实施秸秆综合利用和农膜、农药包装物回收行动，加强可降解农膜研发推广。在长江经济带、黄河流域建设一批农业面源污染综合治理示范县。支持国家农业绿色发展先行区建设。加强农产品质量和食品安全监管，发展绿色农产品、有机农产品和地理标志农产品，试行食用农产品达标合格证制度，推进国家农产品质量安全县创建。加强水生生物资源养护，推进以长江为重点的渔政执法能力建设，确保十年禁渔令有效落实，做好退捕渔民安置保障工作。发展节水农业和旱作农业。推进荒漠化、石漠化、坡耕地水土流失综合治理和土壤污染防治、重点区域地下水保护与超采治理。实施水系连通及农村水系综合整治，强化河湖长制。巩固退耕还林还草成果，完善政策、有序推进。实行林长制。科学开展大规模国土绿化行动。完善草原生态保护补助奖励政策，全面推进草原禁牧轮牧休牧，加强草原鼠害防治，稳步恢复草原生态环境。

2021 年 2 月，国务院印发的《关于加快建立健全绿色低碳循环发展经济体系的指导意见》提出加快农业绿色发展。鼓励发展生态种植、生态养殖，加强绿色食品、有机农产品认证和管理。发展生态循环农业，提高畜禽粪污资源化利用水平，推进农作物秸秆综合利用，加强农膜污染治理。强化耕地质量保护与提升，推进退化耕地综合治理。发展林业循环经济，实施森林生态标志产品建设工程。大力推进农业节水，推广高效节水技术。推行水产健康养殖。实施农药、兽用抗菌药使用减量和产地环境净化行动。依法加强养殖水域滩涂统一规划。完善相关水域禁渔管理制度。推进农业与旅游、教育、文化、健康等产业深度融合，加快一、二、三产业融合发展。

四、生态工业

1. 生态工业的含义

生态工业是在基于生态系统承载能力、保护生态环境的前提下，依据工业生态学原理，以现代科学技术为手段，通过两个或两个以上的生产体系或环节之内的系统来使物质和能量多级利用、持续利用，实现节约资源、清洁生产和废弃物循环利用，具有高效经济过程与和谐生态功能的网络型、进化型工业的综合工业发展模式。

生态工业是按照工业生态学及复合生态系统的原理、原则与方法，通过人工规划、设计的一种新型工业组织形态。工业企业生态系统则主要指由工业企业以及赖以生存、发展的利益相关者群体与外部环境之间所构成的相互作用的复杂系统。在工业企业生态系统中，工业企业之间、企业集群之间以及产业园区之间能够遵循自然界中的共生原理，实现企业、企业集群、产业园区之间的互利共生，使经济效益、社会效益实现最大化，同时使利益双方或多方均受益，并形成企业共同生存与发展的生态共生链与生态共生网络。

2. 走生态工业化道路

为解决资源环境约束的矛盾，必须建立与经济发展相适应的资源节约型和环境友好型国民经济体系，走生态工业化道路。生态工业化道路是科技含量高、经济效益好、资源消耗低、环境污染少、人力资源优势得到充分发挥的工业化道路。它是在新的历史条件下体现时代特点，符合中国国情的工业化道路。生态工业化是在传统工业化走到“增长的极限”转而寻求“增长质量”的产物，是发展观由“工业发展”转向“生态发展”的产物，因此生态工业化道路是资源节约的、环境友好的发展之路。

《工业绿色发展规划（2016—2020 年）》《绿色制造工程实施指南（2016—2020 年）》《智能制造发展规划（2016—2020 年）》《“十三五”生态环境保护规划》《“十三五”国家战略性新兴产业发展规划》《环境保护部推进绿色制造工程工作方案》《信息化和工业化融合发展规划（2016—2020）》《全国矿产资源规划（2016—2020 年）》《加快推进再生资源产业发展的指导意见》《关于促进石化产业绿色发展的指导意见》等，提出了全面发展生态工业的措施，加快构建高效、清洁、低碳、循环的绿色制造体系。

2021 年 2 月，国务院印发的《关于加快建立健全绿色低碳循环发展经济体系的指导意见》提出，推进工业绿色升级、壮大绿色环保产业和构建绿色供应链。加快实施钢铁、石化、化工、有色、建材、纺织、造纸、皮革等行业绿色化改造。推行产品绿色设计，建设绿色制造体系。大力发展再制造产业，加强再制造产品认证与推广应用。建设资源综合利用基地，促进工业固体废物综合利用。全面推行清洁生产，依法在“双超双有高耗能”行业实施强制性清洁生产审核。完善“散乱污”企业认定办法，分类实施关停取缔、整合搬迁、整改提升等措施。加快实施排污许可制度。加强工业生产过程中危险废物管理。建设一批国家绿色产业示范基地，推动形成开放、协同、高效的创新生态系统。加快培育市场主体，鼓励设立混合所有制公司，打造一批大型绿色产业集团；引导中小企业聚焦主业增强核心竞争力，培育“专精特新”中小企业。推行合同能源管理、合同节水管理、环境污染第三方治理等模式和以环境治理效果为导向的环境托管服务。进一步放开石油、化工、电力、天然气等领域节能环保竞争性业务，鼓励公共机构推行能源托管服务。适时修订绿色产业指导目录，引导产业发展方向。鼓励企业开展绿色设计、选择绿色材料、实施绿色采购、打造绿色制造工艺、推行绿色包装、开展绿色运输、做好废弃产品回收处理，实现产品全周期的绿色环保。选择100家左右积极性高、社会影响大、带动作用强的企业开展绿色供应链试点，探索建立绿色供应链制度体系。鼓励行业协会通过制定规范、咨询服务、行业自律等方式提高行业供应链绿色化水平。

《“十四五”规划和2035年远景目标纲要》提出，深入推进工业领域低碳转型，坚决遏制高耗能、高排放项目盲目发展，推动绿色转型实现积极发展。

截至2019年9月，工业和信息化部公布了4批绿色制造名单，共有绿色工厂1402家、绿色设计产品1097种、绿色工业园区119家、绿色供应链管理示范企业90家。2020年10月，工业和信息化部公布了第五批绿色制造名单，包括绿色工厂719家、绿色设计产品1073种、绿色工业园区53家、绿色供应链管理示范企业99家。

3. 生态工业的分类

按照《绿色产业指导目录（2019年版）》，生态工业涉及节能环保产业下的高效节能装备制造、先进环保装备制造、资源循环利用装备制造、新能源汽车和绿色船舶制造、资源循环利用 5 项二级分类中的 43 项三级分类；清洁生产产业下的产业园区绿色升级、无毒无害原料替代使用与危险废物治理、生产过程废渣处理处置及资源化综合利用 3 项二级分类中的 10 项三级分类；基础设施绿色升级下的建筑节能与绿色建筑、绿色交通、环境基础设施、城镇能源基础设施、海绵城市 5 项二级分类中的 29 项三级分类。

高效节能装备制造 包括：节能锅炉制造；节能窑炉制造；节能型泵及真空设备制造；节能型气体压缩设备制造；节能型液压气压元件制造；节能风机风扇制造；高效发电机及发电机组制造；节能电机制造；节能型变压器、整流器、电感器和电焊机制造；余热余压余气利用设备制造；高效节能家用电器制造；高效节能商用设备制造；高效照明产品及系统制造；绿色建筑材料制造；能源计量、监测、控制设备制造。

先进环保装备制造 包括：水污染防治装备制造；大气污染防治装备制造；土壤污染治理与修复装备制造；固体废物处理处置装备制造；减振降噪设备制造；放射性污染防治和处理设备制造；环境污染处理药剂、材料制造；环境监测仪器与应急处理设备制造。

资源循环利用装备制造 包括：矿产资源综合利用装备制造；工业固体废物综合利用装备制造；建筑废弃物、道路废弃物资源化无害化利用装备制造；餐厨废弃物资源化无害化利用装备制造；汽车零部件及机电产品再制造装备制造；资源再生利用装备制造；非常规水源利用装备制造；农林废物资源化无害化利用装备制造；城镇污水处理厂污泥处置综合利用装备制造。

新能源汽车和绿色船舶制造 包括：新能源汽车关键零部件制造和产业化；充电、换电及加氢设施制造；绿色船舶制造。

资源循环利用 包括：矿产资源综合利用；废旧资源再生利用；城

乡生活垃圾综合利用；汽车零部件及机电产品再制造；海水、苦咸水淡化处理；雨水的收集、处理、利用；农业废弃物资源化利用；城镇污水处理厂污泥综合利用。

产业园区绿色升级 包括：园区产业链接循环化改造；园区资源利用高效化改造；园区污染治理集中化改造；园区重点行业清洁生产改造。

无毒无害原料替代使用与危险废物治理 包括：无毒无害原料生产与替代使用；危险废物处理处置；高效低毒低残留农药生产与替代。

生产过程废渣处理处置及资源化综合利用 包括：工业固体废弃物无害化处理处置及综合利用；包装废弃物回收处理；废弃农膜回收利用。

建筑节能与绿色建筑 包括：超低能耗建筑建设；绿色建筑；建筑可再生能源应用；装配式建筑；既有建筑节能及绿色化改造；物流绿色仓储。

绿色交通 包括：不停车收费系统建设；港口、码头岸电设施及机场廊桥供电设施建设；集装箱多式联运系统建设；智能交通体系建设；充电、换电、加氢和加气设施建设；城市慢行系统建设；城乡公共交通系统建设；共享交通设施建设；公路甩挂运输系统建设；货物运输铁路建设和铁路节能环保改造。

环境基础设施 包括：污水处理、再生利用及污泥处理处置设施建设；生活垃圾处理设施建设；环境监测系统建设；城镇污水收集系统排查改造建设修复；城镇供水管网分区计量漏损控制建设；入河排污口排查整治及规范化建设。

城镇能源基础设施 包括：城镇集中供热系统清洁化建设和改造；城镇电力设施智能化建设和改造；城镇一体化集成供能设施建设。

海绵城市 包括：海绵型建筑与小区建设；海绵型道路与广场建设；海绵型公园和绿地建设；城市排水设施达标建设和改造。

4. 建设生态工业园区

生态工业园区是我国第三代产业园，生态工业园建设是实现生态工业的重要途径。生态工业园区通过园区内部的物流和能源的正确设计，模拟自然生态系统，形成企业间的共生网络。甲企业的副产品（或工业垃圾）成为乙企业的原材料，乙企业的副产品（或工业垃圾）又成为丙企业的原材料……如此环环相扣，实现园区内企业间能量及资源的梯级利用，实现园区内的工业生产所造成的排放、污染等在自然生态系统自净力可控制的范围之内。

生态工业园是未来我国工业园建设的方向，经济技术开发区、高新技术产业开发区将逐步建设成生态工业园。截至 2017 年 1 月，环境保护部、商务部、科技部命名的国家生态工业示范园区达 45 个。

5. 发展生态产业集群

产业集群是指在特定区域（主要以经济为纽带而联结区域）中，具有竞争与合作关系，且在地理上相对集中，有交互关联性的企业、供应商、金融机构、服务性企业以及相关产业的厂商及其他相关机构等组成的特定群体。

产业集群超越了一般产业范围，形成了在特定区域内多个产业相互融合、众多企业及机构相互联结的共生体，从而生成该区域的产业特色与竞争优势。产业集群及区域合作模式的选择实质是共生理论在产业链接与区域合作中的应用。生态产业集群的核心是模仿自然生态系统，应用物种共生、物质循环的原理，设计出资源、能源多层次利用的生产工艺流程，目标是促进产业集群与环境的协调发展，通过合理开发利用区域生态系统的资源与环境，使资源在产业集群内得到循环利用，从而减少废弃物的产生，最终实现产业与环境的和谐。

我国产业园区以传统制造产业为主，缺乏一、二、三产业之间的有机融合，在互联网经济崛起的背景下，要发展生态产业集群，必须形成以人才和企业为中心的双重生态体系，与互联网金融产业、创意产业、文化产业、休闲养生产业相融合，才能打造全新的园区生态集群。

通过发展以生态文明理念为指导的生态产业集群，可以加快生态工业建设的步伐，提升区域经济合作的成效，推动区域经济一体化的进程。

五、生态服务业

1. 现代服务业的生态化

生态服务业是以生态文明理念为指导，在绿色技术和现代管理的创新的条件下，利用符合生态环境要求的设备、场所、工具，依靠互联网和物联网提供的信息，以知识为基础的技能为社会提供各类服务的服务业。服务业的生态化主要体现在服务主体生态化、服务过程清洁化、消费模式绿色化、与其他产业耦合化。

《发展服务型制造专项行动指南》《关于加快发展健身休闲产业的指导意见》《“十三五”国家战略性新兴产业发展规划》《“十三五”节能环保产业发展规划》《大数据产业发展规划（2016—2020年）》《软件和信息技术服务业发展规划（2016—2020年）》《对外贸易发展“十三五”规划》《商贸物流发展“十三五”规划》《“十三五”现代综合交通运输体系发展规划》《服务贸易发展“十三五”规划》《粮食物流业“十三五”发展规划》《文化部“十三五”时期文化产业发展规划》《“十三五”铁路集装箱多式联运发展规划》《国际服务外包产业发展“十三五”规划》《服务业创新发展大纲（2017—2025年）》《商务发展第十三个五年规划纲要》《铁路“十三五”发展规划》《关于推动先进制造业和现代服务业深度融合发展的实施意见》等提出，注重用绿色、生态技术改造现代服务业。

2021年2月，国务院印发的《关于加快建立健全绿色低碳循环发展经济体系的指导意见》提出提高服务业绿色发展水平。促进商贸企业绿色升级，培育一批绿色流通主体。有序发展出行、住宿等领域共享经济，规范发展闲置资源交易。加快信息服务业绿色转型，做好大中型数据中心、网络机房绿色建设和改造，建立绿色运营维护体系。推进会展业绿色发展，指导制定行业相关绿色标准，推动办展设施循环使用。推动汽修、装修装饰等行业使用低挥发性有机物含量原辅材料。倡导酒店、餐饮等行业不主动提供一次性用品。要健全绿色低碳循环发展的流通体系，一是打造绿色物流。积极调整运输结构，推进铁水、公铁、公水等多式联运，加快铁路专用线建设。加强物流运输组织管理，加快相关公共信息平台建设和信息共享，发展甩挂运输、共同配送。推广绿色低碳运输工具，淘汰更新或改造老旧车船，港口和机场服务、城市物流配送、邮政快递等领域要优先使用新能源或清洁能源汽车；加大推广绿色船舶示范应用力度，推进内河船型标准化。加快港口岸电设施建设，支持机场开展飞机辅助动力装置替代设备建设和应用。支持物流企业构建数字化运营平台，鼓励发展智慧仓储、智慧运输，推动建立标准化托盘循环共用制度。二是加强再生资源回收利用。推进垃圾分类回收与再生资源回收"两网融合"，鼓励地方建立再生资源区域交易中心。加快落实生产者责任延伸制度，引导生产企业建立逆向物流回收体系。鼓励企业采用现代信息技术实现废物回收线上与线下有机结合，培育新型商业模式，打造龙头企业，提升行业整体竞争力。完善废旧家电回收处理体系，推广典型回收模式和经验做法。加快构建废旧物资循环利用体系，加强废纸、废塑料、废旧轮胎、废金属、废玻璃等再生资源回收利用，提升资源产出率和回收利用率。三是建立绿色贸易体系。积极优化贸易结构，大力发展高质量、高附加值的绿色产品贸易，从严控制高污染、高耗能产品出口。加强绿色标准国际合作，积极引领和参与相关国际标准制定，推动合格评定合作和互认机制，做好绿色贸易规则与进出口政策的衔接。深化绿色“一带一路”合作，拓宽节能环保、清洁能源等领域技术装备和服务合作。

《“十四五”规划和2035年远景目标纲要》提出，聚焦产业转型升级和居民消费升级需要，扩大服务业有效供给，提高服务效率和服务品质，构建优质高效、结构优化、竞争力强的服务产业新体系。

2. 现代服务业的特点

现代服务业本身具有资源消耗低、环境污染少的特点，这在很大程度上可以缓解产业发展对资源和环境的冲击与负荷。与工业相比，服务业消耗1吨能源的产出为1.4万元，工业消耗1吨能源的产出为0.59万元，从能源的消耗来看，服务业能源消耗远远低于工业。现代服务业是产业经济中高效、清洁、低耗、低废的产业类型。

3. 生产性生态服务业的分类

按照《绿色产业指导目录（2019年版）》，生产性生态服务业涉及绿色服务下的咨询服务、项目运营管理、项目评估审计核查、监测检测、技术产品认证和推广5项二级分类中的全部31项三级分类，节能环保产业下的节能改造、污染治理2项二级分类中的20项三级分类，清洁生产产业下的无毒无害原料替代使用与危险废物治理、生产过程废气处理处置及资源化综合利用、生产过程节水和废水处理处置及资源化综合利用、生产过程废渣处理处置及资源化综合利用4项二级分类中的13项三级分类，生态环境产业下的生态保护、生态修复2项二级分类中的11项三级分类，基础设施绿色升级下的建筑节能与绿色建筑、绿色交通、环境基础设施、城镇能源基础设施、海绵城市、园林绿化6项二级分类中的33项三级分类。

咨询服务　包括：绿色产业项目勘察服务；绿色产业项目方案设计服务；绿色产业项目技术咨询服务；清洁生产审核服务。

项目运营管理 包括：能源管理体系建设；合同能源管理服务；用能权交易服务；水权交易服务；排污许可及交易服务；碳排放权交易服务；电力需求侧管理服务；可再生能源绿证交易服务。

项目评估审计核查 包括：节能评估和能源审计；环境影响评价；碳排放核查；地质灾害危险性评估；水土保持评估。

监测检测 包括：能源在线监测系统建设；污染源监测；环境损害评估监测；环境影响评价监测；企业环境监测；生态环境监测。

技术产品认证和推广 包括：节能产品认证推广；低碳产品认证推广；节水产品认证推广；环境标志产品认证推广；有机食品认证推广；绿色食品认证推广；资源综合利用产品认定推广；绿色建材认证推广。

节能改造 包括：锅炉（窑炉）节能改造和能效提升；电机系统能效提升；余热余压利用；能量系统优化；绿色照明改造；汽轮发电机组系统能效提升。

污染治理 包括：良好水体保护及地下水环境防治；重点流域海域水环境治理；城市黑臭水体整治；船舶港口污染防治；交通车辆污染治理；城市扬尘综合整治；餐饮油烟污染治理；建设用地污染治理；农林草业面源污染防治；沙漠污染治理；农用地污染治理；噪声污染治理；恶臭污染治理；农村人居环境整治。

无毒无害原料替代使用与危险废物治理 危险废物运输。

生产过程废气处理处置及资源化综合利用 包括：工业脱硫脱硝除尘改造；燃煤电厂超低排放改造；挥发性有机物综合整治；钢铁企业超低排放改造。

生产过程节水和废水处理处置及资源化综合利用 包括：生产过程节水和水资源高效利用；重点行业水污染治理；工业集聚区水污染集中治理；畜禽养殖废弃物污染治理。

生产过程废渣处理处置及资源化综合利用 包括：工业固体废弃物

无害化处理处置及综合利用；历史遗留尾矿库整治；包装废弃物回收处理；废弃农膜回收利用。

生态保护 包括：自然保护区建设和运营；生态功能区建设维护和运营；国家公园；世界遗产；国家级风景名胜区；国家森林公园；国家地质公园；国家湿地公园等保护性运营。

生态修复 包括：国家生态安全屏障保护修复；重点生态区域综合治理；矿山生态环境恢复；荒漠化、石漠化和水土流失综合治理；地下水超采区治理与修复；采煤沉陷区综合治理；农村土地综合整治；海域、海岸带和海岛综合整治。

建筑节能与绿色建筑 包括：超低能耗建筑建设；绿色建筑；建筑可再生能源应用；装配式建筑；既有建筑节能及绿色化改造；物流绿色仓储。

绿色交通 包括：不停车收费系统运营；集装箱多式联运系统运营；智能交通体系运营；充电、换电、加氢和加气设施运营；城市慢行系统运营；城乡公共交通系统运营；共享交通设施运营；公路甩挂运输系统运营；货物运输铁路运营。

环境基础设施 包括：污水处理、再生利用及污泥处理处置设施运营；生活垃圾处理设施运营；环境监测系统运营；城镇供水管网分区计量漏损控制运营；入河排污口排查整治运营。

城镇能源基础设施 包括：城镇集中供热系统清洁化运营；城镇电力设施智能化建设运营；城镇一体化集成供能设施运营。

海绵城市 包括：海绵型建筑与小区运营；海绵型道路与广场运营；海绵型公园和绿地运营；城市排水设施达标建设运营。

园林绿化 包括：公园绿地建设、养护和运营；绿道系统建设、养护管理和运营；附属绿地建设、养护管理和运营；道路绿化建设、养护管理；区域绿地建设、养护管理和运营；立体绿化建设、养护管理。

4. 大力开发生态旅游业

生态旅游业是集多种产业于一体的综合性产业，其产业特征是综合性、动态性、持续性，生态旅游业密度高、链条长、拉动大，能拓展第一、二产业的市场，同时为其他服务业的发展带来机遇，促进地区产业结构的优化和升级，对加快地方经济的发展有巨大的推动作用。据统计，旅游业每增加 1 元收入，可带动相关产业增加收入 4.3 元，每增加 1 个就业人员，能带动增加 5 个就业岗位。

《国家生态旅游示范区建设与运营规范（GB/T26362－2010）》《国家生态旅游示范区管理规程》《国家生态旅游示范区建设与运营规范（GB/T26362－2010）实施细则》《全国生态旅游发展规划（2016—2025）》《“十三五”旅游业发展规划》《“十三五”全国旅游公共服务规划》《“十三五”全国旅游信息化规划》《全国国土规划纲要（2016—2030 年）》《中共中央　国务院关于深入推进农业供给侧结构性改革　加快培育农业农村发展新动能的若干意见》《关于促进全域旅游发展的指导意见》等提出，打造生态旅游产品，促进绿色消费，推动生态旅游业持续发展。农业部和国家旅游局开展了全国休闲农业与乡村旅游示范县、示范点创建活动，有力地推动我国生态旅游业的发展。《“十四五”规划和 2035 年远景目标纲要》提出，大力发展生态旅游等特色产业。

通过发展生态旅游业，可以提高国民的身体素质和道德修养素质，使旅游者通过和大自然的亲密接触，充分认识到地球对于人类命运和文明兴衰的重要性，保护环境，节约资源，理解和建立生态文明的新理性。

六、“互联网＋”

1994 年中国全功能接入互联网后，网络技术快速发展，互联网普及率越来越高，网民规模日益扩大，互联网公司发展越来越快。

联合国发布的《2019年数字经济报告》显示，2018年测算的47个国家数字经济总规模超过30.2万亿美元，占全球GDP比重高达40.3%，美国和中国位居全球前两名。中国信息通信研究院发布的《中国数字经济发展白皮书（2020年）》显示，2019年，我国数字经济增加值规模达到35.8万亿元，占GDP比重达到36.2%。

互联网的广泛运用提高了所有行业的效率，互联网经济已成为推动经济发展的重要力量。随着互联网的普及和互联网技术在经济和社会发展各个领域的应用，工业文明和信息文明不断融合，产生了新的业态——“互联网＋”。“互联网＋”是运用现代电子信息技术和日益发展的互联网平台，使传统行业与互联网进行有机融合，利用互联网在资源配置中的优化和集成作用，将现代通信技术融入环境、经济、政治、文化、科技和社会各个领域，进而形成更广泛的以互联网为基础设施和实现工具的经济发展新形态。要注意的是，“互联网＋”并不是“互联网＋某一个行业”那么简单，而是互联网技术这个行业中的广泛应用。

《关于积极推进“互联网＋”行动的指导意见》《“互联网＋”绿色生态三年行动实施方案》《“十三五”规划纲要》《促进大数据发展行动纲要》《关于深化制造业与互联网融合发展的指导意见》《“互联网＋”人工智能三年行动实施方案》《“十三五”全国农业农村信息化发展规划》《信息化和工业化融合发展规划（2016—2020）》《全国农业现代化规划（2016—2020年）》《电力发展“十三五”规划》《“十三五”脱贫攻坚规划》《“十三五”国家战略性新兴产业发展规划》《“十三五”国家信息化规划》《信息通信行业发展规划（2016—2020年）》《“互联网＋政务服务”技术体系建设指南》《“十三五”卫生与健康规划》《电子商务“十三五”发展规划》《“十三五”国家知识产权保护和运用规划》《国家教育事业发展“十三五”规划》《“十三五”市场监管规划》《中共

中央　国务院关于深入推进农业供给侧结构性改革　加快培育农业农村发展新动能的若干意见》《“十三五”促进就业规划》《文化部关于推动数字文化产业创新发展的指导意见》《商务部农业部关于深化农商协作大力发展农产品电子商务的通知》《工业电子商务发展三年行动计划》《气象信息化发展规划（2018—2022 年）》《促进“互联网＋医疗健康”发展的意见》《关于促进平台经济规范健康发展的指导意见》《“十四五”规划和 2035 年远景目标纲要》等，提出了加快推动互联网与各领域深入融合和创新发展的措施。

当前，“互联网＋”与环保、农业、工业、政务、教育、商贸、金融、交通、通信、智慧城市、民生、旅游、医疗等领域深度融合，产生了巨大的经济效应，是一种新的生态产业的表现形态。在互联网飞速发展的今大，必须注意的是互联网的健康发展必须依赖强人的制造业，必须有超越行业、地域、国家的全球视野，只注重眼前互联网带来的热钱和浮钱，忽视创新和建立在全球化基础上的新生态竞争，互联网经济最终会昙花一现。在号称“新兴互联网产业城市”的杭州，传统产业的比重远远超过互联网产业。

七、物联网

物联网是利用感知技术与智能装置对物理世界进行感知识别，通过网络传输互联，进行计算、处理和知识挖掘，实现人与物、物与物信息交互和无缝链接，实现对物理世界实时控制、精确管理和科学决策。物联网是通信网和互联网的拓展应用和网络延伸，物联网产业包括涉及感知层、网络层、管理层和应用层的制造业和服务业，可广泛运用于政府管理、公共安全、安全生产、环境保护、智能交通、智能家居、公共卫生、公民健康等各个领域。

2019 年，我国物联网产业规模突破 1.5 万亿元。

物联网的体系架构包括感知层、网络层、管理层和应用层；物联网的关键技术有自动识别技术、传感器技术、无线通信技术、有线通信技术、移动互联网技术、无限传感网技术、数据处理和管理技术、云计算技术、数据挖掘技术、搜索引擎；物联网产业链包括芯片供应、传感器供应、无线模组供应、网络运营、平台服务、系统及软件开发、智能硬件制造、系统集成及应用服务八大环节。

物联网是新一代信息技术的高度集成和综合运用，对新一轮产业变革和经济社会的绿色发展具有重要意义。《信息通信行业发展规划物联网分册（2016—2020 年）》提出，必须牢牢把握物联网新一轮生态布局的战略机遇，大力发展物联网技术和应用，加快构建具有国际竞争力的产业体系，深化物联网与经济社会融合发展，支撑制造强国和网络强国建设。通过构建物联网产业生态体系、加快物联网产业集聚和推动物联网创业创新，强化物联网产业的生态布局；通过加快物联网与制造业融合应用的步伐、加快物联网与相关行业领域的深度融合、促进物联网在消费领域的应用和深化物联网在智慧城市领域的应用，扩大物联网的应用领域。《“十四五”规划和 2035 年远景目标纲要》提出，推动物联网全面发展。

八、人工智能

人工智能是一种全新的理论、方法、技术和应用系统，以信息论、计算机科学、控制论、神经生理学、心理学、语言学等知识为基础，利用数字计算机或者数字计算机控制的机器模拟、延伸和扩展人类的智能，通过感知环境、获取知识，同时得到最佳结果。人工智能的目的就是让计算机能像人一样思考。

人工智能作为计算机学科的一个分支，20 世纪 70 年代以来，与空间技术、能源技术一起被称为世界三大尖端技术，同时也被认为是 21 世纪三大尖端技术（基因工程、纳米科学、人工智能）之一。近 30 年来，人工智能快速发展，在很多领域得到了广泛应用，逐步成为一个独立的分支。

2019 年，全球人工智能核心产业规模超过了 718 亿美元，普华永道预测到 2030 年，人工智能全球市场规模将达到 15.7 万亿美元。截至 2019 年底，北美地区共有 2472 家人工智能活跃企业，超级独角兽企业 78 家；亚洲地区活跃人工智能企业有 1667 家，超级独角兽企业 8 家；欧洲地区活跃人工智能企业有 1149 家，超级独角兽企业 8 家。截至 2019 年底，我国人工智能核心产业的规模超过 510 亿元，人工智能企业超过 2600 家。

随着人工智能理论技术的发展，新一代人工智能在生态环境保护、经济管理、政府管理、文化传承与发展、社会管理等领域的作用日趋重要，极大地改变了人类的生产生活方式。“人工智能＋”给人们在教育、医疗、交通、旅游、家居领域带来了极大的便利，可以通过智能手机链接世界，语音助手、刷脸支付、解答在线购物问题的“机器人”等帮助人们更方便地生活；在产业界，人工智能推动数字经济和实体经济进一步融合发展，智能农业、智能工业、智能物流、智能商务等产业模式和新形态不断创新。

人工智能的崛起几乎影响着整个社会。当前，许多科技公司都在发展人工智能，人工智能迎来了发展的黄金时代。对金融、能源、医疗、交通、制造、通信等这些能够产生大量数据的行业，人工智能为其提供了提升竞争力的天然条件。与人工智能保持紧密的联系可以保证企业走向领先，并且随着人工智能技术的发展以及应用场景的探索，越来越多的企业实施人工智能战略。同时，人工智能技术也影响其他行业，如云计算、大数据、人工智能与传统医疗行业相结合推动着互联网医疗平台的革命性升级。人工智能的发展，快速改变人类的生活。

为了促进人工智能产业的发展，各国纷纷出台各种政策规划，力图抢占未来科技制高点。美国提出了《国家人工智能研究和发展战略计划》，欧盟出台了《欧盟人工智能（草案）》，日本提出了构建“5.0社会”……中国政府也十分重视人工智能发展，为此出台了一系列政策指导，包括“十三五”规划、《“互联网+”人工智能三年行动实施方案》和《新一代人工智能发展规划》等。

《新一代人工智能发展规划》提出了实现我国人工智能战略目标分三步走：第一步，到2020年人工智能总体技术和应用与世界先进水平同步，人工智能产业成为新的重要经济增长点，人工智能技术应用成为改善民生的新途径，有力支撑进入创新型国家行列和实现全面建成小康社会的奋斗目标。第二步，到2025年人工智能基础理论实现重大突破，部分技术与应用达到世界领先水平，人工智能成为带动我国产业升级和经济转型的主要动力，智能社会建设取得积极进展。第三步，到2030年人工智能理论、技术与应用总体达到世界领先水平，成为世界主要人工智能创新中心，智能经济、智能社会取得明显成效，为跻身创新型国家前列和经济强国奠定重要基础。

《国家新一代人工智能标准体系建设指南》提出：到2021年，明确人工智能标准化顶层设计，研究标准体系建设和标准研制的总体规则；明确标准之间的关系，指导人工智能标准化工作的有序开展，完成关键通用技术、关键领域技术、伦理等20项以上重点标准的预研工作。到2023年，初步建立人工智能标准体系，重点研制数据、算法、系统、服务等重点急需标准，并率先在制造、交通、金融、安防、家居、养老、环保、教育、医疗健康、司法等重点行业和领域进行推进。建设人工智能标准试验验证平台，提供公共服务能力。

《“十四五”规划和2035年远景目标纲要》提出，培育壮大人工智能产业。

九、区块链

区块链是分布式数据存储、点对点传输、共识机制、加密算法等计算机技术的新的应用模式。《中国区块链技术和应用发展白皮书(2016)》指出，狭义上的区块链是一种按照时间顺序将数据区块以顺序相连的方式组合成的一种链式数据结构，并以密码学方式保证分布式账本的不可篡改和不可伪造，广义上的区块链是利用块链式数据结构来验证与存储数据、利用分布式节点共识算法来生成和更新数据、利用密码学的方式保证数据传输和访问的安全、利用由自动化脚本代码组成的智能合约来编程和操作数据的一种全新的分布式基础架构与计算范式。

随着现代信息技术的进步，以物联网、大数据、云计算、人工智能、区块链等新技术为基础的数字经济正改写人类经济发展的格局。作为一项新兴的技术，区块链技术虽处于起步阶段，但与其他信息技术的结合给各行各业的发展带来巨大影响。2009年1月，中本聪创建了第一个区块，比特币（Bitcoin）诞生。“创世区块”的出现，也标志着区块链技术的开始应用。在中本聪最早的区块链概念中，“区块”和“链”是被分开使用的，“区块链”当作一个词使用是在2016年。比特币是伴随着区块链技术的出现而产生的，区块链成为比特币的底层技术，而比特币是区块链运用的第一个领域。

随着区块链技术的发展和应用，全球都看好这一技术。中国政府积极探讨推动区块链技术和应用发展，英国政府认为区块链及分布式账本技术有着颠覆性潜力，美国在特拉华州应用区块链技术简化企业注册，俄罗斯央行研究区块链在金融领域的应用，欧洲证券及市场管理局认为区块链技术可改进交易后流程，新加坡政府提出银行应持续关注区块链等技术的变革。

2016年12月，国务院印发的《“十三五”国家信息化规划》提出，区块链与大数据、人工智能、机器学习等新技术成为国家布局重点；2017年6月，中国人民银行印发的《中国金融业信息技术“十三五”发展规划》提出，积极推进区块链、人工智能等新技术应用研究，组织国家数字货币试点。各地纷纷出台聚焦数字经济创新、开展区块链产业链布局的政策，

《区块链白皮书（2020年）》显示，截至2020年9月，全球共有3709家区块链企业，区块链企业主要分布在美国和中国。截至2019年底，中国共有23个城市或地区成立了30余家区块链产业园区。目前，区块链的技术应用场景在全国不断铺开，从金融、产品溯源、政务民生、电子存证到数字身份与供应链协同，场景的深入和多元化不断加深。

《“十四五”规划和2035年远景目标纲要》提出，培育壮大区块链产业。

区块链技术作为一项综合性技术，正在引领全球新一轮技术变革和产业变革。当前，全球主要国家都在规划区块链投资。美国成立了“国会区块链决策委员会”，重点围绕公民服务、监管合规性、身份管理和合同管理，完善与区块链技术相关的公共政策，继续保持区块链技术的领先地位；欧盟建立了“欧盟区块链观测站及论坛”机制，推进“区块链标准”研究，提供资金给区块链项目，打造全球发展和投资区块链技术的领先地区；韩国正构建区块链生态系统，推出“I－Korea4.0区块链”战略，将区块链上升到国家战略……

面对迅猛发展的区块链技术，必须牢牢把握这一重大机遇，建设区块链发展的产业生态，大力发展区块技术和推进区块链在各行业中的应用，加快建立区块链产业体系，使区块链技术与实体经济产业深度融

合，合理规划区块链产业发展的空间布局；以应用为导向，完善区块链关键技术，形成技术先进、生态完备的技术产品体系；引导区块链产业的发展布局，形成多层次、梯队化的创新主体和合理的产业布局，繁荣区块链生态；统筹布局区块链基础设施，建设区块链产业发展创新服务平台，建立区块链产业发展的评估体系，创造良好的产业发展环境。

十、智能农业

智能农业是用互联网技术、物联网技术、云计算技术、3S技术等现代信息技术和现代生物技术，通过设立在农业生产现场的各种传感器和装备，对农业生产环境进行智能感知、智能分析、智能预警、智能决策，依托专家知识库，更动态、更精准地对农业生产进行智能管理，利用物联网技术建立农产品溯源系统，全程监控农产品的加工、流通、消费各环节以保障食品安全，同时大力发展农产品电子商务。

《物联网“十二五”发展规划》中规定了智能农业的应用示范工程为：农业资源利用、农业生产精细化管理、生产养殖环境监控、农产品质量安全管理与产品溯源。

智能农业是传统农业技术、现代工业技术和信息技术在农业领域的综合应用。在农业生产环节，通过实时监控监测功能系统获取土壤温度、土壤水分、空气温度、空气湿度、气压、光照强度、植物养分含量等植物生长环境信息和其他相关参数，经过综合服务平台、数据中心的大数据处理，利用终端设备自动控制灌溉、调温、施肥、喷药等，保障农业生产环境的最佳适宜度。

智能农业符合农业生态化的发展方向。发展智能农业可以保护农业和农村的生态环境，保障食品安全，促进规模生态效益农业，大大拓展了农业的深度和广度，推动农业电商的普及，促进传统农业的转型，增强农业和农村发展的后劲。

《物联网“十二五”发展规划》《农业物联网区域试验工程工作方案》《关于落实发展新理念加快农业现代化 实现全面小康目标的若干意见》《“十三五”规划纲要》《全国农业现代化规划（2016—2020年）》《“十四五”规划和2035年远景目标纲要》等提出，大力推进“互联网+”现代农业，应用物联网、云计算、大数据、移动互联等现代信息技术，推动农业全产业链改造升级。我国众多地区投巨资发展智能农业，农业部2013年选择天津、上海、安徽开展农业物联网区域试点试验工作，天津市建设设施农业与水产养殖物联网试验区，上海市建设农产品质量安全监管试验区，安徽省建设大田生产物联网试验区。

智能农业是走向生态文明社会的基础，是保证经济和社会持续发展先决条件。

十一、智能工业

智能工业是融合具有环境感知能力的各类终端、基于无所不连的新一代互联网络、人脑智慧三位一体的生态化的新型工业。它将传统制造业提升到智能化的新阶段，大幅度降低生产成本、减少资源消耗、改善产品质量、提高制造效率。

当前，制造业以德国为最强，美国的互联网世界领先，中国是全球制造业第一大国、互联网第二强国，三个国家都非常重视智能工业发展对经济发展的巨大作用，重视虚拟网络与实体的对接。智能制造业是互联网经济的命脉，没有以技术创新为基础的制造业的发展，互联网经济最终将难以为继。德国拥有强大的机械制造技术和先进设备的制造能力，关注的是生产过程的智能化和虚拟化，把智能工业称为“工业

4.0”；美国信息技术最为发达，大数据和云计算世界领先，关注设备互联、数据分析和在此基础上对发展趋势的分析，把智能工业称为“工业互联网”；中国则选用了德国标准，结合国情，把智能工业称为“中国制造 2025”。

美国很早就将重振制造业作为最优先发展的战略目标，2009 年 12 月美国出台了《重振美国制造业框架》，2011 年 6 月启动“先进制造伙伴计划”，2012 年 2 月推出“先进制造业国家战略计划”，2012 年 3 月提出建设“国家制造业创新网络”，2013 年 1 月发布了《国家制造业创新网络初步设计》。2012 年 8 月美国政府和私营部门联合出资 8500 万美元成立“国家 3D 打印机制造创新研究所”，2013 年 1 月投资 10 亿美元组建“美国制造业创新网络”，2013 年 5 月美国政府提供 2 亿美元成立“轻型和当代金属制造创新研究所”“数字制造和设计创新研究所”和“下一代电力电子制造研究所”，2014 年 2 月成立了“复合材料制造业中心”。2019 年 2 月，美国发布了《未来工业发展规划》，重点关注人工智能、先进的制造业技术、量子信息科学和 5G 技术，确保美国能主宰未来工业，推动美国的繁荣和保护国家安全。

2019 年 2 月，德国经济和能源部发布《国家工业战略 2030》，一个目标是到 2030 年，逐步将工业在德国和欧盟的增加值总额（GVA）中所占的比重分别扩大到 25%和 20%，将钢铁铜铝、化工、机械、汽车、光学、医疗器械、环保技术、国防、航空航天和 3D 打印 10 个工业领域列为“关键工业部门”，保证德国工业在欧洲乃至全球的竞争力。

2011 年 11 月，工业和信息化部印发的《物联网“十二五”发展规划》中规定了智能工业应用示范工程为：生产过程控制、生产环境监测、制造供应链跟踪、产品全生命周期监测，促进安全生产和节能减排。2015 年 5 月，国务院印发了《中国制造 2025》，提出“创新驱动、质量为先、绿色发展、结构优化、人才为本”的基本方针，坚持“市场主导、政府引导，立足当前、着眼长远，整体推进、重点突破，自主发展、开放合作”的基本原则，通过“三步走”实现制造强国的战略目标，部署全面推进实施制造强国战略。

《“十三五”规划纲要》《绿色制造工程实施指南（2016—2020年）》《“十三五”生态环境保护规划》《“十三五”国家战略性新兴产业发展规划》《环境保护部推进绿色制造工程工作方案》《关于创建“中国制造2025”国家级示范区的通知》《推进互联网协议第六版（IPv6）规模部署行动计划》《深化“互联网＋先进制造业”发展工业互联网的指导意见》《增强制造业核心竞争力三年行动计划（2018—2020年）》《海洋工程装备制造业持续健康发展行动计划（2017—2020年）》《智能光伏产业发展行动计划（2018—2020年）》《工业互联网发展行动计划（2018—2020年）》《“十四五”规划和2035年远景目标纲要》等提出，全面促进制造业朝高端、智能、绿色、服务方向发展。

十二、智能环保

智能环保是用互联网技术、物联网技术、云计算技术、智能地理信息技术、一体化遥感监测技术、大数据技术、环境模型模拟技术，在各种环境监控对象或物体中嵌入传感器和装备，通过超级计算机和云计算将环保领域物联网整合起来，在大数据处理基础上以更加精细和动态的方式使环境监测、环境应急、环境执法和科学决策更加有效，实现全天候的实时监测、全面监控、应急预警、高效指挥，保证对环境的管理及时有效。

《物联网“十二五”发展规划》《“互联网＋”绿色生态三年行动实施方案》等，提出了发展智慧环保的措施。

智能环保是未来生态环境管理的全新管理手段。从国家和全球角度看，智能环保通过海量的环境数据收集，经过分析处理，使决策者依据大数据正确判断经济发展和环境保护的现状和发展趋势，制定正确的环境政策，使资源和环境得以持续发展，进而保障经济、社会的持续发展；从环保管理角度看，智能环保在污染源监控、大气污染防治、水污染防治、土壤污染防治、环境质量监测、自然生态保护、环境应急管理、核与辐射安全管理、环境污染举报和投诉、环境信息披露等方面为环保行政管理部门提供真实的数据支撑，移动通信技术还可为环保管理人员提供移动监测污染源、移动执法、移动审批，第一时间掌握环境管理的情况，大幅度提高环境管理的效率和避免因信息不灵、片面带来的管理失误；从企业管理的角度看，智能环保可以使企业准确和及时地掌握生产过程中产生的废气、废水、固体废物的数量，及时调度生产，把污染物排放产生的潜在风险扼杀在萌芽之中；从公众角度看，智能环保为保障公民的环境权利提供了一条有效的渠道，使公民的环境知情权、环境参与权、环境请求权落到实处，使环境保护的公众参与有一个更好平台。

2017 年 9 月，阿里云推出“青山绿水”计划，全面开放 ET 环境大脑的智能技术，提供全景生态分析、智能综合决策、智能环境监测等服务。

十三、互联网金融

互联网金融是随着信息技术和移动通信业务的发展而兴起的，它是融合互联网技术和传统金融的功能，依托大数据和云计算，在开放的互联网平台上实现资金融通、转账支付和信息中介等业务的一种新型的金融模式。

中国互联网金融起步于1997年，经历了萌芽、启动、起步阶段，现在进入调整阶段。2013年，阿里巴巴打破了金融业的沉寂，用余额宝使中国互联网金融切入了金融业，实现了余额资金财富化。腾讯通过微信，把支付变成社交甚至游戏，推动互联网进入了全民应用的新时代。

2013年被人们称为“互联网金融元年”，各种网销货币基金纷纷出现。2014年，互联网金融消费产品推出了互联网支付、网络借贷、众筹、互联网理财、保险等，互联网金融得到快速发展。

《2019年中国互联网金融行业白皮书》显示，2014年互联网金融行业市场交易额为46.8万亿元，2016年互联网金融行业市场年营收额为117.6万亿元，2014—2018年中国互联网金融行业市场交易额年均复合增长率为48.9%，预计到2023年中国互联网金融行业交易额将突破500万亿元。

当前，互联网金融的模式主要有：互联网支付、网络借贷、众筹融资、互联网基金销售、互联网保险、互联网信托、互联网消费金融、互联网投资理财、互联网证券。

2015年7月，中国人民银行等十部委发布了《关于促进互联网金融健康发展的指导意见》，按照“鼓励创新、防范风险、趋利避害、健康发展”的总体要求，提出了一系列鼓励创新、支持互联网金融稳步发展的政策措施。

《“十四五”规划和2035年远景目标纲要》提出，实施金融安全战略，健全互联网金融监管长效机制。

互联网和数据处理技术使更多的人享受到金融服务，大数据为规避风险、评估信用提供了依据，日新月异的计算技术能应对飞速增长的交易需求并降低成本，人工智能使服务更加个性化和便捷化，生物识别技术使金融服务更加安全。支付宝和微信支付使人们告别现金用手机即时支付，余额宝使人们随时随地从事理财，芝麻信用、腾讯征信通过信用关系社会化形成新的消费能力，支付宝的刷脸支付取代二维码扫码支付……消费者的消费体验更为舒适。但是，互联网金融只是金融机构技术手段的发展，不是传统金融机构与互联网企业的结合，互联网企业经营金融业务本身是非法的。

随着互联网的发展，现有的货币体系已经很难满足市场对监管、效率、便捷、网络化交易等需求，从“实物货币”到“纸质货币”再到“数字化货币”成为货币形态的发展的必然趋势。数字货币是有法定的发行程序和安全可靠的区块链等技术为支撑，基于互联网技术的货币形态，其支付、结算、储存等都可以自动完成，路径信息无法销毁，中国人民银行已成为全球首家发行数字货币并开展真实应用的中央银行。数字货币可以降低传统纸币发行、流通的成本，提升经济交易活动的便利性和透明度，减少洗钱、逃漏税等违法犯罪行为，提升央行对货币供给和货币流通的控制力，更好地支持经济和社会发展。

十四、互联网流通

互联网流通是以信息网络技术为手段、以商品交换为中心、以互联网为平台的商品交换和相关服务的活动，是传统商业活动各环节的电子化、网络化、信息化，涉及商品买卖的行为和商品的检验、分类、包装、储存、保管、运输、配送等环节。当前，要通过打造智慧物流体系、建设商务公共服务云平台、促进线上线下融合发展和推动传统商业网络化、智能化、信息化改造来加快发展互联网流通。

《中国电子商务报告 2019》显示，2019 年，全国电子商务交易额达 34.81 万亿元，其中网上零售额 10.63 万亿元，实物商品网上零售额 8.52 万亿元，电子商务从业人员达 5125.65 万人；有 8.5 万家电子商务服务企业，全年电子商务服务业营收额达到44741亿元，全国农村网络零售额达1.7万亿元，其中农村实物商品网络零售额为13320.9亿元；通过海关跨境电子商务管理平台零售进出口商品总额达1862.1亿元，跨境电商综合试验区达到59个。

2020年“双11”一天，天猫交易额达到4982亿元，京东交易额达到2715亿元。截至2020年11月，全国网络零售额累计值为10.54万亿元。

互联网流通是连接生产和消费的纽带，制约着生产的规模、范围和发展速度，是互联网经济的支柱。互联网使得流通的环节减少，流通的时间缩短，流通的半径缩小，流通的效率提高，降低了流通的成本，流通市场的格局得以改变。互联网流通正在成为大众创业、万众创新最具活力的领域，成为经济社会实现创新、协调、绿色、开放、共享发展的重要途径。互联网流通的兴起是对传统经济的颠覆，引发了新一轮流通业革命，尤其对带动农村经济的发展作用更为明显。

《“互联网+流通”行动计划》《“十三五”规划纲要》《关于深入实施“互联网+流通”行动计划的意见》《电子商务“十三五”发展规划》等，提出了加快互联网与流通产业的深度融合，推动流通产业转型升级。

2017年12月，世界贸易组织发布《电子商务联合声明》，重申全球电子商务的重要性。

2018年8月，十三届全国人大常委会第五次会议通过了《中华人民共和国电子商务法》，填补了我国电子商务法律的空白，规范了电子商务行为，有利于促进电子商务持续健康发展。

《“十四五”规划和2035年远景目标纲要》提出，鼓励商贸流通业态与模式创新，推进数字化智能化改造和跨界融合，线上线下全渠道满足消费需求。

第三节
产业绿色化的吴兴实践①

一、浙江吴兴践行“绿水青山就是金山银山”理念的成就

吴兴区隶属于浙江省湖州市，位于太湖南岸，地处长三角中心区域，是世界丝绸文化发源地、茶文化发源地和书画之源，下辖13个街道、5个镇、1个乡和1个高新区。2020年10月，被生态环境部授予第四批国家生态文明建设示范市县称号。

湖州是习近平总书记“绿水青山就是金山银山”理念诞生地。近年来，浙江省委又进一步赋予了湖州当好践行“绿水青山就是金山银山”理念样板地模范生的历史使命。吴兴区作为湖州的中心城区、主城区，始终把贯彻落实“绿水青山就是金山银山”理念作为增强“四个意识”的具体行动，把推动经济社会高质量赶超发展作为践行“绿水青山就是金山银山”理念的重要路径，实现了生态文明建设与经济社会发展的“双统一、两促进”。2020年，实现地区生产总值760亿元，财政总收

① 本案例由湖州市吴兴区委政策研究室、埭溪镇委、织里镇委提供，施国斌、莫芬芬、陆铖伟参与编辑。

入 82.8 亿元，城镇、农村居民人均可支配收入分别达到 6.38 万元和 3.82 万元。吴兴区是全国综合实力百强区、绿色发展百强区、投资潜力百强区、科技创新百强区、新型城镇化质量百强区。

二、绘好“山水清远图”，夯实绿色发展的基础

1. “三美”同步

近年来，吴兴深入践行“绿水青山就是金山银山”理念、高水平建设新时代美丽城市、美丽城镇、美丽乡村。

打造特色鲜明的美丽城市 突出数字赋能、改革破题，吴兴 314 个小区 14.42 万户实现垃圾精准分类 100%覆盖，28 家幸福邻里中心实现社会化运营，“一元·益愿”“湖小青”等志愿服务品牌亮点纷呈，以占据全市 80%的点位助力湖州夺得 2020 年全国文明城市复评第一名。

打造内外兼修的美丽城镇 紧紧围绕“环境美、生活美、产业美、人文美、治理美”的“五美”要求，高质量全面推进 16 个小城镇环境综合整治，吴兴区美丽城镇建设行动方案获得浙江省级优秀行动方案，织里镇取得“省级美丽城镇样板镇”的荣誉称号，并作为唯一的乡镇代表在浙江省美丽城镇建设工作现场会上作交流发言。

打造各美其美的美丽乡村 以创建浙江省新时代美丽乡村示范县为主抓手，扎实推进农村“三大革命”，全区美丽乡村创建实现全覆盖，建成美丽乡村特色精品村 16 个、美丽宜居示范村 17 个、3A 级景区村庄 22 个。

2. “五治”融合

吴兴始终把治水、治气、治土、治废等工作作为推动“里子”工程来抓，生态环境治理公众满意度连续 5 年稳步上升，获评全国生态文明建设示范区。

智慧监管治好气 持续深化大气治理数字化转型，加强工业企业排放管控，加快涉 VOCs 企业源头替代，努力减少区域臭氧污染。加大施工扬尘、餐饮油烟、秸秆垃圾焚烧管控力度，动态抓好问题整治，不断提高处置实效。

齐心协力管好水 落实区域协同，全方位提升蓝藻防治水平。抓好“污水零直排区”建设，加快配套污水管网和农村污水处理设施建设，严防黑臭水体反弹。加大排污口常态化检查，确保重点企业排放达标率100%，地表水监测断面达标率 100%，成功夺取“大禹鼎”。

管住固废净好土 加强固体废物及化学品污染防治，持续推进固体废物源头减量和资源化利用，最大限度减少填埋量，提升再生资源回收利用水平，全区 350 家企业纳入危废信息化管理，工业危险废物、医疗废物、污泥无害化处置率连续 5 年分别达到 100%、100%和 95%以上，土地安全利用率始终保持 92%以上。

因地制宜矿山复绿 积极推进废弃矿山的治理和矿山生态恢复，探索形成宜耕则耕、宜林则林、宜景则景、宜建则建四种模式，通过复绿、复垦、平台建设、旅游开发等措施综合保护和利用矿地资源，共治理复绿 5195 亩，复垦耕地 2068 亩，开发可建设利用土地 1063 亩。

拆除违建抓好整改 坚持铁腕拆违，实行挂图作战、领导包案、立行立改，累计拆除违法建筑 1675 万平方米、完成“三改”4784 万平方米，“三改一拆”工作连续 3 年获湖州市对县（区）考核第一名，成功创建省“无违建区”。

3. 全面小康

吴兴坚持新发展理念，全面推动农旅融合、强村增收、农村治理，守好“三农”战略后院，确保农村同步高水平全面建成小康社会。

打好乡村旅游攻坚战 强化跨界思维和融合理念，形成了 A 级景区、度假庄园、景区村庄、乡村民宿、运动休闲等多元乡村旅游业态，举办第三届世界乡村旅游大会、长三角乡村文旅创客大会和“菰城文化旅游节”等乡村节庆活动100余场，打造慧心谷绿奢度假村、长颈鹿庄园等一系列“网红打卡地”。近5年全区接待游客人次、旅游总收入年均增长分别达到30%、28%，旅游产业增加值占GDP比重从6.48%提高到7.14%。

打好强村增收攻坚战 抓好村级组织换届工作，全面推进村党组织书记、村委会主任、村经济合作社负责人“一肩挑”，深入实施新一轮村级集体经济3年强村计划，全面推广“强村十法”，通过盘活资产、产业带动、物业增收等措施，全区160个行政村村集体经营性收入全部达到50万元以上、村均116万元。

打好乡村治理攻坚战 努力发挥自治、法治、德治叠加效应，创新“道德门诊”、街道议政会、“请你来协商”平台等载体，推动乡村治理从“乡村的事社区办”转变为“乡村的事大家办”；打造46个“司法驿站”，完善一村一法律顾问制度，切实增强村民守法用法意识和能力；打造新时代文明实践“一元·益愿”志愿服务项目，提升农村文化礼堂“管用育”水平，全力构建各方力量广泛参与的乡村治理大格局。

三、打好“产业升级战”，擦亮绿色发展的名片

1. 传统产业转型升级

重点围绕有色金属加工、服装等传统制造业，突出铝合金、童装、砂洗印花等细分行业，吴兴狠抓淘汰落后、规范入园、融合应用、创新驱动，加快推动传统制造业绿色、集聚、提质、升级发展。

以“亩产效益”为基础，推动低效企业整治提升 持续深化“亩均论英雄”改革，通过“改造提升一批、入园集聚一批、倒逼腾退一批、土地收储一批”，全面推进工业低效企业的整治、提升和退出，规上工

业企业亩均税收、亩均增加值逐年提高。

以"集聚发展"为目标，推动小微企业园区建设 首创"标准房"制度改革，明确园区建设管理的"三项政策"、产业类别、亩均税收、亩均产值等"八个要素"，推动吴兴小微企业园高质量发展。全区通过浙江省认定园区 15 家，成功创建国家级创业创新基地 2 家、省"四五星"园区 5 家、省级双创示范基地 1 家，列全省第一。

以"培大育强"为途径，推动传统制造业提质发展 扎实开展"机器换人"、研发设计、6S 管理、"电商换市"，着力发挥拉动发展的乘数效应，加快实现传统制造业提质发展。全力支持重点骨干企业增强资本实力、做大经营规模，积极引导企业提高自主创新能力，做强主业、做优产业链，追求集约效益型增长，努力实现速度和结构、质量、效益相统一，推进企业绿色发展。

2. 新兴产业加速发展

坚持把培育战略性新兴产业作为引领产业发展、促进转型升级的战略举措来抓，吴兴始终把大力发展物流装备产业作为产业发展的重中之重，战略性新兴产业支撑引领作用更加凸显。

以技术创新为着力点 着眼于高端装备制造等具有引领带动效应且能够实现突破的若干重点产业，加快突破制约其发展的关键技术、核心技术和系统集成技术。重点支持带动性强的重大科技成果转化项目，在加快成果转化和产业化中催生战略性新兴产业。

以融合创新为着力点 加快 5G 技术在制造业领域的融合应用，全年计划新建 5G 基站 1800 余个。加快云数据中心、物联网中台等新基建建设，依托长三角云数据中心，建立高性能、高感知的物联网数据中台。

以机制创新为着力点 推进战略性新兴产业体制改革，为资本有序进入和产业健康发展提供制度保障。综合运用财税、金融等手段，促进生产要素集聚，充分发挥价格机制激励功能，促进资源优化配置。强化知识产权保护，完善战略性新兴产业技术标准，保障创新者权益。

3. 平台能级全面提升

坚持高起点谋划产业平台，不断推动优势产业集聚，湖州南太湖高新技术产业园区和吴兴经济开发区两大主平台共有规上企业数 273 家，占全区规上企业数的 79.1%；规上工业总产值 435.57 亿元，占全区规上工业总产值的 72%。

坚持重点突破，构建现代产业集群　结合吴兴产业基础和特色优势，大力推动形成智能装备、时尚美妆两大新兴产业和纺织服装、金属新材两大传统产业协同发展的现代产业新体系，全面融入全省先进制造业集群建设，吴兴智能物流装备产业平台成功列入省第三批“万亩千亿”新产业平台培育名单。

坚持板块推动，提升产业平台承载　拉高标杆、科学谋划，聚焦竞争力、高质量、现代化，积极打造万亩千亿大平台，推动园区整合提升，大态势推进平台拓展，不断提升平台承载能力。“十三五”以来，全区各工业平台累计完成拓展提升约 4.2 万亩，为项目落地提供了坚强支撑。

坚持共建共享，争创美丽园区示范　积极推动园区循环化改造，形成园区生态环境更优美、创新发展体系更完善、高端平台要素更集聚、数字管理模式更智能、营商创业环境更优化、开放发展水平更提高的园区生态。湖州南太湖高新技术产业园区获评国家级绿色园区，吴兴经济开发区获评国家绿色产业示范基地。

四、注重“生命全周期”，提升绿色发展的服务

1. 优化资源要素供给

吴兴持续开展“五未”土地处置，向存量要空间、向低效要资源，

确保资源利用最大化，有效破解了土地要素制约和亩均产出不高的问题。

完善低效土地处置长效管理 依托“标准地”改革、“亩均论英雄”改革，强化土地出让合同的全过程监管，建立健全盘活存量和城镇低效用地再开发激励机制，2020年全区盘活存量建设用地2606亩，完成低效用地再开发1009亩，切实提高全区土地的利用率、产出率。

健全建设用地批后监管“一张图”管理 通过“互联网+大数据”，实现土地利用现状、基本农田保护、遥感监测以及基础地理信息“一张图”数据整合，落实“一册一图”，逐宗落实定点到位、责任到位、方案到位，及时更新，实现动态化管理。

深化“1.3.6”用地政策 推进审批流程再造、审批时限再压缩，加快农转供地审批速度。加大存量土地资源招商力度，加快批而未供土地的征地拆迁和供地速度，积极争取可腾挪指标的盘活再利用空间，一地块一方案，逐步缩小历史批而未供“包围圈”，2019年累计消化批而未供土地4003亩，为上级下达任务的222%。

2. 优化政务集成供给

以“最多跑一次”改革为引领，吴兴积极谋划牵一发而动全身的重大改革、解决群众牵肠挂肚问题的重点改革，推进政务服务系统集成、协同高效。

聚焦企业全生命周期“一件事” 深化审批制度改革，推动100个行政审批事项全部下沉至窗口，“标准地”和一般企业投资项目审批“最多80天”。深化商事制度改革，率先实现企业常态化开办“四小时办结”，实行企业公章刻制政府买单，截至目前，享受企业“零成本”开办1000家。深化涉企配套改革，在全市率先实现不动产交易登记单件业务“60分钟领证”。

聚焦群众全生命周期“一件事” 探索“吴兴跑团”新模式，帮群众和企业完成网办、掌办事项逾7万件，代跑事项近8700件。探索长三角政务一体化，率先推出在长三角区域跨省户口网上迁移、一站式办理改革项目并纳入省级试点，实现长三角全域异地就医直接结算。探索“无证明城市”改革，梳理证明材料341项，取消332项，占比97.36%。

聚焦多场景“一件事”提质扩面 创新推动中小学、幼儿园入学、转学“跑零次”，区级矛调中心“最多跑一地”，助残服务“一件事”，退役军人全生命周期“一件事”纳入省级试点，公务员职业生涯全周期管理“一件事”、事业单位工作人员职业生涯全周期管理“一件事”等工作有序推进。

3. 优化常态服务供给

始终秉持“服务全天候、真情零距离”的工作理念，吴兴建立完善“专项推进＋专题研究＋专班攻坚＋专员服务”的工作模式，认真答好“三服务”活动“吴兴卷”。

问难帮困服务企业 在浙江省率先推出企业“复工白名单”、员工“返工二维码”、包机接送等创新举措，助力解决复工复产难题，相关做法两次在浙江省政府新闻发布会上作经验介绍。以“四图”（产业招商图、项目全域图、动态管理图、要素竞配图）为主抓手，精准破解“五未”项目，创新“无还本增贷”做法，破“五未”相关做法被《人民日报》《浙江日报》头版专题报道。

以民为本服务群众 从老百姓天天有感的“日常小事”抓起，坚持有什么问题就解决什么问题、什么事情难就抓什么事情，梳理民生事项166项，基层延伸率达100%；社保、公积金事项代办网点实现乡镇（街道）全覆盖，实现老百姓办事“就近办、方便办、多点办”；开通全国首个24小时“防诈热线”，成功制止电信网络诈骗案件2405起，挽回群众损失1300余万元；创新推出中小学生入学网上报名，实现家长

“零跑”。

减负松绑服务基层 扎实开展涉村涉企职责事项多、工作台账多、机构牌子多、考核督查多、创建评比多、政务工作 App 多、上墙制度多“七多”问题清理整顿。统筹规范各类督查检查考核事项，对能撤销的坚决撤销、能合并的坚决合并，坚决取消形式主义、劳民伤财、虚头巴脑的督查检查考核事项，在全市率先开展“无表格”村（社区）和“无证明”村（社区）试点工作，相关做法获浙江省督查好评。

五、绿色青山带来绿色产业

1. 埭溪镇守住绿水青山发展绿色产业

2005 年“绿水青山就是金山银山”理念在湖州提出，给埭溪镇指明了新的发展方向。埭溪镇陆续关停了所有的矿山和机组，并投入 1.2 亿元进行治理，在修复生态、美化环境的同时，盘活大量矿地，为该镇工业平台的建设提供用地保障。

作为埭溪镇在实施低丘缓坡开发后引进的第一家工业企业、国家级绿色工厂，“德马物流”在 2020 年 6 月成功挂牌上市，登陆 A 股市场科创板。该企业智能物流系统服务及产品在中国大型平台电商综合物流系统的市场占有率达到了六成，并在国外建了工厂，成为《福布斯》眼中中国最具潜力中小企业之一。工业和信息化部公示第二批专精特新“小巨人”企业名单，浙江德马科技股份有限公司、浙江力聚热水机有限公司两家企业榜上有名，是吴兴区企业首次入选国家级专精特新“小巨人”。2019 年，埭溪镇完成财政收入 6.5 亿元，工业总产值 42.57 亿元。

优越的自然环境是美妆企业赖以生存的根基，特别是 2005 年作为

“湖州人民大水缸”的老虎潭水库的建设，更是进一步根植了埭溪的绿色基因、唤醒了埭溪的生态财富。2006年珀莱雅公司看中了这里的好山好水好空气，选择在这片绿水青山间设立工厂，开启了“美妆梦”。依托自身的努力和良好的环境，珀莱雅在入驻埭溪后，用了不到10年时间就在主板成功上市，成为“中国美妆第一股”。作为国内化妆品龙头企业，珀莱雅的入驻也为埭溪带来了新的发展思路。2015年，正值浙江省大力推进时尚产业发展，并将时尚产业作为“十三五”期间着力打造的八大万亿级产业之一，提出利用3年时间打造100个特色小镇。在“政府引导、企业引领、行业联动”的模式下，美妆小镇应势而生。美妆小镇规划面积3.28平方千米，锁定“美妆产业集聚中心、美妆文化体验中心、美妆时尚博览中心、美妆人才技术中心”四大目标定位，构建以美妆为主导的全产业链，致力打造“东方格拉斯”。短短5年时间，小镇已累计引进企业133家，其中化妆品及相关企业123家，国内美妆上市企业珀莱雅、韩国知名化妆品上市企业韩佛、亚洲最大包材企业韩国衍宇、英国王室品牌泊诗蔻等一批国内外美妆企业先后在小镇落户，使小镇成为全国三大化妆品集聚中心之一，真正实现了从无到有、从有到优的华丽蝶变。如今美妆小镇已成为推动全镇经济社会转型升级的重要引擎，成功入选2019年度省级特色小镇“亩均效益”领跑者名单。小镇建有检测研发中心、科技孵化园、美妆科创中心、美妆学院、网红直播基地等产业配套，先后与法国化妆品谷、沙特尔市、大韩化妆品协会等29个国家的政府机构或行业协会签订了战略协议，连续举办6届化妆品行业领袖峰会，是中国进博会配套活动，峰会永久会址落户小镇，连续6年受邀参加法国360化妆品展会、韩国美容博览会等国际重大展会，是“十四五”期间浙江省化妆品产业唯一的核心承载区，被授予“浙江省化妆品创新监管与高质量发展示范基地”“浙江省产教融合示范基地”。

2. 织里镇引进绿色产业项目抓建设

从“环境美”到“发展美”，织里镇通过引进绿色产业项目抓建设。

重点抓好“滨湖示范带”建设 以义皋“世界灌溉工程遗产”为契机，织里镇点亮以义皋古村落为核心的滨湖溇港“农商旅文”一体化示范带。义皋古村落建设重点突出“五大功能区”(历史文化、溇港商业、精品民宿、月光休闲、农旅体验)，已成功引进“1 基地、4 大馆”(同人疗休养基地；溇港文化展示馆、中国湖镜博物馆、崇义馆、溇港水利书报馆)。

协调推进产村融合发展 牢固树立产村融合理念，大力发展现代农业，织里镇努力为乡村发展注入强大内生动力，委托浙江省农科院编制了《织里镇农旅融合产业发展规划》。通过土地流转，以家庭农场等方式发展现代种植业，集规模化、观光化、休闲化为一体，实现土地经营效益的最大化。引进水产品养殖品牌，集团化运作，利用太湖资源优势，打响太湖蟹品牌，形成大规模效益农业的绿色发展格局。突出优势资源，精心谋划一村一品，充分利用滨湖田园风光、湖泊资源和乡村文化，将传统农耕逐步提升到农业观光、农事体验、特色农庄、农情民宿中来，重点打造滨湖板块以义皋古村落为核心的滨湖溇港“农商旅文”一体化示范带。

加快推进“美丽资源”向“美丽经济”转变 伍浦村、义皋村与浙江省广东商会合作，计划在义皋村、伍浦村征用临湖土地约 3000 亩，打造“美果汇现代生态农庄”项目，以“1＋N＋M”发展模式，整合湖州、浙江乃至全球粤商的财智，将“农、工、文、旅”四位共融，建设集“种养、科普、观光、休闲、体验、康养、益智、亲子”等元素为一体，产业布局合理、服务体系完善、环境生态优美、模式先人一步的现代田园综合体。义皋村与湖州恒祥实业有限公司合作，打造太湖义皋“湖畔村色”生态农业旅游休闲度假区项目。义皋村凭借良好的交通区位和资源禀赋引进了“道之鱼”生态农业园项目，园区作为湖州市吴兴区织里镇示范相关新型生态农业的典型，在全镇乃至全区起到了带头示范作用，为织里镇农业绿色发展树立了标杆，为织里镇促进产业结构调整优化起到积极助推的作用。

第八章 “绿水青山就是金山银山”理念与乡村振兴

乡村是城市建成区以外具有自然、社会、经济特征和生产、生活、生态、文化等多重功能的地域综合体，乡村兴则国家兴，乡村衰则国家衰，“绿水青山就是金山银山”彰显了乡村在人类生存和发展中的重要地位。乡村振兴不仅是要让人民重新“呼吸新鲜的空气，吃上放心的食物”，而是要全方位重新审视农村和农业的发展模式，走城乡协调发展之路。要“牢固树立和践行绿水青山就是金山银山的理念，落实节约优先、保护优先、自然恢复为主的方针，统筹山水林田湖草系统治理，严守生态保护红线，以绿色发展引领乡村振兴”①。2021年4月通过的《中华人民共和国乡村振兴促进法》，有利于党和国家关于乡村振兴的重大决策部署转化为法律规范，促进乡村振兴。浙江省松阳县打造乡村振兴新路径，是“绿水青山就是金山银山”理念在全国实施乡村振兴战略上的先行实践。

---

① 《中共中央　国务院关于实施乡村振兴战略的意见》，中国政府网，2018年2月4日。http：//www.gov.cn/zhengce/2018－02/04/content_5263807.htm.

第一节
实施乡村振兴战略

一、实施乡村振兴战略的总体要求

实施乡村振兴战略，是党的十九大作出的重大决策部署，是决胜全面建成小康社会、全面建设社会主义现代化国家的重大历史任务，是新时代“三农”工作的总抓手。2018年1月，中共中央、国务院印发了《关于实施乡村振兴战略的意见》，全面部署实施乡村振兴战略。[①] 2018年9月，中共中央、国务院印发了《乡村振兴战略规划（2018—2022年）》，确保乡村振兴战略落实落地。[②] 2021年1月，中共中央、国务院印发了《关于全面推进乡村振兴加快农业农村现代化的意见》，把全面推进乡村振兴作为实现中华民族伟大复兴的一项重大任务，加快农业农村现代化。[③]

1. 实施乡村振兴战略的基本原则

坚持党管农村工作　坚持和加强党对农村工作的领导，确保党在农

---

① 《中共中央　国务院关于实施乡村振兴战略的意见》，中国政府网，2018年2月4日。http：//www.gov.cn/zhengce/2018－02/04/content_5263807.htm.

② 《中共中央　国务院印发〈乡村振兴战略规划（2018—2022年）〉》，中国政府网，2018年9月26日。http：//www.gov.cn/zhengce/2018－09/26/content_5325534.htm.

③ 《中共中央　国务院关于全面推进乡村振兴加快农业农村现代化的意见》，中国政府网，2021年2月21日。http：//www.gov.cn/zhengce/2021－02/21/content_5588098.htm.

村工作中始终总揽全局、协调各方，为乡村振兴提供坚强有力的政治保障。

坚持农业农村优先发展 在干部配备上优先考虑，在要素配置上优先满足，在资金投入上优先保障，在公共服务上优先安排，加快补齐农业农村短板。

坚持农民主体地位 充分尊重农民意愿，切实发挥农民在乡村振兴中的主体作用，调动亿万农民的积极性、主动性、创造性，把维护农民群众根本利益、促进农民共同富裕作为出发点和落脚点。

坚持乡村全面振兴 统筹谋划农村经济建设、政治建设、文化建设、社会建设、生态文明建设和党的建设，注重协同性、关联性，整体部署，协调推进。

坚持城乡融合发展 发挥市场在资源配置中起决定性作用，推动城乡要素自由流动、平等交换，推动新型工业化、信息化、城镇化、农业现代化同步发展，加快形成工农互促、城乡互补、全面融合、共同繁荣的新型工农城乡关系。

坚持人与自然和谐共生 牢固树立和践行绿水青山就是金山银山的理念，落实节约优先、保护优先、自然恢复为主的方针，统筹山水林田湖草系统治理，严守生态保护红线，以绿色发展引领乡村振兴。

坚持改革创新、激发活力 不断深化农村改革，扩大农业对外开放，激活主体、要素和市场。以科技创新引领和支撑乡村振兴，以人才汇聚推动和保障乡村振兴。

坚持因地制宜、循序渐进 做好顶层设计，注重规划先行、因势利导，分类施策、突出重点，体现特色、丰富多彩。不搞“一刀切”，不搞形式主义和形象工程，扎实推进。

2. 乡村振兴的发展目标

到2020年，乡村振兴的制度框架和政策体系基本形成，各地区各部门乡村振兴的思路举措得以确立，全面建成小康社会的目标如期实现。到2022年，乡村振兴的制度框架和政策体系初步健全。国家粮食安全保障水平进一步提高，现代农业体系初步构建，农业绿色发展全面推进；农村一二三产业融合发展格局初步形成，乡村产业加快发展，农民收入水平进一步提高，脱贫攻坚成果得到进一步巩固；农村基础设施条件持续改善，城乡统一的社会保障制度体系基本建立；农村人居环境显著改善，生态宜居的美丽乡村建设扎实推进；城乡融合发展体制机制初步建立，农村基本公共服务水平进一步提升；乡村优秀传统文化得以传承和发展，农民精神文化生活需求基本得到满足；以党组织为核心的农村基层组织建设明显加强，乡村治理能力进一步提升，现代乡村治理体系初步构建。探索形成一批各具特色的乡村振兴模式和经验，乡村振兴取得阶段性成果。

3. 乡村振兴的远景谋划

到2035年，乡村振兴取得决定性进展，农业农村现代化基本实现。农业结构得到根本性改善，农民就业质量显著提高，相对贫困进一步缓解，共同富裕迈出坚实步伐；城乡基本公共服务均等化基本实现，城乡融合发展体制机制更加完善；乡风文明达到新高度，乡村治理体系更加完善；农村生态环境根本好转，生态宜居的美丽乡村基本实现。

到2050年，乡村全面振兴，农业强、农村美、农民富全面实现。

二、坚持农业农村优先发展，全面推进乡村振兴

《“十四五”规划和2035年远景目标纲要》提出，走中国特色社会主义乡村振兴道路，全面实施乡村振兴战略，强化以工补农、以城带乡，推动形成工农互促、城乡互补、协调发展、共同繁荣的新型工农城乡关系，加快农业农村现代化。

提高农业质量效益和竞争力 增强农业综合生产能力，深化农业结构调整，丰富乡村经济业态，持续强化农业基础地位，深化农业供给侧结构性改革，强化质量导向，推动乡村产业振兴。

实施乡村建设行动 强化乡村建设的规划引领，优化生产生活生态空间，提升乡村基础设施和公共服务水平，持续改善村容村貌和人居环境，建设美丽宜居乡村，把乡村建设摆在社会主义现代化建设的重要位置。

健全城乡融合发展体制机制 深化农业农村改革，加强农业农村发展要素保障，建立健全城乡要素平等交换、双向流动政策体系，促进要素更多向乡村流动，增强农业农村发展活力。

实现巩固拓展脱贫攻坚成果同乡村振兴有效衔接 建立完善农村低收入人口和欠发达地区帮扶机制，保持主要帮扶政策和财政投入力度总体稳定，巩固提升脱贫攻坚成果，提升脱贫地区整体发展水平，接续推进脱贫地区发展。

三、实施乡村振兴战略的时代作用

1. 实施乡村振兴战略是乡村生态文明建设的必由之路

工业化和城市化的快速推进，使中国的乡村“河水不再清澈，空气不再清新，土壤不再洁净”；随着工业文明观念侵蚀和市场经济的发展，传统的乡土社会已经被工业文明瓦解，乡村自古以来拥有“相与情谊厚，向上之心强”的道德已荡然无存；GDP 之上的政府考核机制，造成了乡村基础设施建设的大量欠账，乡村公共资源日益减少；文化传承的中断和社会发展的畸形，加速了中国乡村社会凋敝的进程。

乡村是中国文明之根、传统文化传承的载体，乡村社会的衰亡将截断中国从工业文明转向生态文明之路。我国人民日益增长的美好生活需要和不平衡不充分的发展之间的矛盾在乡村最为突出，全面推进生态文明建设最艰巨、最繁重的任务在乡村，可以说乡村是生态文明建设最广泛和最深厚的基础，乡村发展也是国家发展最大的潜力和后劲。

当前，中国农村的环境和生态问题依然突出。《全国农村环境综合整治“十三五”规划》显示，大量农村的环保基础设施严重不足，有40%的建制村没有垃圾收集处理设施，78%的建制村未建设污水处理设施，40%的畜禽养殖废弃物未得到资源化利用或无害化处理，38%的农村饮用水水源地未划定保护区（或保护范围），一些地方农村饮用水水源存在安全隐患，环境呈现“脏乱差”；一些地方政府尚未建立起农村环境综合整治工作的有效推进机制，公众参与未得到充分发挥；农村环保标准体系不健全，环保监管能力薄弱，农村环境监测尚未全面开展，农村环境质量状况和变化情况不能及时掌握，严重影响农产品安全。

实施乡村振兴战略，保障人民所需要的生态产品的供给，维护生态涵养主体区的安全，发挥乡村最大的生态优势，统筹山水林田湖草系统治理，是解决新时代我国社会主要矛盾、实现“两个一百年”奋斗目标和中华民族伟大复兴中国梦的必然要求，是乡村生态文明建设的必由之路，为全国生态文明建设奠定坚实的基础。

2. 实现乡村振兴战略是绿色发展的基础

绿色发展是生态文明建设的途径和模式。《关于加快推进生态文明建设的意见》提出了“协同推进新型工业化、信息化、城镇化、农业现代化和绿色化”“加快推动生产方式绿色化，大幅提高经济绿色化程度”“充分发挥市场对绿色产业发展方向和技术路线选择的决定性作用”“坚持把绿色发展、循环发展、低碳发展作为基本途径”“发展绿色产业”“推动传统能源安全绿色开发”“发展绿色矿业，加快推进绿色矿山建设”“推广绿色信贷”“大力推进绿色城镇化”“大力发展绿色建筑”“推进绿色生态城区建设”“实现生活方式绿色化”“培育绿色生活方式”“广泛开展绿色生活行动”“大力推广绿色低碳出行”“倡导绿色生活和休闲模式”“把绿色发展转化为新的综合国力、综合影响力和国际竞争新优势”“开展绿色援助”，强调实现我国经济社会发展全方位绿色转型。《“十三五”规划纲要》对中国经济社会的发展进行了全面的部署，“绿色发展”贯穿始终，“全面推进创新发展、协调发展、绿色发展、开放发展、共享发展”“牢固树立和贯彻落实创新、协调、绿色、开放、共享的发展理念”“生产方式和生活方式绿色、低碳水平上升”“绿色是永续发展的必要条件和人民对美好生活追求的重要体现”“坚持创新发展、协调发展、绿色发展、开放发展、共享发展”“支持信息、绿色、时尚、品质等新型消费”“深入推进粮食绿色高产高效创建”“加快生物育种、农机装备、绿色增产等技术攻关”“促进制造业朝高端、智能、绿色、服务方向发展”“实施绿色制造工程，推进产品全生命周期绿色管理，构建绿色制造体系”“坚持网络化布局、智能化管理、一体化服务、绿色化发展”“鼓励绿色出行”“推进大型煤炭基地绿色化开采和改造”“建设绿色城市”“大力发展绿色农产品加工、文化旅游等特色优势产业”“重点发展知识经济、服务经济、绿色经济”“建设集聚度高、竞争力强、绿色低碳的现代产业走廊”“大力推进绿色矿山和绿色矿业发展示范区建设”“推广城市自行车和公共交通等绿色出行服务系统”“打造生态体验精品线路，拓展绿色宜人的生态空间”“建立覆盖资源开采、消耗、污染排放及资源性产品进出口等环节的绿色税收体系”“发展绿色环保产业”“统筹推行绿色标识、认证和政府绿色采购制度”“加快构建绿色供应链产业体系”“促进中药材种植业绿色发展”。《“十三五”规划纲要》发布后，行业领域“十三五”规划也陆续推出，围绕“绿色发展”进行规划是鲜明的特点。党的十九大报告把绿色发展作为建设美丽中国的重要路径，“推进绿色发展。加快建立绿色生产和消费的法律制度和政策导向，建立健全绿色低碳循环发展的经济体系。构建市场导向的绿色技术创新体系，发展绿色金融，壮大节能环保产业、清洁生产产业、清洁能源产业。推进能源生产和消费革命，构建清洁低碳、安全高效的能源体系。推进资源全面节约和循环利用，实施国家节水行动，降低能耗、物耗，实现生产系统和生活系统循环链接。倡导简约适度、绿色低碳的生活方式，反对奢侈浪费和不合理消费，开展创建节约型机关、绿色家庭、绿色学校、绿色社区和绿色出行等行动”。

乡村绿色发展，涉及建设优美宜人的乡村环境、稳步增长的乡村经济、民主昌明的乡村制度、繁荣兴盛的乡村文化、和谐进步的乡村社会等，这都与乡村的发展息息相关。通过乡村振兴，整治好农村的人居环境，深入挖掘农耕文化蕴含的优秀思想观念、人文精神、道德规范，结合时代要求在保护传承的基础上创造性转化、创新性发展，加强农村基层基础工作，健全乡村治理体系，拓宽农民增收渠道，改善农村生产生活条件，增进亿万农民的福祉，才能构建人与自然和谐共生的乡村发展新格局，实现环境常绿、百姓富裕、乡村优美。

3. 实现乡村振兴战略推动农业升级、农村进步、农民发展

农业是国民经济的基础，是全面建成小康社会和实现现代化的重要保证。产业兴旺是乡村振兴的重中之重，只有转变农业的发展方式，提高粮食生产能力，推进农业结构调整，推进农村一二三产业融合发展，确保农产品质量安全，促进农业可持续发展，增强农产品安全保障能力，以发展多种形式适度规模经营为引领，创新农业经营组织方式，构建以农户家庭经营为基础、合作与联合为纽带、社会化服务为支撑的现代农业经营体系，提高农业综合效益，构建现代农业经营体系，健全现代农业科技创新推广体系，推进农业机械化，融合农业与信息技术，发展智慧农业，提高农业生产力水平，以保障主要农产品供给、促进农民增收、实现农业可持续发展为重点，完善强农惠农富农政策，提高农业支持保护效能，完善农业支持保护制度，走产出高效、产品安全、资源节约、环境友好的农业现代化道路，才能推动农业的升级，进而为建设现代化经济体系奠定坚实基础。

改革开放40年的发展历程，使得我国经济快速发展，农村发展也取得了相当的成就，但发展不平衡不充分问题最为突出的还是乡村，长期困扰我国的二元经济结构没有消除。当前，经济全球化面临转折，以全球产业链的水平分工为基础的全球化1.0，正向以产业链垂直整合国际化水平分工为基础的全球化2.0升级过渡，国际分工的广度正在收缩、深度逐渐趋浅，世界经济区域化的趋势在不断加快。在这种背景下，二元经济结构的存在和延续已成为我国未来较长一段时期必须要解决的问题。我国的农田基本建设尚待加强、农村人居环境还不理想、农村基本公共服务水平不高、脱贫攻坚正在有序推进、粮食等重要农产品价格形成机制和收储制度的改革正在深化、农业补贴制度和财政支农投入机制还不完善、农村金融还需继续创新、农村集体产权制度改革尚需进一步深化、农业农村发展用地保障机制的建立正在探索、农业劳动力转移就业和农村创业创新体制还不健全、农村各项改革的推进要进一步统筹，只有实行乡村振兴战略，补齐农业农村短板，夯实农村共享发展基础，激活农业农村内生发展动力。

保障和改善农村民生始终是我国农业农村工作的着眼点，实现农民共同富裕是经济生活发展的必然选择。实施乡村振兴战略，有利于加强农村基础设施建设，全面改善农村生产生活条件，增进农民福祉，使农民充分享受现代文明发展的成果，提升农村劳动力就业质量，促进农村劳动力转移就业和农民增收，完善农村公共服务供给，加强农村社会保障体系建设，扎实推进健康乡村建设，加快农业转移人口市民化，培育新型职业农民，让亿万农民的获得感、幸福感、安全感不断提升，从而走上共同富裕的道路。

第二节 乡村振兴的主要内容

一、营造人与自然共生和谐的生态环境

1. 统筹山水林田湖草系统治理

山水林田湖草系统是生态系统的一个重要组成部分，构成了人类生存和发展最直接的生态环境，作为陆地生态系统、水域生态系统和人工生态系统的重要元素，相互之间存在着密切的关联，一个系统的动态平衡往往影响另一个系统的正常运行。

长期以来，我们把山水林田湖草系统看成相互独立的环节，管山的只负责管山、治水的只管治水、种树的只管种树、护田的单纯护田、种草的只管种草，相互之间缺少关联，经常顾此失彼，浪费本已紧缺的各类资源，极易造成各系统动态平衡破坏，最终影响整个生态系统的平衡。

习近平指出：“山水林田湖是一个生命共同体，人的命脉在田，田的命脉在水，水的命脉在山，山的命脉在土，土的命脉在树。用途管制和生态修复必须遵循自然规律，由一个部门负责领土范围内所有国土空

间用途管制职责，对山水林田湖进行统一保护、统一修复是十分必要的。”①

2021 年 3 月，习近平在参加十三届全国人大四次会议内蒙古代表团审议时谈生态治理，指出：“统筹山水林田湖草沙系统治理，这里要加一个‘沙’字。”

在“绿水青山就是金山银山”理念的指导下，统筹山水林田湖草系统治理，按照生态系统的整体性、系统性以及内在规律，统筹考虑自然生态各要素及其区域分布，做到宏观上统一管理和调度、系统上统一恢复和保护、治理上统一决策和行动。山水林田湖草系统大部分处于乡村，保护好山水林田湖草系统不仅为人类提供良好的生态环境，更是人与自然共生和谐的必然要求。在乡村振兴中，要开展生态安全屏障的保护与修复，大规模进行国土绿化，开展草原和湿地的保护与修复，加强重点流域环境综合治理，开展荒漠化、石漠化和水土流失的综合治理，加大农村土地综合整治力度，开展重大地质灾害隐患治理，保护生物多样性，加强近岸海域综合治理，共同维护好“绿水青山”。

2. 乡村环境问题综合治理

（1）保护乡村生态环境

长期以来，我国农村环境“脏乱差”问题一直突出。以生态环境友好和资源永续利用为导向，推动形成农业农村绿色生产、生活方式，实现投入品减量化、生产清洁化、废弃物资源化、产业模式生态化、消费绿色化，才能实现乡村振兴。

在推进乡村振兴中，要强化资源保护与节约利用，当前要加大水资源、耕地资源、动植物种质资源、渔业资源等的保护力度；推进农业清

① 《习近平谈生态文明》，人民网，2014 年 8 月 29 日。http://cpc.people.com.cn/n/2014/0829/c164113—25567379—3.html.

洁生产，加强农业投入品规范化管理，推进种养循环一体化，大力推进畜禽养殖污染防治，强化秸秆综合利用与禁烧，推行水产健康养殖，探索农林牧渔融合循环发展模式；深入实施土壤污染防治行动计划，加强重有色金属矿区污染综合整治，加强农业面源污染综合防治，加大地下水超采治理，严格工业和城镇污染处理、达标排放。

（2）重构乡村村庄空间

我国重视国土空间开发是近十多年的事，长期以来我国对国土空间开发的内容没有明确和详细规定，随着经济社会的快速发展，人口、经济和社会发展与自然环境的不协调加剧，人口和资源要素与经济发展的空间布局不合理，盲目圈地开发浪费了有限的土地资源，产业结构和布局不合理造成环境污染和产业低端化，这种情况当前在广大乡村还不同程度地存在。

坚持乡村振兴和新型城镇化双轮驱动是构建乡村振兴新格局的关键。要强化空间用途管制，科学划定生态、农业、城镇等空间和生态保护红线、永久基本农田、城镇开发边界及海洋生物资源保护线、围填海控制线等主要控制线，完善城乡布局结构，推进城乡统一规划，通盘考虑城镇和乡村发展，统筹谋划产业发展、基础设施、公共服务、资源能源、生态环境保护等主要布局，形成田园乡村与现代城镇各具特色、交相辉映的城乡发展形态，统筹城乡发展空间；坚持人口资源环境相均衡、经济社会生态效益相统一，打造集约高效生产空间，营造宜居适度生活空间，保护山清水秀生态空间，延续人和自然有机融合的乡村空间关系，优化乡村发展布局；顺应村庄发展规律和演变趋势，根据不同村庄的发展现状、区位条件、资源禀赋等，按照集聚提升、融入城镇、特色保护、搬迁撤并的思路，分类推进乡村振兴。

2021 年 1 月，中共中央、国务院印发的《关于全面推进乡村振兴加快农业农村现代化的意见》提出，加快推进村庄规划工作。2021 年基本完成县级国土空间规划编制，明确村庄布局分类。积极有序推进“多规合一”实用性村庄规划编制，对有条件、有需求的村庄尽快实现村庄规划全覆盖。对暂时没有编制规划的村庄，严格按照县乡两级国土空间规划中确定的用途管制和建设管理要求进行建设。编制村庄规划要立足现有基础，保留乡村特色风貌，不搞大拆大建。按照规划有序开展各项建设，严肃查处违规乱建行为。健全农房建设质量安全法律法规和监管体制，3 年内完成安全隐患排查整治。完善建设标准和规范，提高农房设计水平和建设质量。继续实施农村危房改造和地震高烈度设防地区农房抗震改造。加强村庄风貌引导，保护传统村落、传统民居和历史文化名村名镇。加大农村地区文化遗产遗迹保护力度。乡村建设是为农民而建，要因地制宜、稳扎稳打，不刮风搞运动。严格规范村庄撤并，不得违背农民意愿、强迫农民上楼，把好事办好、把实事办实。[①]

(3) 提升环境基础设施

改革开放以来，我国乡村的交通、邮电等基础设施建设取得了一定的成绩，方便了人们生活，与此同时，以环境基础设施为代表的其他基础设施发展还很不充分。《全国农村环境综合整治“十三五”规划》显示，截至 2016 年，我国仍有 40%的建制村没有垃圾收集处理设施，78%的建制村未建设污水处理设施，40%的畜禽养殖废弃物未得到资源化利用或无害化处理，38%的农村饮用水水源地未划定保护区（或保护范围），49%未规范设置警示标志，一些地方农村饮用水水源存在安全隐患。

要实施乡村振兴战略，在继续把基础设施建设重点放在农村的工作中，特别要加强农村环境基础设施的建设，这是营造人与自然共生和谐

① 《中共中央　国务院关于全面推进乡村振兴加快农业农村现代化的意见》，中国政府网，2021 年 2 月 21 日。http://www.gov.cn/zhengce/2021-02/21/content_5588098.htm.

的乡村生态环境的重要内容。

《“十三五”生态环境保护规划》明确要求，要持续推进城乡环境卫生整治行动，建设健康、宜居、美丽家园。深化“以奖促治”政策，以南水北调沿线、三峡库区、长江沿线等重要水源地周边为重点，推进新一轮农村环境连片整治，有条件的省份开展全覆盖拉网式整治。因地制宜开展治理，完善农村生活垃圾“村收集、镇转运、县处理”模式，鼓励就地资源化，加快整治“垃圾围村”“垃圾围坝”等问题，切实防止城镇垃圾向农村转移。整县推进农村污水处理统一规划、建设、管理。积极推进城镇污水、垃圾处理设施和服务向农村延伸，开展农村厕所无害化改造。继续实施农村清洁工程，开展河道清淤疏浚。到2020年，新增完成环境综合整治建制村13万个。

生态环境部的数据显示，截至2019年11月，全国11个省份基本完成“千吨万人”（日供水1000吨以上和供水人口在1万人的饮用水水源地）农村（乡镇）集中式饮用水水源保护区划定工作，13个省份按季度开展农村饮用水水质监测，17个省份基本实现农村饮用水卫生监测乡镇全覆盖；支持各地10.1万多个村庄开展环境综合整治，完成目标任务的77%，整治后的村庄人居环境得到改善；16个省份农村生活垃圾治理建制村覆盖率达到90%以上；农业面源污染防治稳步推进，21个省份畜禽粪污综合利用率达到75%以上。

当前，在实施乡村振兴战略中，除了加快建设和完善农村生活垃圾和污水处理设施、畜禽养殖废弃物资源化利用和污染防治设施、秸秆综合利用与禁烧设施等外，要进一步提升商业服务、科研与技术服务、园林绿化、文化教育、卫生事业等公用工程设施和公共生活服务设施等。

（4）改造建筑风貌

乡村建筑风貌是传统文化重要载体，本质上是一种文化的传承。当前，乡村建筑保护和发展现状堪忧，无论是列入名录的传统村落还是一般村落，经济发达地区尚能跟上时代发展的步伐，而很大一部分地区的乡村建筑已经衰败。在一些传统村落中，“开发性保护”与在物质和文化上摧毁古村落无疑，这种做法，造成了原有的村落文化被严重歪曲。一栋栋拙劣的仿古建筑取代传统古建，种上一批非本土的景观植物后，走上了一条与乡村生态文明建设背道而驰的发展之路。

《农村人居环境整治三年行动方案》提出，加强村庄规划管理。全面完成县域乡村建设规划编制或修编，鼓励推行多规合一。推进实用性村庄规划编制实施，做到农房建设有规划管理、行政村有村庄整治安排、生产生活空间合理分离，优化村庄功能布局，实现村庄规划管理基本覆盖。大力提升农村建筑风貌，突出乡土特色和地域民族特点，加大传统村落民居和历史文化名村名镇保护力度，弘扬传统农耕文化，提升田园风光品质。

乡村是中国文明之根、传统文化传承的载体。用生态文明理念主导乡村建筑的保护和发展，是实现乡村振兴的重要内容，乡村建筑风貌要走出一条既回归乡村发展规律又体现与时俱进的时代特征之路。中国传统村落的选址规划自古以“风水”为前提，实际上就是考虑当地的地质、地貌、水文、日照、风向、气候、资源、景观等方面的因素，传统文化中的宇宙观、自然观和审美观也体现在规划当中，改造乡村建筑风貌必须从传统文化汲取营养；在改造建筑风貌中，要遵循生活优先的原则，必须尽可能满足当地人生活需要，火爆一时后门庭冷落的旅游式开发为现行的保护模式敲响了警钟；建筑风貌要凸显村落特色，避免千村一面、万村雷同的现象，要依据当地的自然、文化传统、产业特点，打造传统村落的个性；保护好传统村落的格局、风貌等整体空间形态与环境，对具有地域特色的村庄，重点挖掘其地域特征和传统文化习俗。

广东省人民政府印发的《关于全面推进农房管控和乡村风貌提升的指导意见》提出，要重点清理整治破旧泥砖房、削坡建房、危房和违法建筑，推进基础环境整治、绿化美化和农房立面改造等。推进存量农房微改造和新建农房风貌塑造。对于存量农房，结构完整、风貌和谐、质量良好、合法合规的保持现状，严重危及安全、无纪念价值的要清拆整治，年代较新、风格不协调的可进行立面完善等局部改造；对年代久远、局部破损、有地方特色和使用价值的泥砖房、青砖房可加固修缮、活化利用。鼓励有条件的地区整村推进农房外立面改造，但不得过度装饰和大拆大建。新建农房要依据村庄总体风貌定位，区分村民住房和农业生产用房，既要采用乡土材料、乡土工艺，融合岭南传统历史文化元素，又要合理运用现代加固材料、木结构等建材，因地制宜推广现代建造方式。支持和培育传统建筑物件生产企业，保护传承传统建筑工艺和产业。对可利用的废弃传统建筑材料应回收利用。①

（5）美化村庄环境

美化村庄环境是乡村振兴的重要内容。环境“脏、乱、差”问题一直困扰着村庄的发展，也严重影响人民群众对美好生活的追求。

《农村人居环境整治三年行动方案》提出，加快推进通村组道路、入户道路建设，基本解决村内道路泥泞、村民出行不便等问题。充分利用本地资源，因地制宜选择路面材料，整治公共空间和庭院环境，消除私搭乱建、乱堆乱放，推进村庄绿化，充分利用闲置土地组织开展植树造林、湿地恢复等活动，建设绿色生态村庄，完善村庄公共照明设施。深入开展城乡环境卫生整洁行动，推进卫生县城、卫生乡镇等卫生创建工作。

在美化村庄的过程中，一方面推进生活垃圾治理，开展厕所粪污治理，推进农村生活污水治理，另一方面统筹兼顾农村田园风貌保护和环

---

① 《广东省人民政府关于全面推进农房管控和乡村风貌提升的指导意见》，广东省人民政府网，2020年8月9日。http：//www.gd.gov.cn/zwgk/wjk/qbwj/yf/content/post_3061450.html.

境整治，注重乡土味道，强化地域文化元素符号，综合提升田水路林村风貌，慎砍树、禁挖山、不填湖、少拆房，保护乡情美景，促进人与自然和谐共生、村庄形态与自然环境相得益彰，看得见青山、望得见绿水、留得住乡愁。

3. 加强乡村生态保护与修复

要实现乡村振兴，必须加强乡村生态保护与修复，这也是乡村生态文明建设的必然要求。《乡村振兴战略规划（2018—2022年）》提出，大力实施乡村生态保护与修复重大工程，完善重要生态系统保护制度，促进乡村生产生活环境稳步改善，自然生态系统功能和稳定性全面提升，生态产品供给能力进一步增强。①

实施重要生态系统保护和修复重大工程 统筹山水林田湖草系统治理，优化生态安全屏障体系。大力实施大规模国土绿化行动，全面建设三北、长江等重点防护林体系，扩大退耕还林还草，巩固退耕还林还草成果，推动森林质量精准提升，加强有害生物防治。稳定扩大退牧还草实施范围，继续推进草原防灾减灾、鼠虫草害防治、严重退化沙化草原治理等工程。保护和恢复乡村河湖、湿地生态系统，积极开展农村水生态修复，连通河湖水系，恢复河塘行蓄能力，推进退田还湖还湿、退圩退垸还湖。大力推进荒漠化、石漠化、水土流失综合治理，实施生态清洁小流域建设，推进绿色小水电改造。加快国土综合整治，实施农村土地综合整治重大行动，推进农用地和低效建设用地整理以及历史遗留损毁土地复垦。加强矿产资源开发集中地区特别是重有色金属矿区地质环境和生态修复，以及损毁山体、矿山废弃地修复。加快近岸海域综合治理，实施蓝色海湾整治行动和自然岸线修复。实施生物多样性保护重大

---

① 《中共中央 国务院印发〈乡村振兴战略规划（2018—2022年）〉》，中国政府网，2018年9月26日。http：//www.gov.cn/zhengce/2018-09/26/content_5325534.htm.

工程，提升各类重要保护地保护管理能力。加强野生动植物保护，强化外来入侵物种风险评估、监测预警与综合防控。开展重大生态修复工程气象保障服务，探索实施生态修复型人工增雨工程。

健全重要生态系统保护制度 完善天然林和公益林保护制度，进一步细化各类森林和林地的管控措施或经营制度。完善草原生态监管和定期调查制度，严格实施草原禁牧和草畜平衡制度，全面落实草原经营者生态保护主体责任。完善荒漠生态保护制度，加强沙区天然植被和绿洲保护。全面推行河长制湖长制，鼓励将河长湖长体系延伸至村一级。推进河湖饮用水水源保护区划定和立界工作，加强对水源涵养区、蓄洪滞涝区、滨河滨湖带的保护。严格落实自然保护区、风景名胜区、地质遗迹等各类保护地保护制度，支持有条件的地方结合国家公园体制试点，探索对居住在核心区域的农牧民实施生态搬迁试点。

健全生态保护补偿机制 加大重点生态功能区转移支付力度，建立省以下生态保护补偿资金投入机制。完善重点领域生态保护补偿机制，鼓励地方因地制宜探索通过赎买、租赁、置换、协议、混合所有制等方式加强重点区位森林保护，落实草原生态保护补助奖励政策，建立长江流域重点水域禁捕补偿制度，鼓励各地建立流域上下游等横向补偿机制。推动市场化多元化生态补偿，建立健全用水权、排污权、碳排放权交易制度，形成森林、草原、湿地等生态修复工程参与碳汇交易的有效途径，探索实物补偿、服务补偿、设施补偿、对口支援、干部支持、共建园区、飞地经济等方式，提高补偿的针对性。

发挥自然资源多重效益 大力发展生态旅游、生态种养等产业，打造乡村生态产业链。进一步盘活森林、草原、湿地等自然资源，允许集体经济组织灵活利用现有生产服务设施用地开展相关经营活动。鼓励各类社会主体参与生态保护修复，对集中连片开展生态修复达到一定规模的经营主体，允许其在符合土地管理法律法规和土地利用总体规划、依法办理建设用地审批手续、坚持节约集约用地的前提下，利用1%～3%治理面积从事旅游、康养、体育、设施农业等产业开发。深化集体林权制度改革，全面开展森林经营方案编制工作，扩大商品林经营自主权，鼓励多种形式的适度规模经营，支持开展林权收储担保服务。完善生态资源管护机制，设立生态管护员工作岗位，鼓励当地群众参与生态管护和管理服务。进一步健全自然资源有偿使用制度，研究探索生态资源价值评估方法并开展试点。

二、加快农业农村现代化、绿色化

改革开放给我国农业农村注入了巨大活力，在国家重农强农政策的引导下，农业农村得到了蓬勃发展。但这种发展很大程度上还属于粗放式发展，要实现乡村振兴，必须提高“三农”发展水平和质量，大力发展生态农业，加快农业农村绿色发展的步伐。

1. 夯实农业生产能力基础

农业农村的绿色发展，离不开强大的农业生产能力基础。《乡村振兴战略规划（2018—2022年）》提出，深入实施藏粮于地、藏粮于技战略，提高农业综合生产能力，保障国家粮食安全和重要农产品有效供给，把中国人的饭碗牢牢端在自己手中。①

健全粮食安全保障机制 持续巩固和提升粮食生产能力，科学确定储备规模，强化中央储备粮监督管理，鼓励加工流通企业、新型经营主体开展自主储粮和经营，全面落实粮食安全省长责任制，强化粮食质量安全保障，构建安全高效、一体化运作的粮食物流网络。

---

① 《中共中央 国务院印发〈乡村振兴战略规划（2018—2022年）〉》，中国政府网，2018年9月26日。http：//www.gov.cn/zhengce/2018－09/26/content_5325534.htm.

加强耕地保护和建设 严守耕地红线，全面落实永久基本农田特殊保护制度，大规模推进高标准农田建设，加快将粮食生产功能区和重要农产品生产保护区细化落实到具体地块，加强农田水利基础设施建设，实施耕地质量保护和提升行动。

提升农业装备和信息化水平 推进农机装备和农业机械化转型升级，促进农机农艺融合，加强农业信息化建设，大力发展数字农业，实施智慧农业工程和“互联网＋”现代农业行动，提高农业精准化水平，发展智慧气象。

2021 年 1 月，中共中央、国务院印发的《关于全面推进乡村振兴加快农业农村现代化的意见》提出，要提升粮食和重要农产品供给保障能力，打好种业翻身仗，坚决守住 18 亿亩耕地红线。

2. 加快农业转型升级

推动农业由增产导向转向提质导向，提高农业供给体系的整体质量和效率，加快实现由农业大国向农业强国转变，这是乡村振兴的必然要求，也是《乡村振兴战略规划（2018—2022 年）》中强调的重要内容。①

优化农业生产力布局 以全国主体功能区划确定的农产品主产区为主体，立足各地农业资源禀赋和比较优势，构建优势区域布局和专业化生产格局，打造农业优化发展区和农业现代化先行区。东北地区重点提升粮食生产能力，华北地区着力稳定粮油和蔬菜、畜产品生产保障能力，长江中下游地区切实稳定粮油生产能力，华南地区加快发展现代畜禽水产和特色园艺产品，西北、西南地区和北方农牧交错区加快调整产品结构，青海、西藏等生态脆弱区域发展高原特色农牧业。

推进农业结构调整 加快发展粮经饲统筹、种养加一体、农牧渔结

---

① 《中共中央 国务院印发〈乡村振兴战略规划（2018—2022 年）〉》，中国政府网，2018 年 9 月 26 日。http：//www.gov.cn/zhengce/2018－09/26/content_5325534.htm.

合的现代农业，促进农业结构不断优化升级，统筹调整种植业生产结构，大力发展优质饲料牧草，推进畜牧业区域布局调整，优化畜牧业生产结构，加强渔港经济区建设，推进渔港渔区振兴，合理确定内陆水域养殖规模。

壮大特色优势产业 有序开发优势特色资源做大做强优势特色产业，创建特色鲜明、优势集聚、市场竞争力强的特色农产品优势区，形成特色农业产业集群，建立生产精细化管理与产品品质控制体系，实施产业兴村强县行动，打造一乡一业、一村一品的发展格局。

保障农产品质量安全 实施食品安全战略，完善农兽药残留限量标准体系，建立健全农产品质量安全风险评估、监测预警和应急处置机制，实施动植物保护能力提升工程，完善农产品认证体系和农产品质量安全监管追溯系统，落实生产经营者主体责任，建立农资和农产品生产企业信用信息系统。

培育提升农业品牌 实施农业品牌提升行动，推进区域农产品公共品牌建设，做好品牌宣传推介，加强农产品商标及地理标志商标的注册和保护，构建我国农产品品牌保护体系，建立区域公用品牌的授权使用机制以及品牌危机预警、风险规避和紧急事件应对机制。

构建农业对外开放新格局 建立健全农产品贸易政策体系，实施特色优势农产品出口提升行动，积极参与全球粮农治理，加强与"一带一路"沿线国家合作，建立农业对外合作公共信息服务平台和信用评价体系，放宽农业外资准入。

3. 建立现代农业经营体系

实施乡村振兴战略，必须加快农业农村绿色发展的步伐，要构建现代农业经营体系，加快推进农业农村现代化和生态化。《乡村振兴战略规划（2018—2022 年）》提出，坚持家庭经营在农业中的基础性地位，构建新型农业经营体系，发展多种形式适度规模经营，发展壮大农村集体经济，提高农业的集约化、专业化、组织化、社会化水平。①

巩固和完善农村基本经营制度 落实农村土地承包关系稳定并长久不变政策，全面完成土地承包经营权确权登记颁证工作，建立农村产权交易平台，加强农用地用途管制，完善集体林权制度，发展壮大农垦国有农业经济。

壮大新型农业经营主体 实施新型农业经营主体培育工程，培育发展家庭农场，提升农民专业合作社规范化水平，建立现代企业制度，鼓励工商资本到农村投资适合产业化、规模化经营的农业项目，加快建立新型经营主体支持政策体系和信用评价体系。

发展新型农村集体经济 深入推进农村集体产权制度改革，发展多种形式的股份合作，完善农民对集体资产股份的占有、收益、有偿退出及抵押、担保、继承等权能和管理办法，研究制定农村集体经济组织法，鼓励经济实力强的农村集体组织辐射带动周边村庄共同发展，发挥村党组织对集体经济组织的领导核心作用。

促进小农户生产和现代农业发展有机衔接 改善小农户生产设施条件，发展多样化的联合与合作，鼓励新型经营主体与小农户建立契约型、股权型利益联结机制，健全农业社会化服务体系，加强工商企业租赁农户承包地的用途监管和风险防范。

2021年1月，中共中央、国务院印发的《关于全面推进乡村振兴加快农业农村现代化的意见》提出，推进现代农业经营体系建设。突出抓好家庭农场和农民合作社两类经营主体，鼓励发展多种形式适度规模经营。实施家庭农场培育计划，把农业规模经营户培育成有活力的家庭

① 《中共中央 国务院印发〈乡村振兴战略规划（2018—2022年）〉》，中国政府网，2018年9月26日。http://www.gov.cn/zhengce/2018-09/26/content_5325534.htm.

农场。推进农民合作社质量提升，加大对运行规范的农民合作社扶持力度。发展壮大农业专业化社会化服务组织，将先进适用的品种、投入品、技术、装备导入小农户。支持市场主体建设区域性农业全产业链综合服务中心。支持农业产业化龙头企业创新发展、做大做强。深化供销合作社综合改革，开展生产、供销、信用“三位一体”综合合作试点，健全服务农民生产生活综合平台。培育高素质农民，组织参加技能评价、学历教育，设立专门面向农民的技能大赛。吸引城市各方面人才到农村创业创新，参与乡村振兴和现代农业建设。①

4. 完善农业支持保护制度

农业支持保护制度是农业政策的核心内容，也是加快农业农村绿色发展的必然要求。要继续深化改革，逐步建立和完善农业支持保护制度。《乡村振兴战略规划（2018—2022 年）》提出，以提升农业质量效益和竞争力为目标，强化绿色生态导向，创新完善政策工具和手段，加快建立新型农业支持保护政策体系。②

加大支农投入力度 建立健全国家农业投入增长机制，实施一批打基础、管长远、影响全局的重大工程，建立以绿色生态为导向的农业补贴制度，落实和完善对农民直接补贴制度，完善粮食主产区利益补偿机制，继续支持粮改饲、粮豆轮作和畜禽水产标准化健康养殖，改革完善渔业油价补贴政策，完善农机购置补贴政策。

深化重要农产品收储制度改革 深化玉米收储制度改革，合理制定大豆补贴政策，完善稻谷、小麦最低收购价政策，深化国有粮食企业改革，深化棉花目标价格改革，研究完善食糖（糖料）、油料支持政策，

① 《中共中央 国务院关于全面推进乡村振兴加快农业农村现代化的意见》，中国政府网，2021 年 2 月 21 日。http：//www.gov.cn/zhengce/2021—02/21/content _ 5588098.htm.

② 《中共中央 国务院印发〈乡村振兴战略规划（2018—2022 年）〉》，中国政府网，2018 年 9 月 26 日。http：//www.gov.cn/zhengce/2018—09/26/content _ 5325534.htm.

促进价格合理形成。

提高农业风险保障能力　完善农业保险政策体系，积极开发适应新型农业经营主体需求的保险品种，健全农业保险大灾风险分散机制，发展农产品期权期货市场，健全国门生物安全查验机制，完善农业风险管理和预警体系。

5. 推动农村产业深度融合

为了有效提升优质农产品供给能力，不断增强农业综合效益和市场竞争力，必须进一步优化农业产业结构，加快形成农业与二三产业交叉融合的现代产业体系。《乡村振兴战略规划（2018—2022年）》提出，培育农业农村新产业新业态，打造农村产业融合发展新载体新模式，推动要素跨界配置和产业有机融合。[①]

发掘新功能新价值　深入发掘农业农村的生态涵养、休闲观光、文化体验、健康养老等多种功能和多重价值，增加乡村生态产品和服务供给，实施农产品加工业提升行动，实现农产品多层次、多环节转化增值。

培育新产业新业态　深入实施电子商务进农村综合示范，研发绿色智能农产品供应链核心技术，加快培育农业现代供应链主体，加强农商互联，密切产销衔接，发展农超、农社、农企、农校等产销对接的新型流通业态，实施休闲农业和乡村旅游精品工程，发展乡村共享经济等新业态，构建全程覆盖、区域集成、配套完备的新型农业社会化服务体系，清理规范制约农业农村新产业新业态发展的行政审批事项，优化农村消费环境。

打造新载体新模式　依托现代农业产业园、农业科技园区、农产品

---

① 《中共中央　国务院印发〈乡村振兴战略规划（2018—2022年）〉》，中国政府网，2018年9月26日。http：//www.gov.cn/zhengce/2018－09/26/content_5325534.htm.

加工园、农村产业融合发展示范园等，打造农村产业融合发展的平台载体，加快培育农商产业联盟、农业产业化联合体等新型产业链主体，推进农业循环经济试点示范和田园综合体试点建设，推动农村产业发展与新型城镇化相结合。

2021年1月，中共中央、国务院印发的《关于全面推进乡村振兴加快农业农村现代化的意见》提出，构建现代乡村产业体系。依托乡村特色优势资源，打造农业全产业链，把产业链主体留在县城，让农民更多分享产业增值收益。加快健全现代农业全产业链标准体系，推动新型农业经营主体按标生产，培育农业龙头企业标准“领跑者”。立足县域布局特色农产品产地初加工和精深加工，建设现代农业产业园、农业产业强镇、优势特色产业集群。推进公益性农产品市场和农产品流通骨干网络建设。开发休闲农业和乡村旅游精品线路，完善配套设施。推进农村一、二、三产业融合发展示范园和科技示范园区建设。把农业现代化示范区作为推进农业现代化的重要抓手，围绕提高农业产业体系、生产体系、经营体系现代化水平，建立指标体系，加强资源整合、政策集成，以县（市、区）为单位开展创建，到2025年创建500个左右示范区，形成梯次推进农业现代化的格局。创建现代林业产业示范区。组织开展“万企兴万村”行动。稳步推进反映全产业链价值的农业及相关产业统计核算。①

6. 完善紧密型利益联结机制

完善利益联结机制是增加农民收益的制度保障，是推动农业产业化、绿色化发展的动力，是实现乡村产业振兴的必然要求。《乡村振兴战略规划（2018—2022年）》提出，增强农民参与融合能力，创新收益

① 《中共中央　国务院关于全面推进乡村振兴加快农业农村现代化的意见》，中国政府网，2021年2月21日。http：//www.gov.cn/zhengce/2021—02/21/content _ 5588098.htm.

分享模式，健全联农带农有效激励机制，让农民更多分享产业融合发展的增值收益。[①]

提高农民参与程度　鼓励农民以土地、林权、资金、劳动、技术、产品为纽带，开展多种形式的合作与联合，引导农村集体经济组织依法通过股份制、合作制、股份合作制、租赁等形式，积极参与产业融合发展，积极培育社会化服务组织，为农民参与产业融合创造良好条件。

创新收益分享模式　推广“订单收购＋分红”“土地流转＋优先雇用＋社会保障”“农民入股＋保底收益＋按股分红”等多种利益联结方式，鼓励行业协会或龙头企业与合作社、家庭农场、普通农户等组织共同营销，鼓励农业产业化龙头企业通过设立风险资金、为农户提供信贷担保、领办或参办农民合作组织等多种形式与农民建立稳定的订单和契约关系，完善涉农股份合作制企业利润分配机制，明确资本参与利润分配比例上限。

强化政策扶持引导　更好发挥政府扶持资金作用，以土地、林权为基础的各种形式合作，凡是享受财政投入或政策支持的承包经营者均应成为股东方，鼓励将符合条件的财政资金特别是扶贫资金量化到农村集体经济组织和农户后，以自愿入股方式投入新型农业经营主体，对农户土地经营权入股部分采取特殊保护，探索实行农民负盈不负亏的分配机制。

7. 激发农村创新创业活力

农村创新创业活力是农村经济社会发展的新动力，激发农村创新创业活力是扩大农村就业、实现农民富裕的根本之道。《乡村振兴战略规划（2018—2022年）》提出，坚持市场化方向，优化农村创新创业环

① 《中共中央　国务院印发〈乡村振兴战略规划（2018—2022年）〉》，中国政府网，2018年9月26日。http：//www.gov.cn/zhengce/2018－09/26/content _ 5325534.htm.

境，放开搞活农村经济，合理引导工商资本下乡，推动乡村大众创业万众创新，培育新动能。[①]

培育壮大创新创业群体 推进产学研合作使农村创新创业群体更加多元，培育以企业为主导的农业产业技术创新战略联盟，整合资源推动政策、技术、资本等各类要素向农村创新创业集聚，鼓励农民就地创业、返乡创业，深入推行科技特派员制度。

完善创新创业服务体系 发展多种形式的创新创业支撑服务平台，建立农村创新创业园区（基地），鼓励有条件的县级政府设立"绿色通道"，建设一批众创空间、"星创天地"，充分发挥基层就业和社会保障服务平台的作用。

建立创新创业激励机制 加快将现有支持"双创"相关财政政策措施向返乡下乡人员创新创业拓展，适当放宽返乡创业园用电用水用地标准，年度新增建设用地计划指标要确定一定比例用于支持农村新产业新业态发展，落实好减税降费政策。

8. 加快农业农村现代化

2021年1月，中共中央、国务院印发的《关于全面推进乡村振兴加快农业农村现代化的意见》提出，要坚持把解决好"三农"问题作为全党工作的重中之重，把全面推进乡村振兴作为实现中华民族伟大复兴的一项重大任务，举全党全社会之力加快农业农村现代化，让广大农民过上更加美好的生活。[②]

通过设立衔接过渡期、持续巩固拓展脱贫攻坚成果、接续推进脱贫地区乡村振兴、加强农村低收入人口常态化帮扶，实现巩固拓展脱贫攻

---

① 《中共中央 国务院印发〈乡村振兴战略规划（2018—2022年）〉》，中国政府网，2018年9月26日。http://www.gov.cn/zhengce/2018-09/26/content_5325534.htm.

② 《中共中央 国务院关于全面推进乡村振兴加快农业农村现代化的意见》，中国政府网，2021年2月21日。http://www.gov.cn/zhengce/2021-02/21/content_5588098.htm.

坚成果同乡村振兴有效衔接；通过提升粮食和重要农产品供给保障能力、打好种业翻身仗、坚决守住18亿亩耕地红线、强化现代农业科技和物质装备支撑、构建现代乡村产业体系、推进农业绿色发展、推进现代农业经营体系建设，加快推进农业现代化；通过加快推进村庄规划工作、加强乡村公共基础设施建设、实施农村人居环境整治提升五年行动、提升农村基本公共服务水平、全面促进农村消费、加快县域内城乡融合发展、强化农业农村优先发展投入保障、深入推进农村改革，大力实施乡村建设行动；通过强化五级书记抓乡村振兴的工作机制、加强党委农村工作领导小组和工作机构建设、加强党的农村基层组织建设和乡村治理、加强新时代农村精神文明建设、健全乡村振兴考核落实机制，加强党对“三农”工作的全面领导。

2021年，农业供给侧结构性改革深入推进，粮食播种面积保持稳定、产量达到1.3万亿斤以上，生猪产业平稳发展，农产品质量和食品安全水平进一步提高，农民收入增长继续快于城镇居民，脱贫攻坚成果持续巩固。农业农村现代化规划启动实施，脱贫攻坚政策体系和工作机制同乡村振兴有效衔接、平稳过渡，乡村建设行动全面启动，农村人居环境整治提升，农村改革重点任务深入推进，农村社会保持和谐稳定。

到2025年，农业农村现代化取得重要进展，农业基础设施现代化迈上新台阶，农村生活设施便利化初步实现，城乡基本公共服务均等化水平明显提高。农业基础更加稳固，粮食和重要农产品供应保障更加有力，农业生产结构和区域布局明显优化，农业质量效益和竞争力明显提升，现代乡村产业体系基本形成，有条件的地区率先基本实现农业现代化。脱贫攻坚成果巩固拓展，城乡居民收入差距持续缩小。农村生产生活方式绿色转型取得积极进展，化肥农药使用量持续减少，农村生态环境得到明显改善。乡村建设行动取得明显成效，乡村面貌发生显著变化，乡村发展活力充分激发，乡村文明程度得到新提升，农村发展安全保障更加有力，农民获得感、幸福感、安全感明显提高。

三、健全现代乡村治理体系

建立健全党委领导、政府负责、社会协同、公众参与、法治保障的现代乡村社会治理体制，打造充满活力、和谐有序的善治乡村，重新定位城乡的生态位，更好激发农村内部发展活力、优化农村外部发展环境，是时代发展对乡村振兴提出的要求。

1. 加强农村基层党组织对乡村振兴的全面领导

坚持党的领导、人民当家作主、依法治国有机统一，是社会主义政治发展的必然要求。《乡村振兴战略规划（2018—2022 年）》提出，以农村基层党组织建设为主线，把农村基层党组织建成宣传党的主张、贯彻党的决定、领导基层治理、团结动员群众、推动改革发展的坚强战斗堡垒。[①]

健全以党组织为核心的组织体系 坚持农村基层党组织领导核心地位，在以建制村为基本单元设置党组织的基础上创新党组织设置，推动农村基层党组织和党员在脱贫攻坚和乡村振兴中提高威信、提升影响，加强农村新型经济组织和社会组织的党建工作。

加强农村基层党组织带头人队伍建设 实施村党组织带头人整体优化提升行动，对村党组织书记集中调整优化，健全从优秀村党组织书记中选拔乡镇领导干部、考录乡镇公务员、招聘乡镇事业编制人员机制，储备一定数量的村级后备干部，全面向贫困村、软弱涣散村和集体经济薄弱村党组织派出第一书记。

① 《中共中央　国务院印发〈乡村振兴战略规划（2018—2022 年）〉》，中国政府网，2018 年 9 月 26 日。http：//www. gov. cn/zhengce/2018－09/26/content _ 5325534. htm.

加强农村党员队伍建设 加强农村党员教育、管理、监督，严格党的组织生活，加强农村流动党员管理，注重发挥无职党员作用，扩大党内基层民主，加强党内激励关怀帮扶，稳妥有序开展不合格党员组织处置工作，加大发展党员力度。

强化农村基层党组织建设责任与保障 推动全面从严治党向纵深发展、向基层延伸，加强基本组织、基本队伍、基本制度、基本活动、基本保障建设，加强农村基层党风廉政建设，充分发挥纪检监察机关在督促相关职能部门抓好中央政策落实方面的作用，严厉整治腐败问题，全面执行以财政投入为主的稳定的村级组织运转经费保障政策，关心关爱农村基层干部，重视发现和树立优秀农村基层干部典型。

2021 年 1 月，中共中央、国务院印发的《关于全面推进乡村振兴加快农业农村现代化的意见》提出，要加强党对“三农”工作的全面领导，强化五级书记抓乡村振兴的工作机制，加强党委农村工作领导小组和工作机构建设，加强党的农村基层组织建设和乡村治理。①

2. 促进自治法治德治有机结合

全面推进村民自治是《宪法》和《村民委员会组织法》的明确规定，依法治理乡村是建设法治国家的基础，弘扬优秀的道德规范是建设和谐社会的文化基础。《乡村振兴战略规划（2018—2022 年）》提出，坚持自治为基、法治为本、德治为先，健全和创新村党组织领导的充满活力的村民自治机制，强化法律权威地位，以德治滋养法治、涵养自治，让德治贯穿乡村治理全过程。②

深化村民自治实践 加强农村群众性自治组织建设，完善农村民主

---

① 《中共中央 国务院关于全面推进乡村振兴加快农业农村现代化的意见》，中国政府网，2021 年 2 月 21 日。http：//www.gov.cn/zhengce/2021－02/21/content_5588098.htm.

② 《中共中央 国务院印发〈乡村振兴战略规划（2018—2022 年）〉》，中国政府网，2018 年 9 月 26 日。http：//www.gov.cn/zhengce/2018－09/26/content_5325534.htm.

制度，规范农村自治组织选举办法，形成民事民议、民事民办、民事民管的多层次基层协商格局，完善议事决策主体和程序，落实群众知情权和决策权，全面建立健全村务监督委员会，充分发挥自治章程、村规民约的功能，继续开展村民自治试点工作，加强基层纪委监委对村民委员会的联系和指导。

推进乡村法治建设 深入开展"法律进乡村"宣传教育活动，增强基层干部法治观念、法治为民意识，维护村民委员会、农村集体经济组织、农村合作经济组织的特别法人地位和权利，深入推进综合行政执法改革向基层延伸，加强乡村人民调解组织建设，健全农村公共法律服务体系，深入开展法治县（市、区）、民主法治示范村等法治创建活动。

提升乡村德治水平 强化道德教化作用，积极发挥新乡贤作用，深入推进移风易俗，抵制封建迷信活动，深化农村殡葬改革。

建设平安乡村 健全农村社会治安防控体系，深入开展扫黑除恶专项斗争，依法加大对农村非法宗教、邪教活动打击力度，严防境外渗透，完善县乡村三级综治中心功能和运行机制，健全农村公共安全体系，加强农村警务、消防、安全生产工作，健全矛盾纠纷多元化解机制，落实乡镇政府农村道路交通安全监督管理责任，推动基层服务和管理精细化精准化，推进农村"雪亮工程"建设。

3. 夯实基层政权

基层政权是国家政权的重要组成部分，基层政权建设是国家治理体系和治理能力现代化的重要环节，是改革发展稳定的有利保证。《乡村振兴战略规划（2018—2022年）》提出，科学设置乡镇机构，构建简约高效的基层管理体制，健全农村基层服务体系，夯实乡村治理基础。①

---

① 《中共中央 国务院印发〈乡村振兴战略规划（2018—2022年）〉》，中国政府网，2018年9月26日。http：//www.gov.cn/zhengce/2018－09/26/content_5325534.htm.

加强基层政权建设　面向服务人民群众合理设置基层政权机构、调配人力资源，整合基层审批、服务、执法等方面力量实行扁平化和网格化管理，尽可能把资源、服务、管理下放到基层，加强乡镇领导班子建设，加大从优秀选调生、乡镇事业编制人员、优秀村干部、大学生村官中选拔乡镇领导班子成员力度，加强边境地区、民族地区农村基层政权建设相关工作。

创新基层管理体制机制　明确县乡财政事权和支出责任划分，推进乡镇协商制度化、规范化建设，推进公共事业部门改革，推动乡镇政务服务事项一窗式办理、部门信息系统一平台整合、社会服务管理大数据一口径汇集，健全监督体系、规范乡镇管理行为，改革创新考评体系，严格控制对乡镇设立不切实际的“一票否决”事项。

健全农村基层服务体系　制定基层政府在村（农村社区）治理方面的权责清单，打造“一门式办理”“一站式服务”的综合服务平台，在村庄普遍建立网上服务站点，培育农村社会组织，发展农村社会工作和志愿服务，开展农村基层减负工作。

4. 加快农业转移人口市民化

一部分农民家虽然在农村，但进入城镇长期从事城镇非农产业，已在各方面融入城镇生活。近年来，国家也一直强调推进农业转移人口市民化的重要性。《乡村振兴战略规划（2018—2022年）》提出，加快推进户籍制度改革，全面实行居住证制度，促进有能力在城镇稳定就业和生活的农业转移人口有序实现市民化。①

健全落户制度　鼓励各地进一步放宽落户条件，区分区域分类制定落户政策，全面实行居住证制度，推进居住证制度覆盖全部未落户城镇

① 《中共中央　国务院印发〈乡村振兴战略规划（2018—2022年）〉》，中国政府网，2018年9月26日。http：//www.gov.cn/zhengce/2018－09/26/content_5325534.htm.

常住人口。

保障享有权益 不断扩大城镇基本公共服务覆盖面，通过多种方式增加学位供给，完善就业失业登记管理制度，将农业转移人口纳入社区卫生和计划生育服务体系，把进城落户农民完全纳入城镇社会保障体系和城镇住房保障体系。

完善激励机制 维护进城落户农民的土地承包权、宅基地使用权、集体收益分配权，加快户籍变动与农村“三权”脱钩，落实支持农业转移人口市民化财政政策。

5. 强化乡村振兴人才支撑

人才是实现乡村振兴最重要的元素，把乡村人力资本开发放到首要位置，才能强化乡村振兴人才支撑。《乡村振兴战略规划（2018—2022年）》提出，实行更加积极、更加开放、更加有效的人才政策，让各类人才在乡村大施所能、大展才华、大显身手。①

培育新型职业农民 全面建立职业农民制度，实施新型职业农民培育工程，创新培训组织形式，鼓励各地开展职业农民职称评定试点，引导符合条件的新型职业农民参加城镇社会保障制度。

加强农村专业人才队伍建设 加大“三农”领域实用专业人才培育力度，加强农技推广人才队伍建设，加强涉农院校和学科专业建设，深化农业系列职称制度改革。

鼓励社会人才投身乡村建设 建立健全激励机制，研究制定完善相关政策措施和管理办法，引导和支持企业家、党政干部、专业技术人员等服务乡村振兴事业，引导工商资本积极投入乡村振兴事业，继续实施“三区”（边远贫困地区、边疆民族地区和革命老区）人才支持计划，建

① 《中共中央 国务院印发〈乡村振兴战略规划（2018—2022年）〉》，中国政府网，2018年9月26日。http://www.gov.cn/zhengce/2018—09/26/content_5325534.htm.

立城乡、区域、校地之间人才培养合作与交流机制，全面建立城市医生教师、科技文化人员等定期服务乡村机制。

2021年2月，中共中央、国务院印发的《关于加快推进乡村人才振兴的意见》提出，通过培养高素质农民队伍、突出抓好家庭农场经营者与农民合作社带头人培育，加快培养农业生产经营人才；通过培育农村创业创新带头人、加强农村电商人才培育、培育乡村工匠、打造农民工劳务输出品牌，加快培养农村二、三产业发展人才；通过加强乡村教师队伍建设、加强乡村卫生健康人才队伍建设、加强乡村文化旅游体育人才队伍建设、加强乡村规划建设人才队伍建设，加快培养乡村公共服务人才；通过加强乡镇党政人才队伍建设、推动村党组织带头人队伍整体优化提升、实施“一村一名大学生”培育计划、加强农村社会工作人才队伍建设、加强农村经营管理人才队伍建设、加强农村法律人才队伍建设，加快培养乡村治理人才；通过培养农业农村高科技领军人才、培养农业农村科技创新人才、培养农业农村科技推广人才、发展壮大科技特派员队伍，加快培养农业农村科技人才；通过完善高等教育人才培养体系、加快发展面向农村的职业教育、依托各级党校（行政学院）培养基层党组织干部队伍、充分发挥农业广播电视学校等培训机构的作用、支持企业参与乡村人才培养，充分发挥各类主体在乡村人才培养中的作用；通过健全农村工作干部培养锻炼制度、完善乡村人才培养制度、建立各类人才定期服务乡村制度、健全鼓励人才向艰苦地区和基层一线流动激励制度、建立县域专业人才统筹使用制度、完善乡村高技能人才职业技能等级制度、建立健全乡村人才分级分类评价体系、提高乡村人才服务保障能力，建立健全乡村人才振兴体制机制。到2025年，乡村人才振兴制度框架和政策体系基本形成，乡村振兴各领域人才规模不断壮大、素质稳步提升、结构持续优化，各类人才支持服务乡村的格局基本形成，乡村人才初步满足实施乡村振兴战略基本需要。①

6. 保障乡村振兴用地

实施乡村振兴战略，必然带来乡村生产方式和生活方式的改变，设施农业用地、公共设施用地和其他一些用地增加，对用地保障提出了新的要求。《乡村振兴战略规划（2018—2022 年）》提出，完善农村土地利用管理政策体系，盘活存量，用好流量，辅以增量，激活农村土地资源资产，保障乡村振兴用地需求。②

健全农村土地管理制度 总结农村用地制度改革试点经验，加快土地管理法修改，探索具体用地项目公共利益认定机制，完善征地补偿标准，建立健全依法公平取得、节约集约使用、自愿有偿退出的宅基地管理制度，赋予农村集体经营性建设用地出让、租赁、入股权能，建立集体经营性建设用地增值收益分配机制。

完善农村新增用地保障机制 统筹农业农村各项土地利用活动，可安排一定比例新增建设用地指标专项支持农业农村发展，把农业各类生产设施、附属设施和配套设施用地纳入设施农用地管理，鼓励农业生产与村庄建设用地复合利用。

盘活农村存量建设用地 完善农民闲置宅基地和闲置农房政策，调整优化村庄用地布局有效利用农村零星分散的存量建设用地，对利用收储农村闲置建设用地发展农村新产业新业态给予新增建设用地指标奖励。

7. 健全多元投入保障机制

建立健全实施乡村振兴战略多元投入保障制度，是实现乡村振兴的

---

① 《中共中央办公厅　国务院办公厅印发〈关于加快推进乡村人才振兴的意见〉》，中国政府网，2021 年 2 月 23 日。http：//www. gov. cn/zhengce/2021－02/23/content _ 5588496. htm.

② 《中共中央　国务院印发〈乡村振兴战略规划（2018—2022 年）〉》，中国政府网，2018 年 9 月 26 日。http：//www. gov. cn/zhengce/2018－09/26/content _ 5325534. htm.

有力保证。《乡村振兴战略规划（2018—2022年）》提出，健全投入保障制度，完善政府投资体制，充分激发社会投资的动力和活力，加快形成财政优先保障、社会积极参与的多元投入格局。[①]

继续坚持财政优先保障 建立健全实施乡村振兴战略财政投入保障制度，公共财政更大力度向“三农”倾斜，规范地方政府举债融资行为，加大政府投资对农业绿色生产、可持续发展、农村人居环境、基本公共服务等重点领域和薄弱环节的支持力度，加快建立涉农资金统筹整合长效机制，强化支农资金监督管理。

提高土地出让收益用于农业农村比例 开拓投融资渠道为实施乡村振兴战略提供稳定可靠资金来源，调整完善土地出让收入使用范围所筹集资金用于支持实施乡村振兴战略，建立高标准农田建设等新增耕地指标和城乡建设用地增减挂钩节余指标跨省域调剂机制，将所得收益通过支出预算全部用于巩固脱贫攻坚成果和支持实施乡村振兴战略。

引导和撬动社会资本投向农村 优化乡村营商环境吸引社会资本参与乡村振兴，规范有序盘活农业农村基础设施存量资产，继续深化“放管服”改革鼓励工商资本投入农业农村，鼓励利用外资开展现代农业、产业融合、生态修复、人居环境整治和农村基础设施等建设，鼓励农民对直接受益的乡村基础设施建设投工投劳，让农民更多参与建设管护。

2021年1月，中共中央、国务院印发的《关于全面推进乡村振兴加快农业农村现代化的意见》提出，强化农业农村优先发展投入保障。继续把农业农村作为一般公共预算优先保障领域。中央预算内投资进一

---

① 《中共中央 国务院印发〈乡村振兴战略规划（2018—2022年）〉》，中国政府网，2018年9月26日。http：//www.gov.cn/zhengce/2018－09/26/content_5325534.htm.

步向农业农村倾斜。制定落实提高土地出让收益用于农业农村比例考核办法，确保按规定提高用于农业农村的比例。各地区各部门要进一步完善涉农资金统筹整合长效机制。支持地方政府发行一般债券和专项债券用于现代农业设施建设和乡村建设行动，制定出台操作指引，做好高质量项目储备工作。发挥财政投入引领作用，支持以市场化方式设立乡村振兴基金，撬动金融资本、社会力量参与，重点支持乡村产业发展。[①]

8. 加大金融支农力度

长期以来，我国的农村金融体系未适应农业农村的特点，造成农村融资难、融资贵等问题，不利于推进乡村振兴。《乡村振兴战略规划（2018—2022 年）》提出，健全适合农业农村特点的农村金融体系，把更多金融资源配置到农村经济社会发展的重点领域和薄弱环节，更好满足乡村振兴多样化金融需求。[②]

健全金融支农组织体系　发展乡村普惠金融，形成多样化农村金融服务主体，完善专业化的“三农”金融服务供给机制，完善中国农业银行、中国邮政储蓄银行“三农”金融事业部运营体系，明确国家开发银行、中国农业发展银行在乡村振兴中的职责定位，支持中小型银行优化网点渠道建设下沉服务重心，推动农村信用社省联社改革，完善村镇银行准入条件，引导农民合作金融健康有序发展，鼓励其他金融资源聚焦服务乡村振兴。

创新金融支农产品和服务　加快农村金融产品和服务方式创新，稳妥有序推进农村承包土地经营权、农民住房财产权、集体经营性建设用

① 《中共中央　国务院关于全面推进乡村振兴加快农业农村现代化的意见》，中国政府网，2021 年 2 月 21 日。http：//www. gov. cn/zhengce/2021－02/21/content _ 5588098. htm.

② 《中共中央　国务院印发〈乡村振兴战略规划（2018—2022 年）〉》，中国政府网，2018 年 9 月 26 日。http：//www. gov. cn/zhengce/2018－09/26/content _ 5325534. htm.

地使用权抵押贷款试点，探索县级土地储备公司参与农村承包土地经营权和农民住房财产权“两权”抵押试点工作，探索开发新型信用类金融支农产品和服务，探索利用量化的农村集体资产股权的融资方式，提高直接融资比重，引导持牌金融机构通过互联网和移动终端提供普惠金融服务。

完善金融支农激励政策 继续通过奖励、补贴、税收优惠等政策工具支持“三农”金融服务，将乡村振兴作为信贷政策结构性调整的重要方向，落实县域金融机构涉农贷款增量奖励政策，健全农村金融风险缓释机制，发挥好国家融资担保基金的作用，制定金融机构服务乡村振兴考核评估办法，改进农村金融差异化监管体系，守住不发生系统性金融风险底线，强化地方政府金融风险防范处置责任。

2021 年 1 月，中共中央、国务院印发的《关于全面推进乡村振兴加快农业农村现代化的意见》提出，坚持为农服务宗旨，持续深化农村金融改革。运用支农支小再贷款、再贴现等政策工具，实施最优惠的存款准备金率，加大对机构法人在县域、业务在县域的金融机构的支持力度，推动农村金融机构回归本源。鼓励银行业金融机构建立服务乡村振兴的内设机构。明确地方政府监管和风险处置责任，稳妥规范开展农民合作社内部信用合作试点。保持农村信用合作社等县域农村金融机构法人地位和数量总体稳定，做好监督管理、风险化解、深化改革工作。完善涉农金融机构治理结构和内控机制，强化金融监管部门的监管责任。支持市县构建域内共享的涉农信用信息数据库，用 3 年时间基本建成比较完善的新型农业经营主体信用体系。发展农村数字普惠金融。大力开展农户小额信用贷款、保单质押贷款、农机具和大棚设施抵押贷款业务。鼓励开发专属金融产品支持新型农业经营主体和农村新产业新业态，增加首贷、信用贷。加大对农业农村基础设施投融资的中长期信贷支持。加强对农业信贷担保放大倍数的量化考核，提高农业信贷担保规模。将地方优势特色农产品保险以奖代补的做法逐步扩大到全国。健全农业再保险制度。发挥"保险+期货"在服务乡村产业发展中的作用。[①]

四、繁荣发展乡村文化

繁荣兴盛的乡村文化，对培育文明乡风、良好家风、淳朴民风，改善农民精神风貌，不断提高乡村文明程度，有重要的作用，理解、认同、尊重、热爱和弘扬优秀的乡土文化是实现乡村振兴的前提。

1. 加强农村思想道德建设

加强农村思想道德建设，清除封建残余和改造小农思想，是乡村生态文明建设的一项重要工作。《乡村振兴战略规划（2018—2022年）》提出，持续推进农村精神文明建设，提升农民精神风貌，倡导科学文明生活，不断提高乡村社会文明程度。[②]

践行社会主义核心价值观 大力弘扬民族精神和时代精神，加强爱国主义、集体主义、社会主义教育，深化民族团结进步教育，深入实施时代新人培育工程，把社会主义核心价值观融入法治建设，强化公共政策价值导向。

巩固农村思想文化阵地 有针对性地加强农村群众性思想政治工作，加强对农村社会热点难点问题的应对解读，健全人文关怀和心理疏导机制，深化文明村镇创建活动，深入开展"扫黄打非"进基层，重视发挥社区教育作用，完善文化科技卫生"三下乡"长效机制。

倡导诚信道德规范 深入实施公民道德建设工程，推进诚信建设，

---

① 《中共中央 国务院关于全面推进乡村振兴加快农业农村现代化的意见》，中国政府网，2021年2月21日。http://www.gov.cn/zhengce/2021-02/21/content_5588098.htm.

② 《中共中央 国务院印发〈乡村振兴战略规划（2018—2022年）〉》，中国政府网，2018年9月26日。http://www.gov.cn/zhengce/2018-09/26/content_5325534.htm.

建立健全农村信用体系，弘扬劳动最光荣、劳动者最伟大的观念，弘扬中华孝道，广泛开展各类评选表彰等活动，建立健全先进模范发挥作用的长效机制。

2021年1月，中共中央、国务院印发的《关于全面推进乡村振兴加快农业农村现代化的意见》提出，加强新时代农村精神文明建设。弘扬和践行社会主义核心价值观，以农民群众喜闻乐见的方式，深入开展习近平新时代中国特色社会主义思想学习教育。拓展新时代文明实践中心建设，深化群众性精神文明创建活动。建强用好县级融媒体中心。在乡村深入开展“听党话、感党恩、跟党走”宣讲活动。深入挖掘、继承创新优秀传统乡土文化，把保护传承和开发利用结合起来，赋予中华农耕文明新的时代内涵。持续推进农村移风易俗，推广积分制、道德评议会、红白理事会等做法，加大高价彩礼、人情攀比、厚葬薄养、铺张浪费、封建迷信等不良风气治理，推动形成文明乡风、良好家风、淳朴民风。加大对农村非法宗教活动和境外渗透活动的打击力度，依法制止利用宗教干预农村公共事务。办好中国农民丰收节。①

2. 弘扬中华优秀传统文化

中华文化源远流长，优秀的传统文化是中华文明发展的重要创造力，乡村文化作为传统文化的重要载体，蕴含着优秀传统文化的基因。《乡村振兴战略规划（2018—2022年）》提出，立足乡村文明，吸取城市文明及外来文化优秀成果，在保护传承的基础上，创造性转化、创新性发展，不断赋予时代内涵、丰富表现形式。②

保护利用乡村传统文化 实施农耕文化传承保护工程，保护好文物

① 《中共中央 国务院关于全面推进乡村振兴加快农业农村现代化的意见》，中国政府网，2021年2月21日。http：//www.gov.cn/zhengce/2021－02/21/content_5588098.htm.

② 《中共中央 国务院印发〈乡村振兴战略规划（2018—2022年）〉》，中国政府网，2018年9月26日。http：//www.gov.cn/zhengce/2018－09/26/content_5325534.htm.

古迹、传统村落、民族村寨、传统建筑、农业遗迹、灌溉工程遗产，传承传统建筑文化，支持农村地区优秀戏曲曲艺、少数民族文化、民间文化等传承发展，完善非物质文化遗产保护制度，实施乡村经济社会变迁物证征藏工程。

重塑乡村文化生态 盘活地方和民族特色文化资源，把民族民间文化元素融入乡村建设，重塑诗意闲适的人文环境和田绿草青的居住环境，重现原生田园风光和原本乡情乡愁，引导各类资源投向乡村文化建设，丰富农村文化业态。

发展乡村特色文化产业 建设农耕文化产业展示区，打造特色文化产业乡镇、文化产业特色村和文化产业群，大力推动农村地区实施传统工艺振兴计划，积极开发传统节日文化用品和民间艺术、民俗表演项目，推动文化、旅游与其他产业深度融合、创新发展。

3. 丰富乡村文化生活

丰富多彩的乡村文化生活，可以激发乡村发展的活力，促进乡村社会的稳定，助力乡村振兴。《乡村振兴战略规划（2018—2022年）》提出，推动城乡公共文化服务体系融合发展，增加优秀乡村文化产品和服务供给，活跃繁荣农村文化市场。①

健全公共文化服务体系 健全乡村公共文化服务体系，推动县级图书馆、文化馆总分馆制，完善农村新闻出版广播电视公共服务覆盖体系，继续实施公共数字文化工程，完善乡村公共体育服务体系，推动村健身设施全覆盖。

增加公共文化产品和服务供给 推进文化惠民为农村地区提供更多更好的公共文化产品和服务，建立农民群众文化需求反馈机制，加强公

① 《中共中央 国务院印发〈乡村振兴战略规划（2018—2022年）〉》，中国政府网，2018年9月26日。http://www.gov.cn/zhengce/2018-09/26/content_5325534.htm.

共文化服务品牌建设，开展文化结对帮扶，支持“三农”题材文艺创作生产，鼓励各级文艺组织深入农村地区开展惠民演出活动，加强农村科普工作，提高农民科学文化素养。

广泛开展群众文化活动 完善群众文艺扶持机制，加强基层文化队伍培训，传承和发展民族民间传统体育，鼓励开展群众性节日民俗活动，活跃繁荣农村文化市场，推动农村文化市场转型升级，加强农村文化市场监管。

五、大力发展农业科学技术

农业科学技术的进步能大幅度提高土地产出率、劳动生产率和资源利用率，引领传统农业向绿色农业发展，农业生物技术的突破带动农业产业新的绿色革命，智慧农业的兴起带来农业生产方式的革命性变化，新能源、新材料技术应用加速低碳循环农业发展。现代科学技术是乡村生态文明建设的技术路径，强化科技支撑是乡村振兴的关键环节。

1. 强化农业科技支撑

《乡村振兴战略规划（2018—2022年）》提出，深入实施创新驱动发展战略，加快农业科技进步，提高农业科技自主创新水平、成果转化水平，为农业发展拓展新空间、增添新动能，引领支撑农业转型升级和提质增效。[①]

提升农业科技创新水平 建立健全各类创新主体协调互动和创新要素高效配置的国家农业科技创新体系，强化农业基础研究，加强种业创

① 《中共中央 国务院印发〈乡村振兴战略规划（2018—2022年）〉》，中国政府网，2018年9月26日。http：//www.gov.cn/zhengce/2018－09/26/content _ 5325534.htm.

新、现代食品、农机装备、农业污染防治、农村环境整治等方面的科研工作，深化农业科技体制改革，深入实施现代种业提升工程。

打造农业科技创新平台基地 建设国家农业高新技术产业示范区、国家农业科技园区、省级农业科技园区，新建一批科技创新联盟，利用现有资源建设农业领域国家技术创新中心，建设农业科技资源开放共享与服务平台。

加快农业科技成果转化应用 鼓励高校、科研院所建立一批专业化的技术转移机构和面向企业的技术服务网络，健全省市县三级科技成果转化工作网络，加大绿色技术供给，健全基层农业技术推广体系，健全农业科技领域分配政策。

2021 年 1 月，中共中央、国务院印发的《关于全面推进乡村振兴加快农业农村现代化的意见》提出，强化现代农业科技和物质装备支撑。实施大中型灌区续建配套和现代化改造。到 2025 年全部完成现有病险水库除险加固。坚持农业科技自立自强，完善农业科技领域基础研究稳定支持机制，深化体制改革，布局建设一批创新基地平台。深入开展乡村振兴科技支撑行动。支持高校为乡村振兴提供智力服务。加强农业科技社会化服务体系建设，深入推行科技特派员制度。打造国家热带农业科学中心。提高农机装备自主研制能力，支持高端智能、丘陵山区农机装备研发制造，加大购置补贴力度，开展农机作业补贴。强化动物防疫和农作物病虫害防治体系建设，提升防控能力。①

2. 创新农业科技

《"十三五"农业科技发展规划》制定了农业科技创新的重点领域、重大任务需求、前沿和颠覆性技术，在重点领域中又分农业的不同领域

---

① 《中共中央 国务院关于全面推进乡村振兴加快农业农村现代化的意见》，中国政府网，2021 年 2 月 21 日。http：//www.gov.cn/zhengce/2021—02/21/content_5588098.htm.

规定了基础性工作、基础研究和技术开发，大力发展和创新农业科技。[①]

（1）重点领域的技术开发

现代种业　建立主要农业种质资源重要性状精准鉴定与基因型鉴定的技术体系；创新杂种优势利用、染色体工程和细胞工程等育种方法；构建转基因技术、全基因组选择、基因组编辑等新兴的技术方法与常规技术组装集成的高效精准分子育种技术体系；研究基于细胞工程和胚胎工程的现代繁殖技术；加快适宜机械化作业、资源高效利用的绿色新品种选育，培育高产、高效、优质等突破性农业新品种；开展主要动植物高效繁制种技术、品种资源分子标记检测技术研究，植物品种特异性、一致性和稳定性测试。

农业机械化　突破保护性耕作、水稻种植、水肥药一体化、玉米籽粒直收、橡胶收割、棉花采摘、甘蔗收割、马铃薯种植与收获、牧草收获与加工、秸秆综合利用、畜禽水产高效养殖等机械化瓶颈技术；突破以无级变速、智能化精准作业和动植物对象识别与监控系统等为代表的关键零部件效能提升和可靠性技术；创制新型高效拖拉机及其配套农机具、经济高效智能化割胶设备等机械化栽种装备、精量水肥药施用机械、植保无人机等高效植保机械、高效自走式联合收获机械、畜禽粪便和秸秆等农业废弃物资源化利用装备、田间育种与种子加工成套设备等装备，以及畜禽水产高效养殖装备与设施，饲料散装运输、储存和自动饲喂装备；探索北斗卫星精准定位、自动导航等在农机装备上的应用。强化农机农艺融合研究，建立适合不同地域的农业装备系统和机械化、标准化生产技术规范。

---

① 《农业部关于印发〈“十三五”农业科技发展规划〉的通知》，农业农村部官网，2017 年 3 月 10 日。http：//www. kjs. moa. gov. cn/gzdt/201904/t20190418 _ 6184682. htm.

农业信息化 开展农业信息获取、存储、传输、处理及发布利用的核心技术研究及设备研制；农业生产环境和动植物生理感知关键技术研究，研发农业物联网核心处理器芯片；农业信息云存储、云处理、云服务关键技术研究，建立农业信息化云计算标准体系；农业大数据应用关键技术研究；农业信息可视化技术研究；面向农业信息化的多元目标群体，开展低成本体验式农业信息服务关键技术研究及移动便携式设备研发；开展农业物联网设施设备检测装备研发。

农业资源高效利用 重点研发作物节水生理调控技术、增蓄降耗高效农艺节水技术、新型集雨设施设备及高效利用技术、水肥一体化技术与关键设备、测墒灌溉技术及设备、抗旱抗逆技术及产品、节水绿色环保制剂技术与产品、分区域规模化高效节水灌溉以及输配水技术与产品及农业水管理决策技术等；研发水溶肥、液体肥、生物肥、高效缓（控）释肥、同步营养肥等新型肥料和以低品位磷矿、难溶性钾矿为原料的土壤调理剂，创新地力提升、耕层增厚、养分平衡等土壤理化性状调控关键技术，以及水肥协同、合理轮作、有机培肥、残茬管理、多元养分协同等农田养分均衡调控技术；研发有机肥、粪肥、沼肥高效利用技术与关键设备，实施农田养分综合管理；提升放牧家畜营养改进、草原健康与人工草地建设、草原恢复生态与放牧利用技术，农牧区资源共济动植物高效生产技术；研发淡水池塘、大水面和盐碱水域，滩涂、近海、外海、远洋与极地生物高效生态健康生产技术，渔业生物资源高值化利用技术。

农业生态环境 研发无农药农产品生产关键技术，生物多样性利用技术，生态高效农作制度创新技术，农作物秸秆高效资源化利用技术，高效、低毒、低残留农药、生物农药和先进施药机械化技术，废旧地膜机械化捡拾和回收利用以及可降解地膜技术，畜禽粪便与病死畜禽收集处理与利用的机械化、减量化、无害化、资源化处理技术，设施生态农业模式构建与系统智能控制技术，农业清洁流域（农田、养殖场）重构技术，农村环境综合整治和农田生态景观构建技术、草原生态系统恢复与重建技术。

农作物耕作栽培管理　开展主要农作物优质高产品种配套栽培技术，农作物光、热、水、养分等资源优化配置与绿色高产高效种植模式，“间套作”与“轮作休耕”等养地型生态种植模式与技术、粮饲兼顾型种植模式与耕作技术，农作物生长监测与精确栽培技术，主产区土壤培肥与耕作技术，农作物灾变过程及其减损增效调控技术，周年均衡增产技术，节本环保丰产技术等研究及相应产品研制，加快适应机械化、信息化生产管理的高产、高效、可持续的作物耕作栽培技术体系构建。突破植物工厂资源高效利用关键技术，研发基于LED与光配方的光温耦合节能环境控制、基于物联网的智能化管控等技术装备。

畜禽水产养殖　研发畜禽与水产健康养殖模式、新型加工工艺及其成套养殖装备，开发高效局部环境精准调控、空气（水体）质量调控与污染物减排、高效安全环保饲料和饲料添加剂、兽药质量安全监管、场区环境净化、工程防疫、生理与环境信息智能采集、产品质量安全与追溯、病死畜禽水产无害化处理、粪便减量化、无害化、资源化利用等关键技术、工程装备及其智能化产品，建立畜禽养殖废弃物高效养分综合管理技术体系。

农作物灾害防控　开展农业有害生物和气象灾害的监测预警网络和系统的核心技术及其设备，主要农作物病虫草鼠疫情防控关键技术与集成，危险性入侵物种与潜在入侵物种可持续综合防御与控制的关键技术，除病虫草剂减量使用技术、病虫害抗药性综合治理技术及新型农药、绿色防控生物农药，草原防灾减灾技术，气候变化带来的突发自然灾害的预警与应对技术，气候变化对主要病虫害发生与流行规律的影响及配套防治技术等研究。

动物疫病防控 加强禽流感、口蹄疫重大动物疫病新毒株和变异毒株的常规疫苗、基因工程新型疫苗、兽药以及快速、轻简化、高通量诊断与监测试剂的研发及标准化应用；生物安全措施、诊断监测、免疫防控、区域净化等多技术集成；研发动物用抗菌药替代技术和产品以及中兽药制剂和精准用药技术；加强外来疫病的诊断、疫苗及监测技术研究，加强兽药检验技术研究；开展基于转基因和遗传育种技术的小型化替代实验动物的选育与开发，以及探寻其在病原致病性研究、疫苗开发及免疫效果评价中的应用。加强水产养殖用疫苗及禁用药物替代品研发及标准化应用。

农产品加工 开展大宗农产品保鲜、贮藏和运输工程化技术研发；开展新型非热加工、绿色节能干燥、高效分离提取、长效减菌包装和清洁生产技术升级与集成应用；开展传统食品工业化关键技术研究；开发功能性及特殊人群膳食相关产品；开展信息化、智能化、工程化农产品精深加工装备研制；开展酶工程、细胞工程、发酵工程及蛋白质工程等生物制造工程化技术研究与装备研制。

农产品质量安全 建立基于不同农产品产地环境安全与生产管控的评价技术标准体系；开展农兽药残留、生物毒素及环境污染物风险评估与残留限量标准研制；建立农产品分等分级、品质规格和营养功能评价标准及技术体系；研发绿色、高效、低毒、低残留新型农业投入品和农产品防腐保鲜添加剂及相应的安全合理使用技术；研究制定农产品生产全程危害分析与关键控制点技术及规范；研发农产品质量和品质及营养功能成分识别评价鉴定技术；研发农产品质量安全快速、精准检验监测评估技术及设施设备；研制农产品质量安全风险评估与营养功能评价用标准物质、标准品、标准样品、核心试剂及数据模型等；建立农产品质量安全监测评估预警技术体系。

（2）前沿和颠覆性技术

合成生物技术　基于大数据生物信息分析，结合基因组编辑、细胞全局扰动、代谢工程等技术手段，开展全基因组多维定点编辑、模块化育种、代谢途径遗传修饰、人工染色体合成等工作，对农业生物进行基因组水平的定向改造与重组，创制重大品种及新产品。

C_3植物的C_4光合作用途径及高光效育种技术　开展C_4光合作用途径与高光效分子机理、C_4植物光合作用产物在不同细胞和组织中的转运机制、C_4途径在C_3宿主中的协同表达调控等重大科学问题研究，解析C_4植物高光效机理；获得C_4光合作用途径、代谢物转运途径等“元件”，创制具有C_4作物光合特征的材料。

动植物天然免疫技术　研究主要农作物有害生物突破寄主免疫系统的机理，揭示激发农作物对有害生物的天然免疫调控作用机制；研究重要天敌生物的控害规律及其机制，探索天敌的行为与适应、天敌与寄主互作免疫、天敌协同控害等原理。研究动物天然免疫系统清除病原体免疫应答的调控机制，以及病原体入侵机体后与天然免疫系统之间的互作关系；揭示重要病原微生物诱导致病和持续性感染的分子机制，探索草食动物胞内感染与致病的分子网络机理。

农业生物固氮技术　针对影响固氮效率的环境限制因子，探索克服自然界中生物固氮仅在原核生物中发现的天然屏障，研究模式微生物固氮基因表达调控及信号响应机制、固氮微生物与宿主植物互作及适配性机制；探究非豆科作物自主结瘤固氮的可能性，开发和建立新型高效植物——微生物固氮体系，阐明微生物自身及与作物互作过程中高效生物固氮的分子机制；明确新型微生物——作物高效固氮体系。

农产品食物营养组学与加工调控技术　利用基因组学、蛋白质组学、代谢组学等手段，对大宗食用农产品的营养组分及其形成机理进行深度挖掘和解析；研究大宗食用农产品及传统食品在贮藏、加工过程中色、香、味、形等品质形成机理；探究农产品在贮藏、加工过程中营养组分消化消长、吸收及代谢等作用机制变化规律；建立基于食物营养组分特性和人体健康个性需求的健康饮食干预机制，通过信息化平台和个性化智能设计研发个性化营养食品。

3. 推广农业技术

科学技术是第一生产力，农业的发展依赖于农业技术推广，现代农业生产离不开农业科技的进步。《“十三五”农业科技发展规划》明确提出要加强农业技术推广，制定了农业技术推广重点项目和行动模式。①

（1）健全完善农业技术推广体系

加快健全以国家农技推广机构为主导，农业科研教学单位、农民合作组织、涉农企业等多元推广主体广泛参与、分工协作的“一主多元”农业技术推广体系。

加强国家农技推广机构建设 强化国家农技推广机构的公共性和公益性，履行好农业技术推广、动植物疫病防控、农产品质量安全监管、农业生态环保等职责，加强对其他推广主体的服务和必要的监管。创新激励机制，鼓励基层推广机构与经营性服务组织紧密结合，鼓励农业技术推广人员进入家庭农场、农民合作社和农业产业化龙头企业创新创业。完善运行制度，健全人员聘用、业务培训、考评激励等机制。推进方法创新，加快农技推广信息化建设。落实农技人员待遇。

引导科研教学单位开展农技推广服务 强化涉农高等学校、科研院所服务“三农”职责，鼓励科研教学单位设立推广教授、推广研究员等农技推广岗位，支持科研教学人员深入基层一线开展农技推广服务，鼓励高等学校、科研院所同农技推广机构、新型农业经营主体等共建农业

① 《农业部关于印发〈“十三五”农业科技发展规划〉的通知》，农业农村部官网，2017 年 3 月 10 日。http://www.kjs.moa.gov.cn/gzdt/201904/t20190418_6184682.htm.

科技试验示范基地。

支持引导经营性组织开展农技推广服务　落实资金扶持、税收减免、信贷优惠等政策措施，支持经营性服务组织开展农业产前、产中、产后全程服务。通过政府采购、定向委托、招投标等方式，支持经营性服务组织参与公益性农业技术推广服务。建立信用制度，加强经营性服务组织行为监管，推动农技推广服务活动标准化、规范化。

（2）农业技术推广重点项目和行动

农业防灾减灾稳产增产关键技术集成示范工程　大力推广小麦“一喷三防”、水稻集中育秧、玉米地膜覆盖、机械深松整地、病虫害统防统治和绿色防控等关键技术，建立对主要品种、主要灾害、关键环节稳产增产和防灾增产技术推广模式，推动建立稳产高产技术体系，增强农业防灾抗灾减灾能力。

主要农作物生产机械化推进行动　在水稻、玉米、小麦、马铃薯、棉花、油菜、花生、大豆、甘蔗等主产区，大力推广耕整地、标准化种植、植保、收获、烘干、秸秆处理等主要环节机械化技术，推动农机化技术集成配套，优选适宜的技术路线和装备，形成具有区域特色的全程机械化生产模式。

保护性耕作技术集成示范工程　加强不同土壤质地、不同轮作制度条件下现代土壤耕作技术模式与技术规程研究，开展农机化技术装备试验示范，并试点在粮食主产区开展示范推广。

同步营养化技术示范应用　转化推广一批适合不同区域、不同作物施用的同步营养化肥料，鼓励开展多种形式的产学研合作，建立各具特色的同步营养化肥料产业技术模式。

草牧业综合配套技术推广项目　实施天然草原改良，促进恢复退化草原植被。在草原牧区、农牧交错区、传统农区和南方草山草地区建立完善人工种草技术体系。在天然草原、人工草地和改良草地，推广划区轮牧技术，天然草原改良复壮机械化技术和鼠害、虫害生物防控技术，天然草原资源、生态、生物灾害监测预警和重大草原生态保护工程实施效果评价技术，人工草地种植、收储与加工机械化技术，指导新型经营主体开展草畜系统生产监测。

农业物联网试验示范工程 构建农业物联网理论体系、技术体系、应用体系、标准体系、组织体系、制度体系和政策体系，建立符合国情的农业物联网可看、可用、可持续的推广应用模式，在全国分区分阶段推广应用。探索农业物联网商业化运营机制和模式，扶持一批农业物联网技术应用示范企业，推动农业物联网上下游相关产业良性发展。

水产养殖节水（能）减排技术集成示范工程 筛选并集成节水节能、渔药减施、污染物减排、水产品质量安全提升等技术，完善技术标准和配套技术规范，明确适宜的养殖区域、养殖方式和养殖品种等。大力推广鱼菜共生、水循环利用、多营养层次养殖等成熟技术，推进水产养殖节能减排新技术、新模式在全国的推广应用。

稻渔综合种养示范工程 在水网稻区、冬闲田稻区等资源丰富、生产潜力大的地区，集成配套稻渔综合种养技术和设施设备，建设一批示范基地，示范推广稻鱼、稻鳖、稻虾、稻鳅、鱼菜共生以及轮作等综合种养模式。

农产品加工关键技术与产业示范工程 在全国优势农产品产区选择典型市（县）、垦区，建立大宗农产品烘干、净化、分级、保鲜、储藏等初加工和农产品加工副产物综合利用技术服务支撑体系，加快推广产地初加工和综合利用关键技术，完善加工装备和设施建设。

农产品质量安全全程关键控制技术推广与科普示范工程 集成农产品质量安全控制技术，形成农产品质量安全全程管控模式，在全国主要农产品优势产区，建立农产品质量安全全程关键控制技术示范基地，开展农产品质量安全生产技术推广、人员培训和科普宣传。

秸秆综合利用技术示范应用 研制秸秆还田、收储运、肥料、饲料、基料和能源化等相关技术规范和标准，示范推广一批秸秆综合利用技术和设施装备，鼓励开展多种形式的产学研合作，构建各具特色的秸秆综合利用产业技术和模式。

地膜回收综合技术示范应用 筛选适宜的可降解地膜，加强农用地膜清洁生产试点示范，制定加厚地膜覆膜和回收利用的配套性技术规程，明确适宜的地膜种类、质量、厚度以及地膜回收利用技术措施。

畜禽标准化规模养殖技术集成示范工程 大力推行适用品种、养殖工艺技术和装备设施"三配套"的标准化规模养殖技术体系，加强饲料原料高效利用、标准化饲养工艺模式、高效节能设施设备、养殖废弃物高效处理与资源化利用等关键技术集成应用，重点推广以还田利用为主导的畜禽粪便综合利用技术模式。

全国农业科技成果转移中心建设 建立目标一致、分工明确、权责明晰、利益共享的成果转移服务体系，建立知识产权保护与开发利用相关规则和机制，构建科学合理的农业科技成果评估体系，推动中心走上专业化、市场化发展道路。

农业科技扶贫重点行动 把革命老区、民族地区、边疆地区、集中连片贫困地区作为重点，组织中央和地方农业科研、推广与农民培训机构等，探索贫困地区特色产业技术发展模式和产业致富带头人培养机制，扶持特色农业、生态绿色产业等优势产业，带动就地就近脱贫。

六、建设和谐发展的乡村社会

打造充满活力、和谐有序的善治乡村，是乡村生态文明建设的重要内容，也是振兴乡村的重要一环。要构建一个资源节约型、环境友好型的乡村社会，通过加强和创新社会治理，建立绿色生活方式，保障乡村社会发展与自然的和谐、乡村社会人与人和谐。当前，要加快补齐农村民生短板，提高农村美好生活保障水平，让农民群众有更多实实在在的获得感、幸福感、安全感。

1. 加强农村基础设施建设

乡村基础设施是保证乡村社会经济活动正常进行的公共服务系统，是乡村各项事业发展的基础。《乡村振兴战略规划（2018—2022 年）》提出，继续把基础设施建设重点放在农村，持续加大投入力度，加快补齐农村基础设施短板，促进城乡基础设施互联互通，推动农村基础设施提档升级。①

改善农村交通物流设施条件 深化农村公路管理养护体制改革，健全管理养护长效机制，完善安全防护设施，推动城市公共交通线路向城市周边延伸，鼓励发展镇村公交，加大对革命老区、民族地区、边疆地区、贫困地区铁路公益性运输的支持力度，加快构建农村物流基础设施骨干网络，加快完善农村物流基础设施末端网络。

加强农村水利基础设施网络建设 构建大中小微结合、骨干和田间衔接、长期发挥效益的农村水利基础设施网络，科学有序推进重大水利工程建设，巩固提升农村饮水安全保障水平，推进小型农田水利设施达标提质，实施水系连通和河塘清淤整治等工程建设，推进智慧水利建设，深化农村水利工程产权制度与管理体制改革。

构建农村现代能源体系 优化农村能源供给结构，完善农村能源基础设施网络，加快推进燃料清洁化工程，推进农村能源消费升级，推广农村绿色节能建筑和农用节能技术、产品，大力发展“互联网＋”智慧能源。

---

① 《中共中央　国务院印发〈乡村振兴战略规划（2018—2022 年）〉》，中国政府网，2018 年 9 月 26 日。http：//www.gov.cn/zhengce/2018－09/26/content _ 5325534.htm.

夯实乡村信息化基础 深化电信普遍服务，加快农村地区宽带网络和第四代移动通信网络覆盖步伐，实施新一代信息基础设施建设工程，实施数字乡村战略，建立空间化、智能化的新型农村统计信息系统，同步规划、同步建设、同步实施网络安全工作。

2021年1月，中共中央、国务院印发的《关于全面推进乡村振兴加快农业农村现代化的意见》提出，加强乡村公共基础设施建设。继续把公共基础设施建设的重点放在农村，着力推进往村覆盖、往户延伸。实施农村道路畅通工程。有序实施较大人口规模自然村（组）通硬化路。加强农村资源路、产业路、旅游路和村内主干道建设。推进农村公路建设项目更多向进村入户倾斜。继续通过中央车购税补助地方资金、成品油税费改革转移支付、地方政府债券等渠道，按规定支持农村道路发展。继续开展“四好农村路”示范创建。全面实施“路长制”。开展城乡交通一体化示范创建工作。加强农村道路桥梁安全隐患排查，落实管养主体责任。强化农村道路交通安全监管。实施农村供水保障工程。加强中小型水库等稳定水源工程建设和水源保护，实施规模化供水工程建设和小型工程标准化改造，有条件的地区推进城乡供水一体化，到2025年农村自来水普及率达到88%。完善农村水价水费形成机制和工程长效运营机制。实施乡村清洁能源建设工程。加大农村电网建设力度，全面巩固提升农村电力保障水平。推进燃气下乡，支持建设安全可靠的乡村储气罐站和微管网供气系统。发展农村生物质能源。加强煤炭清洁化利用。实施数字乡村建设发展工程。推动农村千兆光网、第五代移动通信（5G）、移动物联网与城市同步规划建设。完善电信普遍服务补偿机制，支持农村及偏远地区信息通信基础设施建设。加快建设农业农村遥感卫星等天基设施。发展智慧农业，建立农业农村大数据体系，推动新一代信息技术与农业生产经营深度融合。完善农业气象综合监测网络，提升农业气象灾害防范能力。加强乡村公共服务、社会治理等数字化智能化建设。实施村级综合服务设施提升工程。加强村级客运站点、文化体育、公共照明等服务设施建设。①

2. 提升农村劳动力就业质量

提升农村劳动力的就业质量，是实施乡村振兴战略的关键，为乡村经济社会持续发展提供强大的人力资源保障。《乡村振兴战略规划（2018—2022年）》提出，坚持就业优先战略和积极就业政策，健全城乡均等的公共就业服务体系，不断提升农村劳动者素质，拓展农民外出就业和就地就近就业空间，实现更高质量和更充分就业。②

拓宽转移就业渠道 拓宽农村劳动力转移就业渠道，通过加快培育区域特色产业拓宽农民就业空间，创造更多适合农村劳动力转移就业的机会，积极开展有组织的劳务输出，实施乡村就业促进行动，鼓励采取以工代赈方式就近吸纳农村劳动力务工。

强化乡村就业服务 健全覆盖城乡的公共就业服务体系，加强乡镇、行政村基层平台建设以提升服务水平，建立农村劳动力资源信息库并实行动态管理，加快公共就业服务信息化建设，推动建立覆盖城乡全体劳动者、贯穿劳动者学习工作终身、适应就业和人才成长需要的职业技能培训制度，合理布局建设一批公共实训基地。

完善制度保障体系 建立健全城乡劳动者平等就业、同工同酬制度，健全人力资源市场法律法规体系，完善政府、工会、企业共同参与的协调协商机制，落实就业服务、人才激励、教育培训、资金奖补、金融支持、社会保险等就业扶持相关政策，加强就业援助。

---

① 《中共中央 国务院关于全面推进乡村振兴加快农业农村现代化的意见》，中国政府网，2021年2月21日。http://www.gov.cn/zhengce/2021-02/21/content_5588098.htm.

② 《中共中央 国务院印发〈乡村振兴战略规划（2018—2022年）〉》，中国政府网，2018年9月26日。http://www.gov.cn/zhengce/2018-09/26/content_5325534.htm.

3. 增加农村公共服务供给

增加农村公共服务供给，不断提高供给水平和质量，对振兴乡村有重要作用，可以改善和提高农村的生产和生活条件，促进乡村社会人与人和谐、人与自然的和谐。《乡村振兴战略规划（2018—2022年）》提出，继续把国家社会事业发展的重点放在农村，促进公共教育、医疗卫生、社会保障等资源向农村倾斜，逐步建立健全全民覆盖、普惠共享、城乡一体的基本公共服务体系，推进城乡基本公共服务均等化。[①]

优先发展农村教育事业　统筹规划布局农村基础教育学校，科学推进义务教育公办学校标准化建设，全面改善贫困地区义务教育薄弱学校基本办学条件，完善县乡村学前教育公共服务网络，继续实施特殊教育提升计划，科学稳妥推行民族地区乡村中小学双语教育，坚定不移推行国家通用语言文字教育，实施高中阶段教育普及攻坚计划，发展面向农村的职业教育，推动优质学校辐射农村薄弱学校常态化，积极发展“互联网＋教育”，落实好乡村教师支持计划，建好建强乡村教师队伍。

推进健康乡村建设　深入实施国家基本公共卫生服务项目，加强慢性病、地方病综合防控，推进农村地区精神卫生、职业病和重大传染病防治。深化农村计划生育管理服务改革，增强妇幼健康服务能力，加强基层医疗卫生服务体系建设，切实加强乡村医生队伍建设，全面建立分级诊疗制度，实行差别化的医保支付和价格政策，深入推进基层卫生综合改革，开展和规范家庭医生签约服务，树立大卫生大健康理念，倡导科学文明健康的生活方式。

加强农村社会保障体系建设　全面建成覆盖全民、城乡统筹、权责清晰、保障适度、可持续的多层次社会保障体系，进一步完善城乡居民

---

① 《中共中央　国务院印发〈乡村振兴战略规划（2018—2022年）〉》，中国政府网，2018年9月26日。http：//www. gov. cn/zhengce/2018－09/26/content _ 5325534. htm.

基本养老保险制度，完善统一的城乡居民基本医疗保险制度和大病保险制度，推进低保制度城乡统筹发展，全面实施特困人员救助供养制度，推动各地为农村留守儿童和妇女、老年人以及困境儿童提供关爱服务。加强和改善农村残疾人服务。

提升农村养老服务能力 加快建立多层次农村养老服务体系，建立具有综合服务功能、医养相结合的养老机构，形成农村基本养老服务网络，提高乡村卫生服务机构为老年人提供医疗保健服务的能力，建立健全农村留守老年人关爱服务体系，开发农村康养产业项目，鼓励村集体建设用地优先用于发展养老服务。

加强农村防灾减灾救灾能力建设 全面提高抵御各类灾害综合防范能力，加强农村自然灾害监测预报预警，加强防灾减灾工程建设，推进实施自然灾害高风险区农村困难群众危房改造，全面深化森林、草原火灾防控治理，大力推进农村公共消防设施、消防力量和消防安全管理组织建设，推进自然灾害救助物资储备体系建设，完善应对灾害的政策支持体系和灾后重建工作机制，在农村广泛开展防灾减灾宣传教育。

2021 年 1 月，中共中央、国务院印发的《关于全面推进乡村振兴加快农业农村现代化的意见》提出，提升农村基本公共服务水平。建立城乡公共资源均衡配置机制，强化农村基本公共服务供给县乡村统筹，逐步实现标准统一、制度并轨。提高农村教育质量，多渠道增加农村普惠性学前教育资源供给，继续改善乡镇寄宿制学校办学条件，保留并办好必要的乡村小规模学校，在县城和中心镇新建改扩建一批高中和中等职业学校。完善农村特殊教育保障机制。推进县域内义务教育学校校长教师交流轮岗，支持建设城乡学校共同体。面向农民就业创业需求，发展职业技术教育与技能培训，建设一批产教融合基地。开展耕读教育。加快发展面向乡村的网络教育。加大涉农高校、涉农职业院校、涉农学科专业建设力度。全面推进健康乡村建设，提升村卫生室标准化建设和健康管理水平，推动乡村医生向执业（助理）医师转变，采取派驻、巡诊等方式提高基层卫生服务水平。提升乡镇卫生院医疗服务能力，选建一批中心卫生院。加强县级医院建设，持续提升县级疾控机构应对重大疫情及突发公共卫生事件能力。加强县域紧密型医共体建设，实行医保总额预算管理。加强妇幼、老年人、残疾人等重点人群健康服务。健全统筹城乡的就业政策和服务体系，推动公共就业服务机构向乡村延伸。深入实施新生代农民工职业技能提升计划。完善统一的城乡居民基本医疗保险制度，合理提高政府补助标准和个人缴费标准，健全重大疾病医疗保险和救助制度。落实城乡居民基本养老保险待遇确定和正常调整机制。推进城乡低保制度统筹发展，逐步提高特困人员供养服务质量。加强对农村留守儿童和妇女、老年人以及困境儿童的关爱服务。健全县乡村衔接的三级养老服务网络，推动村级幸福院、日间照料中心等养老服务设施建设，发展农村普惠型养老服务和互助性养老。推进农村公益性殡葬设施建设。推进城乡公共文化服务体系一体建设，创新实施文化惠民工程。①

4. 实现巩固拓展脱贫攻坚成果同乡村振兴有效衔接

2021 年 1 月，中共中央、国务院印发的《关于全面推进乡村振兴加快农业农村现代化的意见》提出，实现巩固拓展脱贫攻坚成果同乡村振兴有效衔接。②

设立衔接过渡期　脱贫攻坚目标任务完成后，对摆脱贫困的县，从脱贫之日起设立 5 年过渡期，做到扶上马送一程。过渡期内保持现有主要帮扶政策总体稳定，并逐项分类优化调整，合理把握节奏、力度和时

① 《中共中央　国务院关于全面推进乡村振兴加快农业农村现代化的意见》，中国政府网，2021 年 2 月 21 日。http：//www.gov.cn/zhengce/2021－02/21/content_5588098.htm.

② 《中共中央　国务院关于全面推进乡村振兴加快农业农村现代化的意见》，中国政府网，2021 年 2 月 21 日。http：//www.gov.cn/zhengce/2021－02/21/content_5588098.htm.

限，逐步实现由集中资源支持脱贫攻坚向全面推进乡村振兴平稳过渡，推动“三农”工作重心历史性转移。抓紧出台各项政策完善优化的具体实施办法，确保工作不留空当、政策不留空白。

持续巩固拓展脱贫攻坚成果 健全防止返贫动态监测和帮扶机制，对易返贫致贫人口及时发现、及时帮扶，守住防止规模性返贫底线。以大中型集中安置区为重点，扎实做好易地搬迁后续帮扶工作，持续加大就业和产业扶持力度，继续完善安置区配套基础设施、产业园区配套设施、公共服务设施，切实提升社区治理能力。加强扶贫项目资产管理和监督。

接续推进脱贫地区乡村振兴 实施脱贫地区特色种养业提升行动，广泛开展农产品产销对接活动，深化拓展消费帮扶。持续做好有组织劳务输出工作。统筹用好公益岗位，对符合条件的就业困难人员进行就业援助。在农业农村基础设施建设领域推广以工代赈方式，吸纳更多脱贫人口和低收入人口就地就近就业。在脱贫地区重点建设一批区域性和跨区域重大基础设施工程。加大对脱贫县乡村振兴支持力度。在西部地区脱贫县中确定一批国家乡村振兴重点帮扶县集中支持。支持各地自主选择部分脱贫县作为乡村振兴重点帮扶县。坚持和完善东西部协作和对口支援、社会力量参与帮扶等机制。

加强农村低收入人口常态化帮扶 开展农村低收入人口动态监测，实行分层分类帮扶。对有劳动能力的农村低收入人口，坚持开发式帮扶，帮助其提高内生发展能力，发展产业、参与就业，依靠双手勤劳致富。对脱贫人口中丧失劳动能力且无法通过产业就业获得稳定收入的人口，以现有社会保障体系为基础，按规定纳入农村低保或特困人员救助供养范围，并按困难类型及时给予专项救助、临时救助。

5. 全面促进农村消费

2021 年 1 月，中共中央、国务院印发的《关于全面推进乡村振兴加快农业农村现代化的意见》提出，全面促进农村消费。[①]

加快完善县乡村三级农村物流体系，改造提升农村寄递物流基础设施，深入推进电子商务进农村和农产品出村进城，推动城乡生产与消费有效对接。促进农村居民耐用消费品更新换代。加快实施农产品仓储保鲜冷链物流设施建设工程，推进田头小型仓储保鲜冷链设施、产地低温直销配送中心、国家骨干冷链物流基地建设。完善农村生活性服务业支持政策，发展线上线下相结合的服务网点，推动便利化、精细化、品质化发展，满足农村居民消费升级需要，吸引城市居民下乡消费。

6. 深入推进农村改革

2021 年 1 月，中共中央、国务院印发的《关于全面推进乡村振兴加快农业农村现代化的意见》提出，深入推进农村改革。[②]

完善农村产权制度和要素市场化配置机制，充分激发农村发展内生动力。坚持农村土地农民集体所有制不动摇，坚持家庭承包经营基础性地位不动摇，有序开展第二轮土地承包到期后再延长 30 年试点，保持农村土地承包关系稳定并长久不变，健全土地经营权流转服务体系。积极探索实施农村集体经营性建设用地入市制度。完善盘活农村存量建设用地政策，实行负面清单管理，优先保障乡村产业发展、乡村建设用地。根据乡村休闲观光等产业分散布局的实际需要，探索灵活多样的供地新方式。加强宅基地管理，稳慎推进农村宅基地制度改革试点，探索宅基地所有权、资格权、使用权分置有效实现形式。规范开展房地一体宅基地日常登记颁证工作。规范开展城乡建设用地增减挂钩，完善审批实施程序、节余指标调剂及收益分配机制。2021 年基本完成农村集体

① 《中共中央 国务院关于全面推进乡村振兴加快农业农村现代化的意见》，中国政府网，2021 年 2 月 21 日。http：//www.gov.cn/zhengce/2021－02/21/content _ 5588098.htm.

② 《中共中央 国务院关于全面推进乡村振兴加快农业农村现代化的意见》，中国政府网，2021 年 2 月 21 日。http：//www.gov.cn/zhengce/2021－02/21/content _ 5588098.htm.

产权制度改革阶段性任务，发展壮大新型农村集体经济。保障进城落户农民土地承包权、宅基地使用权、集体收益分配权，研究制定依法自愿有偿转让的具体办法。加强农村产权流转交易和管理信息网络平台建设，提供综合性交易服务。加快农业综合行政执法信息化建设。深入推进农业水价综合改革。继续深化农村集体林权制度改革。

第三节 助推乡村振兴的松阳实践[①]

一、浙江松阳打造乡村振兴新路径

松阳县位于浙江省西南部，建县于东汉建安四年（199 年），至今已走过 1820 多年的漫长岁月。自古松阳就是田园牧歌式的桃源胜地，生态、田园、乡土文化和古村落是松阳最大的优势和最宝贵的资源。松阳县是传统的农耕大县，是留存完整的“古典中国”县域样板，《中国国家地理》把松阳誉为“最后的江南秘境”。到 2019 年末，松阳县总人口为 24.06 万人，总面积 1406 平方千米，山地占 76%，林地总面积 170 万亩，森林覆盖率 80.09%。

近年来，松阳县全面贯彻落实“绿水青山就是金山银山”理念和

① 本案例由松阳县乡村振兴领导小组办公室提供，徐为民、吴春平、孙冰有参与编辑。

《乡村振兴战略规划（2018—2022年）》，围绕如何保护好、利用好独特的乡村生态资源，使其焕发出新的生机和活力，推动资源变资产、资产变财富，开展了大量有效的工作。

松阳县通过道路沿线景观整治、水体整治和综合利用、乡村形象营造和旅游发展、乡村农业和产业振兴、建筑及乡村环境改造、文化保护和精神文明建设等，打造松阳田园风情旅游度假区、松阳老城旅游风情小镇、大木山茶园景区、松阴溪景区、箬寮原始林景区、双童山景区、卯山森林公园、延庆寺塔景区、黄家大院、石仓古民居群、全县域生态博物馆（工坊）等，重现乡村价值，重聚乡村人心，重塑城乡关系，繁荣兴盛乡村文化，在振兴乡村的道路上与时俱进，努力把松阳建设成为“古老与现代、传统与时尚”有机融合的新典范。

二、建立“五个体系”，实现“五个目标”

1. 推动乡村产业兴旺

建立以高品质农业为基础、一二三产业深度融合发展的资源生长型产业发展体系，推动乡村产业兴旺。

大力发展高效生态农业 首先，围绕打造“全国有机农耕强县”目标，累计培育高端生态农业基地34个，培育有机农业企业12家，首创建立了高端农产品营销机制，不断提升松阳县高端生态农产品知名度、美誉度；其次，围绕打造“中国茶乡”品牌，全力推动松阳茶业主导产业转型升级，茶园面积发展至13.2万亩，以亩均效益1.1万元领跑全省，以全省4%的茶园面积，生产全省6%的茶叶，产出全省8%的茶叶产值，全产业链产值达122.18亿元，荣获“中国茶业百强县”和全省唯一的“中国十大生态产茶县”等20张国字号金名片，浙南茶叶市场成为中国最大的绿茶产地市场、中国绿茶价格指数发布市场；再次，围绕打造农产品质量安全放心县，深入实施农资经营规范化建设三年行动，推进化肥农药严格把控，全县逐步形成了"1＋5＋X"的农资经营体系，化肥农药年均使用量双减均达5％以上，被评为全国农作物病虫害绿色防控示范区、省级区域现代化循环农业示范区等。

大力发展全域旅游 发展定位精准。一是明确"高品质、小众化、中高端"的发展定位，推动"文化＋"发展，系统推进全县域慢行系统和8条全域乡村旅游路线建设，松阳县成功获评省首批全域旅游示范县，并成功入围第二批国家全域旅游示范区创建单位。二是积极培育"农业农村＋"经济，依托丽水"三山"区域公用品牌建设，培育以生态农业为基础、特色工坊为纽带、休闲旅游为驱动的综合经济体，全县累计培育"丽水山耕"背书产品179个、合作主体92家；发展民宿470家，床位4410张，实现年经营收入1.28亿元，成为全省民宿发展新高地。

大力发展农产品加工业 积极推进小规模农产品加工企业和家庭型农产品加工户的规范化和品质化建设，创新打造了红糖工坊、豆腐工坊、白老酒工坊、油茶工坊等一批小而特、小而精、小而美的农业、工业与休闲产业相融合的农业特色工坊，并在此基础上探索与村集体、村民利益联结机制，带动农民增收致富。

大力发展大健康产业 立足于"大农业"角度，围绕大众的健康、人心的复健、社会的发展需求，全力打造中医药康养胜地。一是积极培育中医药产业，依托优越的自然环境，积极推广中草药野化抚育，探索建立集种植、医疗、康养、教育等功能于一体的产业链；二是积极开展养生基地建设，系统发掘松阳"六养"资源，打造一批养生村和一批养生企业；三是积极举办体育赛事活动，依托广袤的茶园、全县域的绿道、丰富的古村落资源，积极发展培育赛事经济，举办了国际天空跑、亚洲山地竞速赛、中国·田园松阳半程马拉松、浙江省自行车公开赛等高等级赛事。

2. 推动乡村生态宜居

建立自然形态与生活形态全面修复、系统提升的生态保护体系，推动乡村生态宜居。

注重乡村意蕴维持　一是科学编制乡村规划，坚持最少、最自然、最不经意、最有效的人工干预，科学编制县域村庄布点规划以及传统村落保护发展总体规划，推进乡村差异化、特色化发展；二是加强乡村风貌管控，加强村落的传统格局和历史风貌的整体保护，核心区严控建新房，外围区域建房注重建筑布局、高度、风格、色调上与村庄传统风格相协调，同时充分利用本土、原生态、低碳环保材质以及废旧建材，严格防范城市化建设手法不恰当地运用于乡村；三是坚守乡村生活形态，坚持最大限度保持乡村原真自然的生活形态，积极营造自然、简朴、宁静的田园乡村生活气息和节制自律、适可而止的乡村生活状态，在始终保持原住民主体地位的基础上，把淳朴民风作为重要的资源，切实防范过度商业化对乡村的破坏，最大限度地保存乡村元素、乡愁记忆和历史印记。

注重居住品质提升　积极开展传统民居改造，出台传统民居改造利用专项政策，编制传统民居改造技术指南，用图文并茂的方式告诉老百姓房子怎么改。深入推进美丽乡村建设，创新提出“五要五不要”原则，科学开展乡村规划推动新时代美丽乡村建设，结合历史文化村落工作，目前已建成省级历史文化重点村 7 个，第八批新建重点村 2 个。

注重生态环境优化　一是全力开展乡村生态环境修复，对村庄山体、水体、农田进行系统梳理改造，推进林相彩化、山塘溪流生态修复等工程，引导农民调整农作物种植结构，美化农田生态景观，完成松阴溪省级湿地公园生态保护与修复项目（一期），全县湿地保护率达 91.9％；二是系统实施乡村环境整治，全面推进“五水共治”“三改一拆”“六边三化三美”“小城镇环境综合整治”等专项行动，系统开展农村“污水革命”“厕所革命”“垃圾革命”三大革命和“洁净家庭”创建等工作，拆除乡村违章建筑和违规广告牌，清理各类露天公厕、废弃管线和乱堆乱放垃圾，有效提升了乡村的人居环境。

3. 推动乡村乡风文明

建立优秀传统文化与现代生活方式有机融合、创造转化的文化发展体系，推动乡村乡风文明。

开展历史文物保护修缮 一是树立正确的文化资源保护观。二是积极开展历史文物保护修缮工作，全县百余个传统村落和1000多幢传统建筑实现挂牌保护，近200多座宗祠、20多座古廊桥、60多千米古道、140多幢老屋得到修缮保护。其中“拯救老屋行动”已成为全国示范，列入《乡村振兴战略规划（2018—2022年）》。三是积极推进历史文化名城现代复兴，系统实施“风貌控制、提升品质、疏通筋脉、人口疏导、激发活力”五大策略，高品质推动文庙、药皇宫、汤兰公所等区块改造提升，完善古城生活和旅游设施，植入特色餐饮、传统手工艺、文化创意、民宿经济等符合古城气质的业态。

传承弘扬优秀传统文化 一是厚植优秀文化基因，开展传统村落物质和非物质文化遗产普查，出版《松阳村居录》《松古村语》《老街上的能工巧匠》等书籍，开展国学经典进校园、中医药进校园等活动；二是推进全县域民俗节庆活动，建立“乡乡有节会、月月有活动”的民俗文化展演机制，复活“竹溪摆祭”“平卿成人礼”等60余台民俗节会，打造“永不落幕的民俗文化节”；三是开展全县域乡村博物馆建设，打造一系列小而精、小而美、小而特的文化空间、生产空间，创造主客共享的新型乡村公共空间，目前已建成红糖工坊、契约博物馆、王景纪念馆、茶叶博物馆等一批高品质乡村博物馆。

打造艺术创作交流胜地 一是精致打造文创点位，每年吸引数以千计的艺术家和数以万计的学子前来创作、写生；二是开展文创交流活动，开展“百名艺术家入驻松阳乡村”计划，以艺术助推乡村振兴，组织全国著名作家进松阳、中国美术家协会会员进松阳、全国百名艺术家进松阳等采风创作活动，举办全国高腔研讨会、全国艺术高校院长论坛等全国性活动。

4. 推动乡村治理有效

建立自治法治德治相融互促、全民共建共治共享的社会治理体系，推动乡村治理有效。

狠抓基层党组织建设　一是加强带头人队伍建设，严格把关村（社）主要干部人选，选好“领头雁”，组织开展村社干部集中轮训、支书三晒活动、“双雁齐飞”培训班等；二是全力提升基层组织力建设，积极开展后进基层党组织整顿和不合格党员处置工作，向贫困村、后进基层党组织和集体经济薄弱村党组织派出第一书记 93 人；三是全面开展农村基层作风巡察，严肃整治发生在群众身边的腐败与作风问题，2019 年共立案 90 件，给予党纪政纪处分 57 人，采取留置 6 人，移送司法机关 5 人，清退各类违纪违规费用 122.48 万元。

积极创新乡村治理体系　近年来，松阳县通过加强村民自治，积极发挥乡贤作用，积极创新松阳的乡村治理体系。

完善基层管理体制机制　一是创新开展“民情地图”促服务工作，建成一个集查阅、搜索、服务等于一体较为翔实的基础工作信息库，构建起“民情大数据”，该项工作被列为国家级社会管理和公共服务综合标准化试点项目；二是全面深化“最多跑一次”改革，全面升级乡镇（街道）便民服务网点；三是全力提升基层调解能力，构建矛盾纠纷“梯级导引化解”机制和相应的全程导引管控系统。

5. 推动乡村生活富裕

建立县域乡村资源系统整合、各方利益互惠共利的组织化发展体系，推动乡村生活富裕。

加强县域资源的系统整合 一是发展壮大村集体经济，系统梳理每个村现有资源、资产和发展条件，通过创新性利用、创造性转化以及规模化、集约化、产业化、品质化发展，推动乡村闲置低效资源的经济化、效益化；二是探索构建组织化运营平台，组建田园强村公司作为经营乡村的重要平台和各类补助资金的蓄水池，通过公司化管理、资本化运作，把全县域分散资源集聚起来集中管理和运营，实现效益最大化。

提升农民组织化发展水平 一是深化农合联改革，积极推动小农户生产与现代产业体系有效连接，让农民和村集体享受全产业链的增值收益，已培育农民专业合作社联合社 4 家，确定三都上田、大东坝蔡宅和山头 3 个村为乡村振兴试点探索实践组织化发展模式；二是创新惠农金融模式，创新田园乡村惠农担保互助社模式，建立资本充足、功能健全、服务完善、运行安全的现代农村金融体系，提高农民自我造血能力，目前累计成立田园惠农担保互助社 64 家，为社员提供贷款担保 1.56 亿元。

全面打赢“消薄”“双增”攻坚战 始终把“消薄”“双增”工作作为一项重要政治任务来抓，高规格成立“消薄”工作领导小组，制定出台《松阳县实施消除集体经济薄弱村三年行动计划的意见》《村主要干部集体经济发展创收奖励暂行办法》等文件，截至 2019 年底，全县 401 个行政村（按行政村撤并前数量）全部达到村集体经济总收入 10 万元以上，经营性收入 5 万元以上。

三、推进“五个百”工程助推乡村振兴

松阳县以良好环境为依托，以传统村落为底本，以农耕文化为内涵，以生态产业为支撑，以群众增收为根本，加快推进“五个百”

工程。

1. 做强百亿茶业

第一个百是做强百亿茶业。在茶产业全产业链产值突破百亿大关的基础上，围绕既富民又强县的目标，制定出台《关于加快推进松阳茶产业转型升级的若干意见》，并配套有40条茶产业新政，全面启动种植质量提升、加工品质升级、品牌市场拓展、经营主体培育、产城融合发展、产业转型保障六大工程，着力推动喝茶、饮（料）茶、吃茶、用茶、玩茶、事茶“六茶共舞”。

2. 复活百座古村

第二个百是复活百座古村。整合各级补助资金4亿余元，明确建设负面清单，着力推动总数居长三角地区第一位的75个中国传统村落“活态保护、有机发展”。同时，争取公益基金4000万元，完成142幢老屋修缮，成为全国“拯救老屋”行动的先行者。“拯救老屋”行动也成为全国示范，列入国家《乡村振兴战略规划》，并被编入新华社《国内动态清样》。

3. 建设百里绿道

第三个百是建设百里绿道。按照“原生态、高品质”定位，重点加快推进松阴溪干流百公里绿道建设，并逐步提升百公里松阴溪支流绿道、百公里古村古道、百公里骑行赛道，通过绿道的以藤结瓜、成网成环，进一步彰显生态魅力、激发村庄活力。目前，松阴溪干流及沿线支流滨水绿道已经雏形初显，与遂昌县、莲都区的交接段，以及其他堵点、平交点都在加紧建设、改造，实现百公里松阴溪干流滨水绿道全线、全立交贯通。

4. 办好百场节会

第四个百是办好百场节会。按照“县级中心馆—乡镇（街道）主题馆—村级展示馆”的架构，以“一流设计、精品建设、点石成金”的标准，充分利用古民居、祠堂等文化建筑，打造一批有乡土气息的博物馆和有生产业态的工坊。在此基础上，着力打造"永不落幕的民俗文化节"，每年举办富有松阳特色的民俗节庆活动 60 余场、乡村春晚 50 余场、农事文化活动 20 余场、体育赛事活动 10 余场，使松阳真正成为"没有围墙的剧场"。

5. 打造百个艺术家工作室

第五个百是打造百个艺术家工作室。利用"拯救"后的老屋，面向全世界知名艺术家广发"英雄帖"、吹响"集结号"，到 2020 年底已建成各类艺术家工作室 100 个以上，并努力打造中国乡村书画交流中心和乡村艺术品交易中心，定期举办各类有影响力的艺术交流展览活动，让乡村艺术成为松阳诗画田园"走出去"的新名片。目前，已签约艺术家工作室 80 家，其中正式落地 25 家，形成艺术家集聚村落 10 余个。

主要参考文献

［1］习近平：《写在第五个全国土地日到来之际》，《中国土地》1995年第6期。

［2］刘宗超：《生态文明观与中国可持续发展走向》，中国科学技术出版社1997年版。

［3］刘宗超等：《生态文明观与全球资源共享》，经济科学出版社2000年版。

［4］联合国开发计划署：《中国人类发展报告2002：绿色发展必选之路》，中国财政经济出版社2002年版。

［5］习近平：《认真贯彻落实党的十六大精神全面建设小康社会加快推进社会主义现代化事业——在省委十一届二次全体（扩大）会议上的报告》，《今日浙江》2003年第1期。

［6］习近平：《建设经济繁荣、山川秀美、社会文明的生态省》，《今日浙江》2003年第7期。

［7］习近平：《生态兴则文明兴——推进生态建设　打造“绿色浙江”》，《求是》2003年第13期。

［8］哲欣：《绿水青山也是金山银山》，《浙江日报》2005年8月24日。

［9］哲欣：《从“两座山”看生态环境》，《浙江日报》2006年3月23日。

［10］习近平：《之江新语》，浙江人民出版社2007年版。

［11］胡锦涛：《高举中国特色社会主义伟大旗帜　为夺取全面建设小康社会新胜利而奋斗——在中国共产党第十七次全国代表大会上的报告》，人民出版社2007年版。

［12］贾卫列：《生态文明开创人类文明新纪元》，《环境保护》2008年第12A期。

［13］《中华人民共和国国民经济和社会发展第十二个五年规划纲要》，人民出版社2011年版。

[14] 胡锦涛：《坚定不移沿着中国特色社会主义道路前进　为全面建成小康社会而奋斗——在中国共产党第十八次全国代表大会上的报告》，人民出版社 2012 年版。

[15] 贾卫列、杨永岗、朱明双等：《生态文明建设概论》，中央编译出版社 2013 年版。

[16]《人民日报今日谈：生态环境也是生产力》，人民网，2013 年 5 月 27 日。http：//opinion. people. com. cn/n/2013/0527/c1003－21619873. html.

[17] 习近平：《在哈萨克斯坦纳扎尔巴耶夫大学演讲时的答问》，《人民日报》2013 年 9 月 8 日。

[18] 北京师范大学经济与资源管理研究院、西南财经大学发展研究院：《2014 人类绿色发展报告》，北京师范大学出版社 2014 年版。

[19]《习近平参加贵州代表团审议》，人民网，2014 年 3 月 7 日。http：//politics. people. com. cn/n/2014/0308c70731－24568542. html.

[20]《习近平参加江西代表团审议》，央广网，2014 年 3 月 7 日。http：//jx. cnr. cn/2011jxfw/bbjx/20150326/t20150326 _ 518136125. shtml.

[21]《习近平谈生态文明》，人民网，2014 年 8 月 29 日。http：//cpc. people. com. cn/n/2014/0829/c164113－25567379－3. html.

[22]《中共中央　国务院关于加快推进生态文明建设的意见》，人民出版社 2015 年版。

[23]《生态文明体制改革总体方案》，人民出版社 2015 年版。

[24] 刘宗超、贾卫列等：《生态文明理念与模式》，化学工业出版社 2015 年版。

[25] 盛馥来、诸大建：《绿色经济：联合国视野中的理论、方法与案例》，中国财政经济出版社 2015 年版。

[26]《中共中央　国务院关于加快推进生态文明建设的意见》，中国政府网，2015 年5 月 5 日。http：//www. gov. cn/xinwen/2015－05/05/content _ 2857363. htm.

[27]《中共中央　国务院印发〈生态文明体制改革总体方案〉》，中国政府网，2015 年 9 月 21 日。http：//www. gov. cn/guowuyuan/2015－09/21/content _ 2936327. htm.

[28]《中华人民共和国国民经济和社会发展第十三个五年规划纲要》，人民出版社 2016 年版。

［29］《习近平参加黑龙江代表团审议》，新华网，2016 年 3 月 7 日。http：//www.xinhuanet.com/politics/2016－03/07/c_128780106_5.htm.

［30］习近平：《在参加十二届全国人大四次会议青海代表团审议时的讲话》，《人民日报》2016 年 3 月 10 日。

［31］周颖、张遥、王存福等：《生产要素分享激发经济新增长点》，《经济参考报》2016 年 9 月 28 日。

［32］习近平：《建设美丽中国，改善生态环境就是发展生产力》，人民网，2016 年 12 月 1 日。http：//cpc.people.com.cn/xuexi/n1/2016/1201/c385476－28916113.html.

［33］习近平：《树立“绿水青山就是金山银山”的强烈意识　努力走向社会主义生态文明新时代》，人民网，2016 年 12 月 2 日。http：//politics.people.com.cn/n1/2016/1202/c1024－28921427.html.

［34］《发展改革委印发〈绿色发展指标体系〉〈生态文明建设考核目标体系〉》，中国政府网，2016 年 12 月 22 日。http：//www.gov.cn/xinwen/2016－12/22/content_5151575.htm.

［35］习近平：《决胜全面建成小康社会　夺取新时代中国特色社会主义伟大胜利——在中国共产党第十九次全国代表大会上的报告》，人民出版社 2017 年版。

［36］中共中央文献研究室：《习近平关于全面建成小康社会论述摘编》，中央文献出版社 2017 版。

［37］中共中央文献研究室：《习近平关于社会主义生态文明建设论述摘编》，中央文献出版社 2017 年版。

［38］《农业部关于印发〈“十三五”农业科技发展规划〉的通知》，农业农村部官网，2017 年 3 月 10 日。http：//www.kjs.moa.gov.cn/gzdt/201904/t20190418_6184682.htm.

［39］《杨伟民：生态文明体制发生了历史性变革》，新华网，2017 年 10 月 23 日。http：//news.xinhuanet.com/politics/19cpcnc/2017－10/23/c_129725277.htm.

［40］贾卫列：《从可持续发展到绿色发展》，《中国建设信息化》2017 年第 10 期。

［41］《中国共产党章程》，求是网，2017 年 12 月 3 日。http：//www.qstheory.cn/llqikan/2017－12/03/c_1122049483.htm.

［42］国家统计局、国家发展和改革委员会、环境保护部、中央组织部：《2016 年

生态文明建设年度评价结果公报》，中国政府网，2017 年 12 月 26 日。http：//www. gov. cn/xinwen/2017－12/26/content _ 5250387. htm.

［43］贾卫列：《绿色发展知识读本》，中国人事出版社 2018 年版。

［44］省统计局、省发展和改革委、省环境保护厅、省委组织部：《2016 年生态文明建设年度评价结果公报》，安徽省统计局官网，2018 年 1 月 18 日。http：//tjj. ah. gov. cn/ssah/qwfbjd/tjgb/sjtjgb/113724441. html.

［45］省统计局、省发展和改革委、省环境保护厅、省委组织部：《2016 年生态文明建设年度评价结果公报》，浙江省人民政府网，2018 年 2 月 1 日。http：//www. zj. gov. cn/art/2018/2/1/art _ 5497 _ 2266362. html.

［46］《中共中央　国务院关于实施乡村振兴战略的意见》，中国政府网，2018 年 2 月 4 日。http：//www. gov. cn/zhengce/2018－02/04/content _ 5263807. htm.

［47］省统计局、省发展和改革委、省环境保护厅、省委组织部：《2016 年生态文明建设年度评价结果公报》，甘肃省统计局官网，2018 年 2 月 7 日。http：//tjj. gansu. gov. cn/HdApp/HdBas/HdClsContentDisp. asp? Id＝12281.

［48］省统计局、省发展和改革委、省环境保护厅、省委组织部：《2016 年湖北省生态文明建设年度评价结果公报》，湖北省生态环境厅官网，2018 年 2 月 8 日。http：//sthjt. hubei. gov. cn/fbjd/tzgg/201802/t20180208 _ 590209. shtml.

［49］省统计局、省发展和改革委、省环境保护厅：《2016 年全省生态文明建设年度评价结果公报》，山西省统计局官网，2018 年 2 月 27 日。http：//tjj. shanxi. gov. cn/tjsj/tjgb/201802/t20180226 _ 91357. shtml.

［50］省统计局、省发展和改革委、省环境保护厅、省委组织部、长株潭两型试验区管委会：《2016 年市州生态文明建设年度评价结果公报》，湖南省统计局官网，2018 年3 月 16 日。http：//tjj. hunan. gov. cn/hntj/tjfx/tjgb/qttj/201803/t20180316 _ 4973088. html.

［51］省统计局、省发展和改革委、省环境保护厅、省委组织部：《2016 年辽宁省生态文明建设年度评价结果公报》，辽宁统计信息网，2018 年 3 月 23 日。http：//www. ln. stats. gov. cn/tjgz/tztg/201803/t20180323 _ 3197288. html.

［52］省统计局、省发展改革委员会、省环境保护厅、省委组织部：《2016 年河北

省生态文明建设年度评价结果公报》，河北省统计局官网，2018 年 3 月 20 日。http://tjj.hebei.gov.cn/hetj/wjtg/101520304973114.html.

[53] 自治区统计局、自治区发展和改革委、自治区环境保护厅、自治区党委组织部：《2016 年新疆维吾尔自治区生态文明建设年度评价结果公报》，新疆维吾尔自治区统计局官网，2018 年 3 月 30 日。http://tjj.xinjiang.gov.cn/tjj/tjgn/201803/dca359d4344847fd8a8135855e694c76.shtml.

[54] 省统计局、省发展和改革委、省环境保护厅、省委组织部：《2016 年青海省各市（州）绿色发展年度评价结果公报》，青海省统计局官网，2018 年 4 月 17 日。http://tjj.qinghai.gov.cn/tjData/yearBulletin/201804/t20180417_53605.html.

[55]《生态环境部和中国科学院联合发布中国生物多样性红色名录》，环境保护部官网，2018 年 5 月 22 日。http://www.zhb.gov.cn/gkml/sthjbgw/qt/201805/t20180522_441028.htm? COLLCC=271019725&.

[56] 省统计局、省发展和改革委、省环境保护厅、省委组织部：《2016 年云南省生态文明建设年度评价结果公报》，云南省统计局官网，2018 年 5 月 25 日。http://stats.yn.gov.cn/tjsj/tjgb/201805/t20180525_751161.html.

[57]《国家标准委关于印发〈生态文明建设标准体系发展行动指南（2018—2020年）〉的通知》，中国标准化管理委员会官网，2018 年 6 月 7 日。http://www.sac.gov.cn/sgybzyb/gzdt/bmxw/201806/t20180607_342464.htm.

[58] 区统计局、区发展和改革委、区环境保护厅、区党委组织部：《2016 年西藏自治区七市地生态文明建设年度评价结果公报》，西藏自治区人民政府网，2018 年 6 月 7 日。http://www.xizang.gov.cn/zwgk/zdxxlygk/hjbhhbdc/201902/t20190223_66166.html.

[59]《中共中央　国务院关于全面加强生态环境保护　坚决打好污染防治攻坚战的意见》，中国政府网，2018 年 6 月 24 日。http://www.gov.cn/zhengce/2018-06/24/content_5300953.htm.

[60] 陆发桃：《“两山”理论在浙江的生动实践》，中国文明网，2018 年 8 月 3 日。http://www.wenming.cn/ll_pd/llzx/201808/t20180803_4782756.shtml.

[61] 沈铭权：《“两山”理论的安吉实践》，《人民日报（海外版）》2020 年8 月10 日。

[62]《中共中央　国务院印发〈乡村振兴战略规划（2018—2022年）〉》，中国政府网，2018年9月26日。http：//www.gov.cn/zhengce/2018—09/26/content_5325534.htm.

[63] 省统计局、省发展和改革委、省环境保护厅：《2016年吉林省生态文明建设年度评价结果公报》，吉林省统计局官网，2018年9月30日。http：//tjj.jl.gov.cn/tjsj/tjgb/pcjqtgb/201809/t20180930_5211600.html.

[64] 省统计局、省发展和改革委、省环境保护厅：《2016年设区市生态文明建设年度评价结果公报》，江西省人民政府网，2018年9月30日。http：//www.jiangxi.gov.cn/art/2018/10/10/art_5414_395691.html.

[65] 省统计局、省发展和改革委、省环境保护厅、省委组织部：《2016年广东省生态文明建设年度评价结果公报》，广东统计信息网，2018年10月8日。http：//stats.gd.gov.cn/tjgb/content/post_1430135.html.

[66] 省统计局、省发展和改革委、省环境保护厅、省委组织部：《2016年陕西生态文明建设年度评价结果公报》，陕西省统计局官网，2018年10月8日。http：//tjj.shaanxi.gov.cn/site/1/html/126/132/141/18645.htm.

[67] 省统计局、省发展和改革委、省生态环境厅、省委组织部：《2016年黑龙江省各市（地）生态文明建设年度评价结果公报》，黑龙江省统计信息网，2018年10月29日。http：//www.hlj.stats.gov.cn/tjsj/tjgb/shgb/201810/t20181029_64903.html.

[68] 自治区统计局、发展改革委员会、环境保护厅、党委组织部：《2016年内蒙古生态文明建设年度评价结果公报》，内蒙古自治区政府网，2018年11月6日。http：//www.nmg.gov.cn/art/2018/11/6/art_360_237744.html.

[69] 省委组织部、省统计局、省发展和改革委、省生态环境厅：《2017年我省生态文明建设年度评价结果公报》，浙江省人民政府网，2018年12月13日。http：//www.zj.gov.cn/art/2018/12/13/art_5497_2299326.html.

[70] 孟根龙、杨永岗、贾卫列：《绿色经济导论》，厦门大学出版社2019年版。

[71]《丽水市“两山”发展大会召开》，《丽水日报》2019年2月14日。

[72]《关于印发〈绿色产业指导目录（2019年版）〉的通知》，国家发展和改革委员会官网，2019年3月5日。http：//www.ndrc.gov.cn/gzdt/201903/t20190305_930083.html.

［73］省统计局、省发展和改革委、省生态环境厅、省委组织部：《2017 年青海省各市州生态文明建设年度评价结果公报》，青海省统计局官网，2019 年 4 月 1 日。http：//tjj. qinghai. gov. cn/tjData/yearBulletin/201904/t20190401 _ 60363. html.

［74］市统计局、市发展和改革委、市环境保护局、市委组织部：《2016 年重庆市生态文明建设年度评价结果公报》，重庆市统计局官网，2019 年 5 月 29 日。http：//tjj. cq. gov. cn/zwgk _ 233/fdzdgknr/tjxx/sjjd _ 55469/202002/t20200219 _ 5273917. html.

［75］宋涛、李斐琳：《专家谈“两山论”践行指标体系研究》，《中国环境报》2020 年 8 月 15 日。

［76］省委组织部、省统计局、省发展和改革委、省生态环境厅：《2018 年我省生态文明建设年度评价结果公报》，浙江省人民政府网，2019 年 12 月 9 日。http：//www. zj. gov. cn/art/2019/12/9/art _ 1554031 _ 42104983. html.

［77］贾卫列、刘宗超：《生态文明：愿景、理念与路径》，厦门大学出版社 2020 年版。

［78］省统计局、省发展和改革委、省生态环境厅、省委组织部：《2018 年青海省各市州生态文明建设年度评价结果公报》，青海省统计局官网，2020 年 1 月 20 日。http：//tjj. qinghai. gov. cn/tjData/yearBulletin/202001/t20200120 _ 64896. html.

［79］《国家发展改革委关于印发〈美丽中国建设评估指标体系及实施方案〉的通知》，中国政府网，2020 年 3 月 7 日。http：//www. gov. cn/zhengce/zhengceku/2020－03/07/content _ 5488275. htm.

［80］《2019 年各部门合力推进农村人居环境整治工作综述》，中国政府网，2020 年 3 月 10 日。http：//www. gov. cn/xinwen/2020－03/10/content _ 5489545. htm.

［81］《习近平在浙江考察时强调：统筹推进疫情防控和经济社会发展工作　奋力实现今年经济社会发展目标任务》，人民网，2020 年 4 月 2 日。http：//cpc. people. com. cn/n1/2020/0402/c64094－31658252. html.

［82］《陕西考察中，习近平这四句话引人深思》，中国新闻网，2020 年 4 月 24 日。http：//www. chinanews. com/gn/2020/04－24/9166500. shtml.

［83］《习近平出席全国生态环境保护大会并发表重要讲话》，中国政府网，2020 年

5 月 19 日。http：//www. gov. cn/xinwen/2018－05/19/content _ 5292116. htm.

[84]《2019 年浙江省国民经济和社会发展统计公报》，浙江省政府网，2020 年 5 月 19 日。http：//www. zj. gov. cn/art/2020/5/19/art _ 1544773 _ 43186542. html.

[85]《习近平总书记考察黑龙江首站到伊春》，人民网，2020 年 5 月 23 日。http：//politics. people. com. cn/n1/2016/0523/c1024－28373127－2. html.

[86]《三到内蒙古代表团，习近平强调这三件事要一以贯之》，人民网，2020 年 5 月 23 日。http：//nm. people. com. cn/n2/2020/0523/c196667－34037773. html.

[87]《2019 年浙江省生态环境状况公报》，浙江省生态环境厅官网，2020 年 6 月 4 日。http：//sthjt. zj. gov. cn/art/2020/6/4/art _ 1201912 _ 44956625. html.

[88]《宁夏之行，习近平提出“三个不动摇”》，中青在线，2020 年 6 月 11 日。http：//news. cyol. com/app/2020－06/11/content _ 18655368. htm.

[89]《2019 中国生态环境状况公报》，生态环境部官网，2020 年 6 月 25 日。http：//www. mee. gov. cn/hjzl/sthjzk/zghjzkgb/202006/P020200602509464172096. pdf.

[90]《广东省人民政府关于全面推进农房管控和乡村风貌提升的指导意见》，广东省人民政府网，2020 年 8 月 9 日。http：//www. gd. gov. cn/zwgk/wjk/qbwj/yf/content/post _ 3061450. html.

[91] 国家标准化管理委员会、中央网信办、国家发展改革委、科技部、工业和信息化部：《国家新一代人工智能标准体系建设指南》，中国政府网，2020 年 8 月 9 日。http：//www. gov. cn/zhengce/zhengceku/2020－08/09/content _ 5533454. htm.

[92] 《浙江省丽水市委开辟创新实践“两山”理念的新境界》，《学习时报》2020 年8 月 17 日。

[93]《〈中国气候变化蓝皮书（2020）〉：我国生态气候总体趋好》，中国气象网，2020 年 8 月 28 日。http：//www. cma. gov. cn/kppd/kppdqxyr/kppdjsqx/202008/t20200828 _ 561907. html.

[94]《国新办就“十三五”生态环境保护工作有关情况举行新闻发布会》，中国环境网，2020 年 10 月 22 日。https：//www. cenews. com. cn/news/202010/t20201022 _ 960932. html.

[95]《中共中央关于制定国民经济和社会发展第十四个五年规划和二〇三五年远

景目标的建议》，中国政府网，2020年11月3日。http：//www.gov.cn/zhengce/2020－11/03/content_5556991.htm.

［96］章轲：《“十四五”生态环保如何规划？环境部敲定十大政策着力点》，第一财经，2020年11月18日。https：//www.yicai.com/news/100841851.html.

［97］省委组织部、省统计局、省发展和改革委、省生态环境厅：《2019年我省生态文明建设年度评价结果公报》，浙江省统计局官网，2020年11月24日。http：//tjj.zj.gov.cn/art/2020/11/24/art_1229129205_4239512.html.

［98］省统计局、省发展和改革委、省生态环境厅、省委组织部：《2019年青海省各市州生态文明建设年度评价结果公报》，青海省统计局官网，2020年12月14日。http：//tjj.qinghai.gov.cn/tjData/yearBulletin/202012/t20201214_70950.html.

［99］《2020年全国大、中城市固体废物污染环境防治年报》，生态环境部官网，2020年12月28日。http：//www.mee.gov.cn/ywgz/gtfwyhxpgl/gtfw/202012/P020201228557295103367.pdf.

［100］《中共中央　国务院关于全面推进乡村振兴加快农业农村现代化的意见》，中国政府网，2021年2月21日。http：//www.gov.cn/zhengce/2021－02/21/content_5588098.htm.

［101］《国务院关于加快建立健全绿色低碳循环发展经济体系的指导意见》，中国政府网，2021年2月22日。http：//www.gov.cn/zhengce/content/2021－02/22/content_5588274.htm.

［102］《中共中央办公厅　国务院办公厅印发〈关于加快推进乡村人才振兴的意见〉》，中国政府网，2021年2月23日。http：//www.gov.cn/zhengce/2021－02/23/content_5588496.htm.

［103］《生态环境部发布2020年全国生态环境质量简况》，生态环境部官网，2021年3月3日。http：//www.mee.gov.cn/xxgk2018/xxgk/xxgk15/202103/t20210302_823100.html.

［104］《中华人民共和国国民经济和社会发展第十四个五年规划和2035年远景目标纲要》，中国政府网，2021年3月13日。http：//www.gov.cn/xinwen/2021－03/13/content_5592681.htm.

后　记

“绿水青山就是金山银山”理念是习近平生态文明思想的核心内容，也是习近平治国理政思想的重要组成部分。2005 年 8 月，习近平到浙江省安吉县余村考察时，首次提出了“绿水青山就是金山银山”的理念，经过我国生态文明建设的实践，“绿水青山就是金山银山”理念不断深化并升华，深刻转变了中国的发展理念和方式。

正确理解“绿水青山就是金山银山”的科学内涵，并创造性地运用于我国绿色发展的实践，是当前我国各级干部面临的重大课题。我们在对“绿水青山就是金山银山”理念和利用绿色发展模式从事生态文明建设实践进行研究的基础上，编写了《“绿水青山就是金山银山”理念与实践教程》，主要介绍“绿水青山就是金山银山”理念的内涵和意义、生态文明建设的战略与考核及评价、“绿水青山就是金山银山”理念与污染治理和生态保护、“绿水青山就是金山银山”理念与经济发展、“绿水青山就是金山银山”理念与乡村振兴等内容，通过理论与实践的结合，对生态文明理论研究和绿色发展实践进行有益探索。

在本书的编写过程中，中国气候变化事务特使、全国政协人口资源环境委员会原副主任、国家发展和改革委员会原副主任、原国家环境保护总局局长解振华给予了指导，并欣然为本书作序；浙江大学中国农村发展研究院首席专家、湖州师范学院“两山”理念研究院院长黄祖辉教授，湖州师范学院“两山”理念研究院常务副院长王景新教授，湖州市吴兴区委副书记宁云，提供了有力帮助；同时我们参阅了大量的资料，陈昌笋、施国斌、俞小建、孙冰有、吴春平、陆铖伟、莫芬芬、徐为民、虞大才、陈灵敏、高慧超等在资料收集过程中付出了辛勤的劳动。众多专家学者、奋战在生态文明建设第一线的实际工作者也给予了大量的指导和支持；中共中央党校出版社的领导、第二编辑室蔡锐华主任、责任编辑刘金敏，为本书的出版做了大量的工作。在此，我们表示深深的谢意！

由于作者的水平、经验和时间所限，本书的不足和疏漏之处在所难免，恳请广大读者批评指正！

作 者

2021 年 4 月